施工标准化作业系列丛书

通信工程施工作业操作手册

中铁电气化局集团有限公司　编著

中国铁道出版社

2014年·北京

图书在版编目(CIP)数据

通信工程施工作业操作手册/中铁电气化局集团有限公司编著.—北京:中国铁道出版社,2014.12

(施工标准化作业系列丛书)

ISBN 978-7-113-19483-3

Ⅰ.①通… Ⅱ.①中… Ⅲ.①通信工程—工程施工—技术手册 Ⅳ.①TN91-62

中国版本图书馆 CIP 数据核字(2014)第 250000 号

书　　名: 施工标准化作业系列丛书
通信工程施工作业操作手册

作　　者: 中铁电气化局集团有限公司

策　　划: 江新锡　王　健

责任编辑: 王　健　　**编辑部电话:** 010-51873065

封面设计: 郑春鹏

责任校对: 龚长江

责任印制: 郭向伟

出版发行: 中国铁道出版社(100054,北京市西城区右安门西街 8 号)

网　　址: http://www.tdpress.com

印　　刷: 化学工业出版社印刷厂

版　　次: 2014 年 12 月第 1 版　2014 年 12 月第 1 次印刷

开　　本: 787 mm×1 092 mm　1/16　印张:17.75　字数:445 千

书　　号: ISBN 978-7-113-19483-3

定　　价: 88.00 元

序

随着国民经济的快速发展和城镇化进程的加速推进，我国轨道交通正处在最好的历史发展时期。在铁路建设方面，截至2013年底，我国铁路营运里程突破10万公里，时速120公里及以上线路超过4万公里，高速铁路突破1万公里，在建规模达1.2万公里，成为世界上高速铁路运营里程最长、在建规模最大的国家。在城市轨道交通方面，自进入21世纪以来，我国城市轨道交通运营里程保持加速上升趋势，截至2013年年底仅中国内地就有19个城市开通地铁，总里程达到2 476公里，另有15个城市的首条地铁正在建设中，已发展和规划发展城市轨道交通的城市总数已经超过54个。应该说我国轨道交通建设速度、建设规模、建设标准前所未有。

如何保证轨道交通工程建设的安全、质量和效益，是轨道交通工程建设企业永恒的主题。

中铁电气化局集团有限公司从事轨道交通建设工程施工多年，从我国第一条电气化铁路宝成线，到已建成开通运营的京沪、武广、哈大等高速铁路，五十多年来，先后承建了全国近70%的电气化铁路，60%的高速电气化铁路，国内近80%以上的城市轨道交通"四电"工程及京石高铁、海青铁路、铜黄公路等土建工程，积累了丰富的施工经验，建设施工水平得以极大提高，在工程建设管理方面也进行了许多有益的实践和探索。

为贯彻工程建设标准化管理的要求，满足施工项目精细化管理需求，规范铁路及城市轨道交通各专业施工作业的程序、标准和方法，合理安排施工组织，提高现场施工作业人员的管控和操作能力，预防工程项目实施过程中的安全质量隐患，全面提升企业整体施工技术水平，提高工程质量，降低成本，增进效益，中铁电气化局集团有限公司组织公司内部技术人员开展了《施工标准化作业系列丛书》的编制工作，经过近2年的编制，完成了铁路土建工程、电力工程、牵引变电工程、接触网工程(高速、普速)、通信工程、信号工程、声屏障工程、防灾工程及城市轨道交通工程9个专业的编写工作。现得以出版，值得祝贺！

《施工标准化作业系列丛书》全面梳理了中铁电气化局集团有限公司近五十年，尤其是近十年大规模参与铁路和城市轨道交通建设的实践经验，系统总结、归纳了普速、高速铁路及城市轨道交通施工中的技术接口、标准、施工程序、质量验收、安全环保注意事项等内容，覆盖面广，内容完整，创新点丰富，对实现各专业施工系统化、标准化、规范化、精细化具有重要的指导作用，对高标准、高质量、高效率地完成铁路和轨道交通工程施工具有重要的现实意义。

中铁电气化局集团有限公司总经理

2014 年 9 月

施工标准化作业系列丛书

编委会

前　言

随着经济的高速发展，中国轨道交通进入了一个快速发展的时期。以《中长期铁路网规划》的颁布为标志，以高速铁路建设为显著特点的大规模铁路建设正在如火如荼地进行，其规模大、标准高、建设周期短。城市轨道交通方面，截至2013年底，我国已发展和规划发展城市轨道交通的城市总数已经超过54个，城市轨道交通在建规模世界罕见。在此新形势下，如何提高轨道交通的建设水平，把控施工质量安全，是轨道交通建设的重要课题，作为施工企业技术管理基础的作业标准化管理至关重要。

为规范铁路及城市轨道交通各专业的施工作业，实现工程项目管理精细化，全面提升企业整体施工技术管理能力和水平，促进施工管理和作业人员全面掌握施工程序、施工工艺、施工方法及质量、安全和环保要求，中铁电气化局集团有限公司组织技术人员编写了本套《施工标准化作业系列丛书》。本丛书共分铁路土建工程、电力工程、牵引变电工程、接触网工程（高速、普速）、通信工程、信号工程、声屏障工程、防灾工程及城市轨道交通工程等9个专业。本套丛书的形成得益于中铁电气化局集团有限公司50余年的施工技术经验和具体实践，在一定程度上延续了各专业《作业指导书》的内容。

本书依据《铁路通信工程施工技术指南》（TZ 205—2009）、《铁路运输通信工程施工质量验收标准》（TB 10418—2003）、《高速铁路通信工程施工技术指南》（铁建设〔2010〕241号）、《高速铁路通信工程施工质量验收标准》（TB 10755—2010）、《铁路GSM-R数字移动通信工程施工技术指南》（TZ 341—2007）、《铁路GSM-R数字移动通信工程施工质量验收暂行标准》（铁建设〔2007〕163号）等施工技术指南、标准编写。

本书共分3章30节，涵盖了铁路通信工程光电缆敷设、接续及测试，各类通信设备安装、配线及调试，综合布线系统，车站客服系统，GSM-R数字移动通信系统等各工序的作业内容，明确了各工序的作业条件、工序流程，规范了各工序的作业标准、操作要点及质量控制标准，并对安全、环保控制措施做了具体要求。本书集系统性、规范性、操作性、工具性和精细化于一体，对工序、工艺、质量、安全等内容进行了系统的阐述，让操作方法更到位，易于理解，更易于操作，实现“拿来就可用，用了就有效”。

本书可用作项目部岗前培训教材和施工技术交底，亦可作为施工现场工程管理人员、施工技术人员的工具书。衷心希望本书能为铁路通信工程施工技术发展尽绵薄之力，恳请同行对书中的不当之处不吝赐教。

作　者

2014年7月

目　录

第一章　铁路通信线路工程施工……1

第一节　光电缆径路复测……1
第二节　光缆单盘测试及配盘……6
第三节　电缆单盘测试及配盘……12
第四节　光电缆沟开挖及回填……19
第五节　直埋光电缆敷设……24
第六节　管道光电缆敷设……32
第七节　槽道光电缆敷设……39
第八节　立杆及拉线施工……45
第九节　架空光电缆敷设……53
第十节　光缆接续及测试……61
第十一节　电缆接续及测试……70

第二章　铁路通信设备安装、配线及调试……79

第一节　机架安装……79
第二节　设备配线施工……91
第三节　传输设备调试……100
第四节　接入网设备调试……108
第五节　电话交换设备调试……115
第六节　数据通信设备调试……123
第七节　数字调度通信设备调试……131
第八节　综合视频监控系统……140
第九节　综合布线系统施工……150
第十节　环境及电源监控系统施工……164
第十一节　通信电源设备施工……174
第十二节　铁路车站客运服务信息系统施工……186
第十三节　防雷、接地系统施工……200

第三章　GSM-R 数字移动通信系统施工……209

第一节　通信铁塔基础施工……209

第二节　塔体组立施工…………………………………………………… 219
第三节　漏泄同轴电缆施工………………………………………………… 228
第四节　天馈子系统施工…………………………………………………… 245
第五节　基站设备安装施工………………………………………………… 257
第六节　直放站设备安装施工……………………………………………… 266

第一章　铁路通信线路工程施工

第一节　光电缆径路复测

一、适用范围

适用于铁路通信光电缆径路复测作业。

二、作业条件及施工准备

(1)施工定测已经完成。
(2)施工图已经收到，图纸审核已经完成。
(3)项目部已经成立，已对相关管理人员进行施工合同交底。
(4)技术人员对工程承包形式、施工图预算及工程数量进行了学习和审核。

三、引用技术标准

(1)《铁路通信工程施工技术指南》(TZ 205—2009)；
(2)《铁路运输通信工程施工质量验收标准》(TB 10418—2003)；
(3)《高速铁路通信工程施工技术指南》(铁建设〔2010〕241 号)；
(4)《高速铁路通信工程施工质量验收标准》(TB 10755—2010)。

四、作业内容

丈量线路长度和标定相关地形情况，核对标桩位置和确定电缆防护的施工方法，核对地下管线和障碍点情况，确定光电缆余留位置及长度，确认线路土质情况；核对管道光电缆占用管孔的位置等；调查线路通信槽道贯通情况；调查区间无线基站、区间电话及其他线路设备位置；调查施工沿线道路交通、水文地理、民风民俗、环境及文物保护等状况；最终形成径路复测台账。

五、施工技术标准

(1)光电缆径路的选择应符合设计要求，符合施工技术指南及验收标准的相关规定。
(2)光电缆径路宜避开电站、变电所、电台、油库、靶场、军事设施等，并尽量回避树木密集地带。
(3)光电缆径路与其他建筑物的间隔距离应符合表 1-1-1 的要求。

表 1-1-1　直埋光电缆与其他建筑物的最小间距

序号	建筑设施类型		最小间距(m)				备注
			平行时		交越时		
			无保护措施	外加保护措施	无保护措施	外加保护措施	
1	直埋电力电缆	＜35 kV	0.5	0.5	0.5	0.25	
		≥35 kV	2.0	1.0	0.5	0.25	

续上表

序号	建筑设施类型		最小间距(m)				备注
			平行时		交越时		
			无保护措施	外加保护措施	无保护措施	外加保护措施	
2	市话管道边线		0.5	0.25	0.25	0.15	
3	给水管	一般地段	1.0	0.5	0.5	0.15	
		特殊困难地段	0.5	0.5	0.5	0.15	
4	煤气管	管压:小于 300 kPa	1.0	0.5	0.5	0.15	
		管压:300～800 kPa	2.0	1.0	0.5	0.15	
5	热力管、排水管		1.0	0.5	0.5	0.25	应采取隔热措施
6	高压油管、天然气管		10.0	10.0	0.5	0.5	应考虑防腐措施
7	污水沟		1.5	1.5	0.5	0.5	
8	房屋建筑红线(或基础)		1.0	1.0			
9	水井、坟墓边缘		3.0	3.0			
10	积肥池、厕所、粪坑		3.0	3.0			
11	大树树干边	市内	0.75	0.75			
		市外	2.0	2.0			

(4)光电缆径路应垂直穿越铁路和公路，当垂直穿越有困难时，其夹角亦不应小于45°。光电缆穿越铁路时，距道岔和辙岔不小于 3 m。

(5)光电缆径路通过坡长大于 30 m、坡度大于 30°的陡坡地段时，应按 S 弯丈量径路长度。

(6)当光电缆径路必须通过铁路路肩或沿铁路附近狭窄地带通过时，与轨道中心的最小水平距离不应小于 2 m。

(7)光电缆径路必须靠近铁路时，应预先考虑光电缆沟开挖土的堆放场地，严禁堆土危及行车安全或严重污染道砟。

(8)光电缆径路应避开水害时可能危及路基和河堤安全的处所。

(9)当光电缆径路选择在石质路基区段，应设置在电缆沟、槽内；土质路基和边坡一般不应敷设光电缆，光电缆宜敷设在坡脚外；困难情况光电缆需敷设在土质路基上时，应采取槽、管等保护措施，并填平夯实，确保路基完整和稳定。

(10)直埋式光电缆与其他架空明线路或电力线路的电杆及大树的间隔距离小于 1 m 时应按设计采取防护措施。

六、工序流程及操作要点

1. 工序流程

工序流程如图 1-1-1 所示。

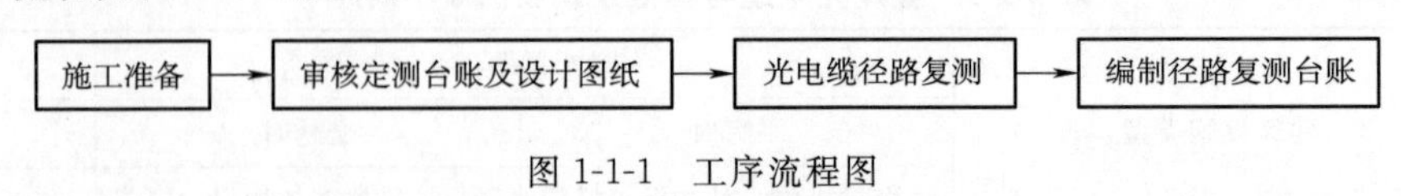

图 1-1-1　工序流程图

2. 操作要点

(1)光电缆径路复测要以光电缆径路定测台账和设计图纸为依据。无特殊情况，不对光电缆径路进行大的径路变更。如遇特殊情况进行大的变更应按设计变更的相关要求办理。

(2)使用百米测量绳对光电缆径路按施工技术标准进行实地测量并做好记录。

(3)复测过程中确定好光电缆径路的位置、长度,光电缆防护方式、数量,过路过轨地点及障碍点情况、接头位置、余留位置及长度、人孔位置等并做好记录,同时用红油漆标示于涵洞等永久建筑上,为下一步施工打好基础。但标示过程中不能破坏环境及影响建筑物观瞻。

(4)对于径路上的各种既有管线、设施等情况要了解和调查清楚,并做好详细记录。防止施工过程中对既有管线和设施造成损坏。光电缆径路与其他建筑设施的最小间距应符合表1-1-1 的要求。

(5)详细调查区间线路设备位置、管道光电缆占用管孔位置、通信槽道贯通情况等并做好记录。

(6)径路复测过程中要对沿线道路交通、水文地理、民风民俗、环境及文物保护等情况进行调查。

(7)径路复测完成后要形成详细的光电缆径路复测台账。

3. 施工方法

(1)首先组织相关人员审核施工合同,熟悉工程预算,以便于光电缆径路复测过程中更好地确定施工方案等。

(2)组织技术人员对设计文件及定测台账进行审核,掌握设计意图,了解线路情况。

(3)对参加光电缆径路复测的所有人员进行技术交底及安全培训,详细分工。

(4)准备径路复测所需的设计图纸、定测台账、百米测量绳、皮尺、标签、油漆、排笔、台账草图纸等。

(5)从施工区段的一端开始,根据定测台账路由,利用百米测量绳对光电缆径路进行径路复测。

(6)测量过程中拉绳人员要与作图人员协调配合,前端拉绳人员根据后端拉绳人员口哨口令插标签,后端拉绳人员收标签,随时核对标签数量,始终保持 10 根标签,用完 10 根标签后末端拉绳人员将标签全部交到前端拉绳人员,以便于统计核对,免于出现差错。

(7)径路复测的内容应包括:

1)丈量核对径路实际长度(包括各种余留);

2)根据定测台账核定光电缆路由走向及敷设位置,并标明光电缆径路与固定建筑物的间距;

3)核定光电缆穿越铁路、公路、河流、湖泊、地下管线等障碍物的具体位置和防护措施;

4)确定桥梁上、隧道内等特殊地段的光电缆单盘长度及接头位置等;

5)核定土质情况,大概确定标桩埋设位置等;

6)调查线路通信槽道贯通情况;

7)调查径路附近既有地下设施的走向及大致位置,并记录在复测台账上;

8)核对管道光电缆占用管孔的位置等;

9)调查和确定区间线路设备位置;

10)调查施工沿线道路交通、水文地理、民风民俗、环境及文物保护等状况对施工的影响因素;

11)找出定测台账中标注不明确的问题并记录。

(8)径路复测过程中确定好光电缆径路的位置、光电缆防护方式、过路过轨地点以及线路设备位置后,用红油漆标示于涵洞等永久建筑上,以便于下一步施工。但标示过程中不能破坏环境及影响建筑物观瞻。

(9)光电缆径路复测过程中无特殊情况,不对光电缆径路进行大的径路变更。如遇特殊情况不能按设计选择路径时应与设计、建设(或监理)单位协商确定并提出设计变更。

(10)做到边复测边记录边做图,每日复测收工后要对复测结果及图纸进行整理和核对。

(11)最终形成光电缆径路复测台账。

(12)详细列出径路复测台账与定测台账的不同,根据工程承包形式,采取必要的措施,以有利于施工和保证工程质量为前提,进行必要的设计变更及工程量追加等。

七、劳动组织

1. 劳动力组织方式

由项目部组织相关人员进行光电缆径路复测作业。

2. 人员配置

光电缆径路复测作业人员配备见表 1-1-2。

表 1-1-2　光电缆径路复测作业人员配备表

序　号	人　员	人　数	备　注
1	负责人	1	
2	技术人员	1	
3	安全员	1	
4	测量员	3	

八、主要机械设备及工器具配置

主要机械设备及工器具配置见表 1-1-3。

表 1-1-3　主要机械设备及工器具配置表

序　号	名　称	规　格	单　位	数　量	备　注
1	载客汽车		辆	1	
2	测量绳	百米	条	3～5	根据线路长度确定
3	皮尺	30 m	把	1	
4	排笔		支	3	
5	口哨		把	2	
6	标签		根	10	
7	其他适用工具		套	1	

注:以上主要设备机具仅作为参考,具体根据工程实际情况来配置。

九、物资材料配置

主要物资材料见表 1-1-4。

表 1-1-4　主要物资材料表

序　号	名　称	规　格	单　位	数　量	备　注
1	红油漆		桶	1	
2	绘图铅笔		根	2	

续上表

序号	名　称	规　格	单　位	数　量	备　注
3	绘图橡皮		块	2	
4	台账草图记录纸		包	1	

注：以上主要物资材料仅作为参考，具体数量根据工程实际情况进行准备。

十、质量控制标准及检验

1. 质量控制标准

(1)光电缆径路复测要以设计图纸和定测台账为依据，在允许范围内可做小范围平移；遇施工障碍时，光电缆径路可做小范围迂回。遇特殊情况需进行大的调整时应与设计、建设(或监理)单位协商确定并提出设计变更。

(2)光电缆径路的选择要符合铁路通信施工技术指南和验收标准的要求。

(3)光电缆径路与其他建筑设施的最小间距应符合表1-1-1的要求。

2. 检验

(1)对照光电缆定测台账和光电缆径路复测台账，检查复测台账是否完整，径路变更较大时是否提出了设计变更。

(2)根据光电缆径路复测台账，检查光电缆径路选择及防护方式是否合理。

(3)通过观察、尺量，检验光电缆径路是否避开电站、变电所、电台、油库、靶场、军事设施等。

(4)通过观察、尺量，检验光电缆径路与其他建筑设施的最小间距应符合表1-1-1的要求。

十一、安全控制措施

(1)施工前所有人员应根据铁路施工特点进行必要的安全培训，并进行安全考试，考试合格后方可上岗作业。

(2)在既有线进行光电缆径路复测，所有参加人员均应按要求穿防护背心，并严格遵守铁路局有关营业线施工的各项管理规定；复测过程中要确保自身安全和行车安全。

(3)进行管道光电缆径路复测需进入人孔调查时，进入之前要先开门(开盖)通风，确保孔内安全后方可进入。调查过程中发现异常感觉应立即撤离。进入后，孔外应设安全标志或设专人防护。

(4)施工载客车辆要定期维护保养，驾驶人员必须具备相应资格。

十二、环保控制措施

(1)施工人员要遵守当地法律法规、风俗习惯、施工现场的规章制度，保证施工现场的良好秩序和环境卫生。

(2)光电缆径路经过草原、自然保护区、文物保护区、风景名胜区、自然遗址、城市、乡村等区域时，径路复测过程中应收集相关资料，制定相应的保护措施，减少污染，保护好生态环境。

(3)对于径路复测过程中利用红油漆进行径路及特殊地点的标示，不能破坏环境及影响建筑物观瞻。

(4)工作中剩余的油漆、垃圾等要统一收集，集中处理，避免乱扔乱放。

十三、附　　表

光电缆径路复测检查记录表见表 1-1-5。

表 1-1-5　光电缆径路复测检查记录表

工程名称			
施工单位			
项目负责人		技术负责人	
序号	项目名称	检查意见	存在问题
1	光电缆径路实际长度		
2	光电缆径路走向及敷设位置		
3	光电缆穿越障碍物的位置和防护措施		
4	桥梁、隧道等特殊地段光电缆单盘长度及接头位置		
5	光电缆槽道贯通情况		
6	光电缆管道占用管口位置		
7	光电缆径路变更情况		
检查结论： 检查组组员： 检查组组长： 年　　月　　日			

第二节　光缆单盘测试及配盘

一、适用范围

适用于铁路通信光缆单盘测试及配盘。

二、作业条件及施工准备

(1)测试仪表经计量检验合格,并在计量检验有效期内。

(2)已将施工图纸、光缆订货合同、光缆参数及指标、定测台账、径路复测台账等对施工人员进行技术交底。

(3)光缆单盘出厂资料齐全。

(4)测试人员熟练掌握相关规范和技术标准以及仪表的正确使用方法。

三、引用技术标准

(1)《铁路通信工程施工技术指南》(TZ 205—2009)；

(2)《铁路运输通信工程施工质量验收标准》(TB 10418—2003)；

(3)《高速铁路通信工程施工技术指南》(铁建设〔2010〕241号)；

(4)《高速铁路通信工程施工质量验收标准》(TB 10755—2010)。

四、作业内容

(1)根据到货清单核对光缆盘号、型号、规格、盘长、端别、数量，检查外观包装有无损坏、压扁等情况。

(2)根据出厂资料审核光纤的几何、光学、传输特性和机械物理性能等是否符合设计要求。

(3)用光时域反射仪(OTDR)测试单盘光缆每根光纤的固有衰减和长度，应符合设计和订货合同要求，并做好测试记录。

(4)综合考虑各种条件进行光缆配盘。

五、施工技术标准

1. 光缆单盘测试技术标准

(1)光缆数量、型号、规格、质量应符合设计和订货合同的要求。

(2)所有单盘光缆的合格证、工厂测试记录等出厂资料应齐全。

(3)光缆无压扁、护套损伤、表面严重划伤等缺陷。

(4)测试光缆长度时，根据光缆厂家提供的等效折射率，应用1 310 nm波长进行测试。

(5)测试光纤衰耗时，应用1 310 nm和1 550 nm两个波长分别进行测试，并检查反射曲线是否平缓。

(6)单盘光缆测试指标，按设计要求及购货合同确定。

(7)光缆单盘测试，应加1～2 km的标准光纤(尾纤)辅助测试，以消除光时域反射仪(OTDR)的测试盲区。

(8)光缆单盘测试应做到对所有光缆进行测试，不得抽测。

2. 光缆配盘技术标准

(1)光缆应尽量做到整盘配盘，减少接头数量。同一中继段内，应使用同一工厂、同一型号的光缆，尽量按出厂序号的顺序进行配盘。

(2)靠通信站两侧的单盘光缆长度不少于1 km，并选择光纤参数接近标准值和一致性好的光缆。

(3)配盘后的光缆接头点尽量安排在地势平坦、稳固和无水地带，避开隧道、桥梁、道路等；管道光缆接头尽量避开交通道口，接头安排在人孔内；架空光缆接头安排在杆旁1.5 m左右或杆上。

(4)光缆配盘时，必须考虑地形地貌，以及过河、公路、水塘、沟渠的余留光缆。水线、防蚁、加强型光缆优先配盘。

六、工序流程及操作要点

1. 工序流程

工序流程如图 1-2-1 所示。

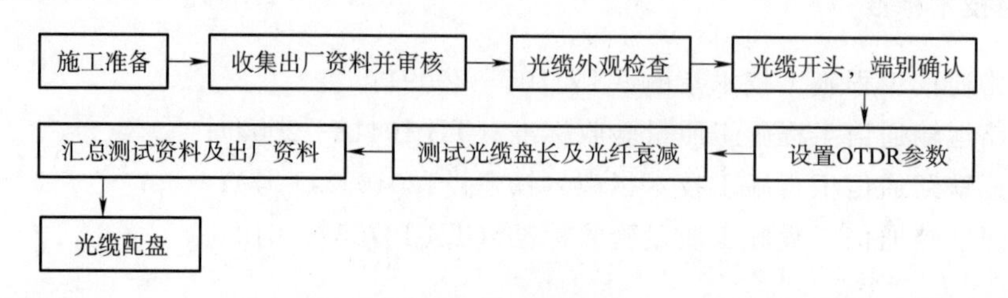

图 1-2-1 工序流程图

2. 操作要点

(1)光缆到货后,将随盘的合格证及出厂测试资料进行收集并妥善保管。

(2)所有光缆都要进行单盘测试,不得抽测,将单盘测试资料填写完整并妥善保管。

(3)用红油漆将光缆端别标注于光缆盘的醒目位置。

(4)测试之前应首先对光时域反射仪的折射率等测试参数进行设置,折射率由光缆厂家提供。

(5)每个工程的光缆测试指标有所不同,测试人员应提前掌握设计和订货合同中的光缆指标。

(6)应用 1 310 nm 波长进行光缆长度测试。应用 1 310 nm 和 1 550 nm 两个波长分别对光纤衰减进行测试。

(7)利用 OTDR 进行测试,应加 1～2 km 的标准光纤辅助测试,以消除 OTDR 的测试盲区。

(8)单盘测试完毕应将光缆头进行密封。对不符合要求的光缆在缆盘上做醒目标注,并不得使用。

(9)光缆配盘应综合考虑各种条件,工程中若存在水线、防蚁、加强型光缆应优先配盘。

(10)同一中继段内,应使用同一工厂、同一型号的光缆,尽量按出厂序号的顺序进行配盘,以利于提高光纤熔接质量。

(11)光缆配盘时应安排好光缆接头位置,直埋光缆接头位置应安排在地势平坦、地基稳固地段,无特殊情况应避开桥梁、隧道、水底、道路等,特殊情况下应按设计要求进行配盘。管道光缆接头位置应避开繁忙道口。架空光缆接头位置应安排在杆上或杆两侧 1.5 m 以内。

3. 施工方法

(1)检查与准备

1)收集所有光缆单盘出厂合格证和测试资料,对照订货合同及施工设计规定进行检查,指标应符合要求。光缆的出厂测试记录应作为原始数据收集,汇总至竣工文件,不能遗失。

2)检查光缆盘包装是否损坏,然后开盘检查,光缆外皮有无损伤,光缆端头封装是否完好,对于包装严重损坏或光缆外皮破损严重的,应做详细标记,在光缆性能指标测试时,重点检查。核对单盘光缆的规格、程式和制造长度是否符合定货合同规定或设计要求。

3)对使用的仪表、工具进行检查,确保性能指标正常。

4)光时域反射仪(OTDR)在计量检定有效期内,仪表所用电源安全可靠。

(2)光缆开剥

1)用断线钳切除光缆盘外端一侧的光缆端头,注意不能使用钢锯锯断光缆,以免拉断光纤。

2)量出便于光缆测试的长度,用环切刀环切外护套,折断并抽出外护套。

3)用刀片环切内护套,轻轻折断内护套将其抽出,若护套过紧,可分多段处理。

4)剪去包层,切除光纤外塑管,露出光纤,用酒精棉擦拭干净。

5)判断光缆A、B端并在光缆单盘测试表格上进行记录,同时用红油漆在光缆盘上作出醒目标注,标注格式可采用“A内”或“B内”。

(3)测试

1)用酒精擦拭光纤,用光纤切割刀制作光纤断面。

2)将制做好断面的光纤放入光纤接线子内对准,接线子另一端连接与光时域反射仪(OTDR)连通的辅助光纤。

3)设置OTDR测试范围、测试脉宽、折射率等参数,进行测试。具体测试按OTDR说明书进行操作。

4)在1 310 nm波长测试光缆单盘长度,在1 310 nm和1 550 nm波长分别测试光纤双向固有衰减。

5)单盘光缆测试指标,按设计要求及购货合同确定。

6)填写光缆单盘测试记录表,记录表应包括光缆型号、盘号、盘长、折射率、端别、测试仪表、测试人、测试日期、光纤衰减、光纤长度、外观检查、测试结论等内容。

(4)光缆端头密封

测试完所有光纤后,用断线钳切除开剥部分,用热缩帽对端头进行密封,将光缆盘保护层及时复原。

(5)光缆配盘

1)将单盘测试资料、出厂资料进行汇总,综合考虑各种因素,进行光缆配盘。

2)同一中继段内,使用同一工厂、同一型号的光缆,尽量按出厂序号的顺序进行配盘,以降低接续损耗。

3)若存在水线、防蚁、加强型光缆应优先配盘。

4)无特殊情况,靠通信站两侧的单盘光缆长度不少于1 km。

5)合理安排接头位置,无特殊情况应避开桥梁、隧道、水底、道路等,特殊情况下应按设计要求进行配盘。管道光缆接头位置应避开繁忙道口。架空光缆接头位置应安排在杆上或杆两侧1.5 m以内。

6)配盘过程中应考虑好过轨、过路、过河、沟渠、桥隧、进站、接头等处的光缆余留。

7)将配盘结果填入中继段光缆配盘图,按配盘图在选用的光缆盘上用红油漆标明该盘光缆所在中继段及光缆配盘编号。

七、劳动组织

1. 劳动力组织方式

由项目部组织人员进行光缆单盘测试,技术人员进行光缆配盘。

2. 人员配置

光缆单盘测试及配盘作业人员配备见表1-2-1。

表 1-2-1　光缆单盘测试及配盘作业人员配备表

序　号	人　员	人　数	备　注
1	负责人	1	
2	技术人员	1	
3	测试人员	2	

八、主要机械设备及工器具配置

主要机械设备及工器具配置见表 1-2-2。

表 1-2-2　主要机械设备及工器具配置表

序　号	名　称	规　格	单　位	数　量	备　注
1	光时域反射仪(OTDR)		台	1	
2	标准光纤	1～2 km	盘	1	辅助测试用
3	光纤切割刀		把	1	
4	光纤接线子		个	若干	根据工作量确定
5	环切刀		把	1	
6	断线钳		把	1	
7	酒精壶		个	1	
8	其他适用工具		套	1	

注:以上主要设备机具仅作为参考,具体根据工程实际情况来配置。

九、物资材料配置

主要物资材料配置见表 1-2-3。

表 1-2-3　主要物资材料配置表

序　号	名　称	规　格	单　位	数　量	备　注
1	防水胶带		盘	1	
2	热缩帽		个		每盘光缆 2 个
3	酒精		瓶	1	
4	脱脂棉		包	1	
5	测试记录表		张		根据光缆盘数确定

注:以上主要物资材料仅作为参考,具体数量根据工程实际情况进行准备。

十、质量控制标准及检验

1. 质量控制标准

(1)光缆到货后检验其型号、规格、盘长、数量等应符合设计要求、订货合同及相关技术标准的规定。

(2)电缆及电缆盘外观应完整,无破损、机械损伤、霉烂脱落等缺陷;电缆塑料护套无破损开裂、硬化变质。

(3)所有光缆应全部进行单盘测试,不能抽测,测试指标应符合设计要求、订货合同及相关技术标准的规定。对不符合要求的光缆在光缆盘上做醒目标注,并不得使用。

(4)任何时候切断光缆都不能使用钢锯,以免拉伤光纤,应使用专用断线钳。

(5)开盘和测试过程中光缆的弯曲半径不应小于光缆外径的20倍。

(6)光缆应尽量做到整盘配盘,减少接头数量。同一中继段内,应使用同一工厂、同一型号的光缆,尽量按出厂序号的顺序进行配盘。靠通信站两侧的单盘长度不少于1 km,并选择光纤参数接近标准值和一致性好的光缆。

(7)配盘后的光缆接头点尽量安排在地势平坦、稳固和无水地带,避开隧道、桥梁、道路等;管道光缆接头尽量避开交通道口,接头安排在人孔内;架空光缆接头位置应安排在杆上或杆两侧1.5 m以内。

(8)配盘过程中应考虑好过轨、过路、过河、沟渠、桥隧、进站、接头等处的光缆余留。

2. 检验

(1)对照设计文件和订货合同检查实物和质量证明文件,确认光缆数量、型号、规格。检查光缆合格证、质量检验报告等质量证明文件是否齐全。

(2)通过检查实物,检验光缆无压扁、护套损伤、表面严重划伤等缺陷。

(3)利用OTDR检测光缆长度、衰耗符合设计或订货要求。

(4)通过检查实物和光缆单盘测试记录,保证单盘光缆100%进行测试。

(5)通过检查光缆配盘表,保证光缆配盘符合要求。

十一、安全控制措施

(1)测试前应仔细检查所用电源符合要求,测试完毕及时切断电源。

(2)光缆盘应放置稳妥,防止发生意外。

(3)光缆测试仪表应设专人负责,搬运时要特别小心。要放入专用仪表箱中,避免强烈冲击和振动。

(4)测试过程中严禁用肉眼直视光时域反射仪发射端口及被测光纤,以免灼伤眼睛。

(5)切割下的光纤要收集在专门的容器内。

(6)光缆盘卸下的带钉子的木板应及时进行处理,不能随地乱扔,以免伤人。

十二、环保控制措施

光缆开盘卸下的包装物,光缆检验测试的下脚料、废弃物,测试仪表使用过的废旧电池,标示端别剩余的油漆等要统一收集,集中处理,避免乱扔乱放。

十三、附　　表

光缆单盘测试及配盘检查记录表见表1-2-4。

表1-2-4　光缆单盘测试及配盘检查记录表

工程名称			
施工单位			
项目负责人		技术负责人	
序号	项目名称	检查意见	存在问题
1	光缆合格证、出厂资料齐全		
2	光缆数量、型号、规格、质量符合设计和订货合同要求		

续上表

序号	项目名称	检查意见	存在问题
3	光缆外观		
4	测试仪表		
5	OTDR 参数设定		
6	光缆测试指标		
7	单盘光缆测试记录		
8	已测单盘光缆端头密封		
9	已测单盘光缆端别标注		
10	所有单盘光缆全部进行测试		
11	光缆配盘表		
检查结论： 检查组组员： 检查组组长： 年　月　日			

第三节　电缆单盘测试及配盘

一、适用范围

适用于铁路通信电缆单盘测试及配盘。

二、作业条件及施工准备

(1)测试仪表经计量检验合格,并在计量检验有效期内。

(2)已将施工图纸、电缆订货合同、电缆参数及指标、定测台账、径路复测台账等对施工人员进行技术交底。

(3)电缆单盘出厂资料齐全。

(4)测试人员熟练掌握相关规范和技术标准以及仪表的正确使用方法。

三、引用技术标准

(1)《铁路通信工程施工技术指南》(TZ 205—2009)；

(2)《铁路运输通信工程施工质量验收标准》(TB 10418—2003)；

(3)《高速铁路通信工程施工技术指南》(铁建设〔2010〕241 号)；

(4)《高速铁路通信工程施工质量验收标准》(TB 10755—2010)。

四、作业内容

(1)核对电缆盘号、型号、规格、盘长、数量等。

(2)检查电缆和电缆盘外观是否完整，有无破损、机械损伤、霉烂脱落等缺陷。检查电缆塑料护套是否破损开裂、硬化变质。

(3)开盘检验电缆端面，确定电缆A、B端别。

(4)对号检查所有芯线有无断线、混线等故障。

(5)测试每一根芯线对其他所有芯线及金属护套之间的绝缘电阻。

(6)测试低频四线组的电容耦合系数 K_1 和对地不平衡电容 e_1、e_2。

(7)综合考虑各种因素根据设计及规范要求进行电缆配盘。

五、施工技术标准

1. 电缆单盘测试

(1)电缆的数量、型号、规格、质量应符合设计和施工规范的要求。

(2)所有单盘电缆的合格证、工厂测试记录等出厂资料应齐全。

(3)电缆无压扁、护套损伤、表面严重划伤等缺陷。

(4)低频对称电缆电特性应符合表1-3-1要求。

表1-3-1　低频四线组单盘电缆电特性要求

序号	项目			测量频率	单位	标准	换算
1	0.9 mm线径电阻(20 ℃)			直流	Ω/km	≤28.5	实测值/L
	0.7 mm线径电阻(20 ℃)				Ω/km	≤48	
	0.6 mm线径电阻(20 ℃)				Ω/km	≤65.8	
2	0.9 mm线径绝缘电阻			直流	MΩ·km	≥10 000	实测值×L
	0.7 mm线径绝缘电阻				MΩ·km	≥5 000	
	0.6 mm线径绝缘电阻				MΩ·km	≥5 000	
3	电气绝缘强度	所有芯线与金属外护套间		50 Hz	V	≥1 800(2 min)	
		芯线间		50 Hz	V	≥1 000(2 min)	
4	电容耦合	K_1	平均值	0.8～1 kHz	pF/500 m	≤81	实测值/$\sqrt{L/500}$
			最大值	0.8～1 kHz	pF/500 m	≤330	实测值×500/L
		e_1、e_2	平均值	0.8～1 kHz	pF/500 m	≤330	实测值/$\sqrt{L/500}$
			最大值	0.8～1 kHz	pF/500 m	≤800	实测值×500/L

注：L为被测电缆长度。

(5)市话电缆电特性应符合表1-3-2要求。

表1-3-2　铜芯聚烯烃绝缘铝塑综合护套市内通信电缆电特性要求

序号	内容	标准				换算
1	导线直径(mm)	0.4	0.5	0.6	0.8	实测值/L
	单线电阻(Ω/km,20 ℃)	≤148	≤95	≤65.8	≤36.6	

续上表

序号	内　容		标　准	换　算
2	绝缘电阻 (MΩ·km)	填充型	3 000	实测值×L
		非填充型	10 000	
3	电气绝缘强度 (V,1 mim)	所有芯线与金属外护套间	3 000	
		芯线间	1 000(实芯)/750(泡沫)	
4	断线、混线		不断线、不混线	

注:L 为被测电缆长度。

(6)其他型号通信电缆单盘测试指标可参照相关产品技术标准。

2. 电缆配盘

(1)单盘电缆经单盘测试其电特性指标合格后才能进行电缆配盘,在同一个音频段内,宜配用同一工厂生产的同一结构电缆。

(2)无特殊情况,电缆接头不宜落在河流、公路、铁路、桥梁等位置上,并考虑车站、区间用户等电缆分歧点和加感点的位置。

(3)当低频四线组需要加感时,应按下列要求进行配盘:

1)根据设计要求按 1.5 km 或 2 km 加感节距进行配盘,相邻节距间的配盘偏差应不大于5%,进入通信站应考虑半加感节距。

2)车站引入电缆的长度,应计算在加感节距内,环引长度全部计入节距,桥引长度可按 1/2 计入节距。

3)节距内采用电容耦合 K_1 和对地不平衡电容 e_1、e_2 值相互抵消的方法,并确定各接续点交叉形式。

六、工序流程及操作要点

1. 工序流程图

工序流程如图 1-3-1 所示。

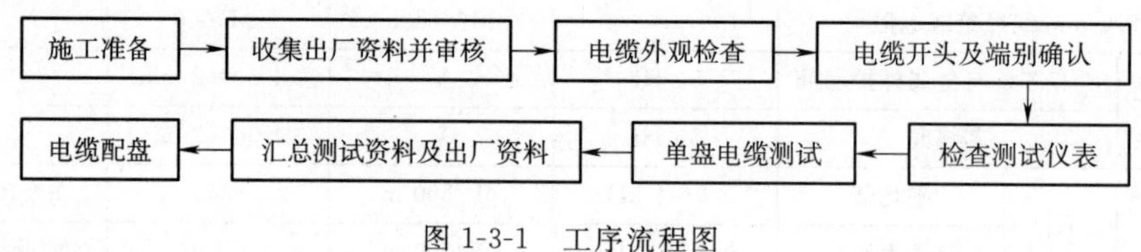

图 1-3-1　工序流程图

2. 操作要点

(1)电缆到货后,将随盘的合格证及出厂测试资料进行收集并妥善保管。

(2)所有电缆都要进行单盘测试,不得抽测,将单盘测试资料填写完整并妥善保管。

(3)测试前首先对电缆及电缆盘外观进行仔细检查,电缆开剥判断好端别后用红油漆标注于电缆盘的醒目位置。

(4)测试前对测试仪表进行检查。使用仪表要轻拿轻放,正确放置、正确使用仪表,熟练掌握仪表的操作方法,操作要把握好力度,防止重手操作损害仪表。

(5)单盘测试完毕对电缆头进行封焊密闭或热缩帽密封,对不符合要求的电缆做醒目标注并不得使用。

(6)电缆配盘应综合考虑各种条件，无特殊情况，电缆接头不宜落在河流、公路、铁路、桥梁等位置上，并考虑车站、区间用户等电缆分歧点和加感点的位置。在同一个音频段内，宜配用同一工厂生产的同一结构电缆。

(7)低频四线组需要加感时，应按施工技术标准进行配盘。

3. 施工方法

(1)检查与准备

1)收集所有电缆单盘出厂合格证和测试资料，检查出厂测试指标应符合要求。电缆的出厂测试记录应作为原始数据收集，汇总至竣工文件，不能遗失。

2)检查电缆和电缆盘外观是否完整，有无破损、机械损伤、霉烂脱落等缺陷；检查电缆塑料护套是否破损开裂、硬化变质；核对电缆盘号、型号、规格、盘长、数量等。

3)测试用仪表应在计量检定有效期内，测试前对所有仪表进行试验应能正常使用，测试数据正确。

(2)电缆开头

1)打开电缆盘外包装，用钢锯打开电缆两端端头，剥开外护套及铠装，擦干净铝护套，两端各开剥出 200 mm 左右芯线，用煤油或柴油将芯线上的油膏擦拭干净。注意不要弄乱组别，以保证测试。

2)判断电缆 A、B 段并在电缆单盘测试表格上进行记录，同时用红油漆在电缆盘上作出醒目标注，标注格式可采用“A 内”或“B 内”。

(3)测试

1)用万用表对号检查所有芯线有无断线、混线等故障。在使用万用表之前，应先进行“仪表调零”。万用表必须水平放置，以免造成误差。万用表使用完毕，应将转换开关置于交流电压的最大挡。

2)用兆欧表测试每一根芯线对其他所有芯线及金属护套之间的绝缘电阻。测量前要对兆欧表进行开路和短路检查，即在兆欧表未接入被测电缆之前摇动手把，使发电机达到额定转速，观察指针是否指在“∞”位置；然后再将“L”和“E”短路，缓慢摇动手把观察指针是否在“O”位置，如不符合要求应更换兆欧表。测量时兆欧表水平放置，转动兆欧表手把保持转速 90～150 r/min。发现指针指零马上停止摇动，以防线圈损坏。测量时被测芯线接 L 端，电缆金属护套及其他芯线接 E 端。测试完后对线路或设备进行放电。

3)用直流电桥抽测芯线环阻及不平衡电阻。仪表轻拿轻放，使用时电桥要水平放置。正确使用仪表，按钮 G 一定要顺按 0.01、0.1、1，不要长时间按 G 按钮，否则易损坏表头。

4)用电容耦合测试仪测试低频四线组的电容耦合系数 K_1 和对地不平衡电容 e_1、e_2。仪表要正确使用，水平放置。

5)用耐压测试仪测试对称电缆的电气绝缘强度，时间为 2 min。

6)填写电缆测试记录表，记录表应包括电缆型号、盘号、盘长、端别、测试仪表、测试人、测试日期；测试内容包括所有芯线对号情况，所有芯线线间及对地绝缘电阻；抽测环阻及不平衡电阻。

(4)电缆端头密封

测试完毕，用钢锯锯断芯线，利用焊料和焊锡对电缆端头进行封焊，待冷却后将电缆头固定于电缆盘上。无金属护套电缆可用热缩帽进行密封。

(5)电缆配盘

1)将电缆单盘测试资料及出厂资料进行汇总,综合考虑各种因素,进行电缆配盘。

2)根据通信机房位置、区间用户位置、加感节距以及径路长度,选择合适的电缆盘长,尽量减少接头数量,避免浪费电缆。

3)在同一个音频段内,宜采用同一工厂生产的同一结构的电缆。

4)配盘时计算好电缆接头的位置。正常情况下,电缆接头不宜落在河流、公路、铁路、桥梁、涵洞等位置上。

5)通信站的近端应采用电容耦合 K_1 值和对地不平衡电容 e_1、e_2 值最小的低频四线组电缆。

6)配盘过程中应考虑好过轨、过路、过河、沟渠、桥隧、进站、接头等处的电缆余留。

7)将配盘结果填入电缆配盘图,按配盘图在选用的电缆盘上用红油漆标明该盘电缆节距号及所在区间。

七、劳动组织

1. 劳动力组织方式

由项目部组织人员进行电缆单盘测试,技术人员进行电缆配盘。

2. 人员配置

电缆单盘测试及配盘作业人员配备见表 1-3-3。

表 1-3-3　电缆单盘测试及配盘作业人员配备表

序号	人员	人数	备注
1	负责人	1	
2	技术人员	1	
3	测试人员	3	

八、主要机械设备及工器具配置

主要机械设备及工器具配置见表 1-3-4。

表 1-3-4　主要机械设备及工器具配置表

序号	名称	规格	单位	数量	备注
1	电容耦合测试仪		台	1	
2	直流电桥		块	1	
3	兆欧表		块	1～3	
4	耐压测试仪		台	1	
5	万用表		块	1～3	
6	钢锯		把	1～3	
7	喷灯		把	1～3	
8	剥线钳		把	3	
9	大钳子		把	1～3	
10	偏口钳		把	1～3	

续上表

序 号	名 称	规 格	单 位	数 量	备 注
11	钢丝刷		把	1～3	
12	铜丝刷		把	1～3	
13	其他适用工具		套	1	

注:以上主要设备机具仅作为参考,具体根据工程实际情况来配置。

九、物资材料配置

主要物资材料配置见表1-3-5。

表1-3-5 主要物资材料配置表

序 号	名 称	规 格	单 位	数 量	备 注
1	汽油		L	2	
2	焊料		kg	0.5	
3	焊锡		kg	3	
4	油布		块	1	
5	煤油或柴油		L	1	
6	棉纱		kg	1	
7	热缩帽		个	若干	
8	钢锯条		根	3	
9	石蜡		kg	0.5	

注:以上主要物资材料仅作为参考,具体数量根据工程实际情况进行准备。

十、质量控制标准及检验

1. 质量控制标准

(1)对所有电缆进行单盘检验,测试方法和测试指标应符合设计要求及相关技术标准的规定。对测试不合格的电缆在电缆盘上做醒目标注,并不得使用。

(2)通信电缆到货后检验其型号、规格、盘长、数量等应符合设计要求及相关技术标准的规定。

(3)电缆及电缆盘外观应完整,无破损、机械损伤、霉烂脱落等缺陷;电缆塑料护套无破损开裂、硬化变质。

(4)开盘和测试过程中电缆的弯曲半径应符合相关要求。

(5)所有型号的通信电缆测试完毕后都应对电缆头进行密封处理。

(6)单盘电缆经单盘测试其电特性指标合格后才能进行电缆配盘,在同一个音频段内,宜配用同一工厂生产的同一结构电缆。

(7)在电缆配盘过程中,无特殊情况,电缆接头不宜落在河流、公路、铁路、桥梁等位置上,并考虑车站、区间用户等电缆分歧点和加感点的位置。

(8)配盘过程中应考虑好过轨、过路、过河、沟渠、桥隧、进站、接头等处的电缆余留。

(9)当低频四线组需要加感时,应按验标要求进行配盘。

2. 检验

(1)对照设计文件和订货合同检查实物和质量证明文件，检验电缆数量、型号、规格。检验电缆合格证、质量检验报告等质量证明文件是否齐全。

(2)通过检查实物，检验电缆无压扁、护套损伤、表面严重划伤等缺陷。

(3)利用直流电桥、500 V兆欧表、电容耦合测试仪等检测电缆电气性能，符合表1-3-1和表1-3-2的要求。

(4)通过检查实物和电缆单盘测试记录，保证单盘电缆100%进行测试。

(5)通过检查电缆配盘表，保证电缆配盘符合要求。

十一、安全控制措施

(1)测试过程中若使用交流电源，测试前应仔细检查所用电源符合要求，测试完毕及时切断电源。

(2)电缆盘应放置稳妥，防止发生意外。

(3)使用仪表要轻拿轻放，正确放置、正确使用仪表，熟练掌握仪表的操作方法，操作要把握好力度，防止重手操作损害仪表。

(4)电缆盘卸下的带钉子的木板应及时进行处理，不能随地乱扔，以免伤人。

十二、环保控制措施

电缆开盘卸下的包装物，光缆检验测试的下脚料、废弃物，测试仪表使用过的废旧电池，标示端别剩余的油漆等要统一收集，集中处理，避免乱扔乱放。

十三、附　　表

电缆单盘测试及配盘检查记录表见表1-3-6。

表1-3-6　电缆单盘测试及配盘检查记录表

<table>
<tr><td colspan="2">工程名称</td><td colspan="3"></td></tr>
<tr><td colspan="2">施工单位</td><td colspan="3"></td></tr>
<tr><td colspan="2">项目负责人</td><td></td><td>技术负责人</td><td></td></tr>
<tr><td>序号</td><td colspan="2">项目名称</td><td>检查意见</td><td>存在问题</td></tr>
<tr><td>1</td><td colspan="2">电缆合格证、出厂资料</td><td></td><td></td></tr>
<tr><td>2</td><td colspan="2">电缆数量、型号、规格、质量符合设计和订货合同要求</td><td></td><td></td></tr>
<tr><td>3</td><td colspan="2">电缆外观</td><td></td><td></td></tr>
<tr><td>4</td><td colspan="2">测试仪表</td><td></td><td></td></tr>
<tr><td>5</td><td colspan="2">电缆测试指标</td><td></td><td></td></tr>
<tr><td>6</td><td colspan="2">单盘电缆测试记录</td><td></td><td></td></tr>
<tr><td>7</td><td colspan="2">已测单盘电缆端头密封</td><td></td><td></td></tr>
<tr><td>8</td><td colspan="2">已测单盘电缆端别标注</td><td></td><td></td></tr>
<tr><td>9</td><td colspan="2">所有单盘电缆全部进行测试</td><td></td><td></td></tr>
<tr><td>10</td><td colspan="2">电缆配盘表</td><td></td><td></td></tr>
<tr><td></td><td colspan="2"></td><td></td><td></td></tr>
</table>

续上表

检查结论：
检查组组员：
检查组组长： 年　月　日

第四节　光电缆沟开挖及回填

一、适用范围

适用于铁路通信光电缆沟开挖及回填作业。

二、作业条件及施工准备

(1)施工人员已到位并已进行技术交底和安全培训，安全考试合格。
(2)光电缆径路复测已完成并有完整的径路复测台账。
(3)已与相关单位签订施工安全配合协议。
(4)物资、施工机械及工器具已经准备到位。
(5)光电缆已完成单盘测试和配盘工作。
(6)营业线施工防护人员已经过专业培训，并取得防护资格证书。

三、引用技术标准

(1)《铁路通信工程施工技术指南》(TZ 205—2009)；
(2)《铁路运输通信工程施工质量验收标准》(TB 10418—2003)；
(3)《高速铁路通信工程施工技术指南》(铁建设〔2010〕241 号)；
(4)《高速铁路通信工程施工质量验收标准》(TB 10755—2010)。

四、作业内容

根据设计图纸和光电缆径路复测台账进行光电缆沟的人工(或机械)开挖和回填。

五、施工技术标准

(1)长途光电缆埋深应符合表 1-4-1 的要求。

表 1-4-1　长途光电缆埋深要求

序　号	敷设地段		埋深(m)
1	普通土、硬土		≥1.2
2	半石质(砂砾土、风化石等)		≥0.9
3	全石质、流沙		≥0.7
4	水田		≥1.4
5	穿越铁路(距路基面)、公路(距路面基底)		≥1.2
6	穿越沟、渠		≥1.2
7	市区人行道		≥1.0
8	铁路路肩	普通土、硬土、半石质	≥0.8
		全石质	≥0.5

(2)地区(站场)通信光电缆埋深应符合表 1-4-2 的要求。

表 1-4-2　地区(站场)通信光电缆埋深要求

序　号	敷设地区土质		埋深(m)
1	一般土质		≥0.7
2	水　　田		≥1.2
3	石　　质		≥0.5
4	穿越铁路	区间	≥0.7
		站场	与铁路线路间的光电缆埋深一致
5	光电缆槽防护		≥0.2(槽盖面至地面)

(3)光电缆沟应按预画径路线开挖,光电缆沟的弯曲半径不得小于敷设光电缆外径的 15 倍;在铁路路肩上、站场股道间和穿越铁路开挖光电缆沟时,应及时回填、夯实、整平,做到不敞开光电缆沟过夜。

(4)光电缆接头坑的开挖深度应和光电缆沟相同。

(5)光电缆沟回填应先回填 0.2 m 细土,回填时应分层夯实,并将多余的土回堆在电缆沟上,电缆沟内不得填入易腐物质,不得有大石块。

六、工序流程及操作要点

1. 工序流程

工序流程如图 1-4-1 所示。

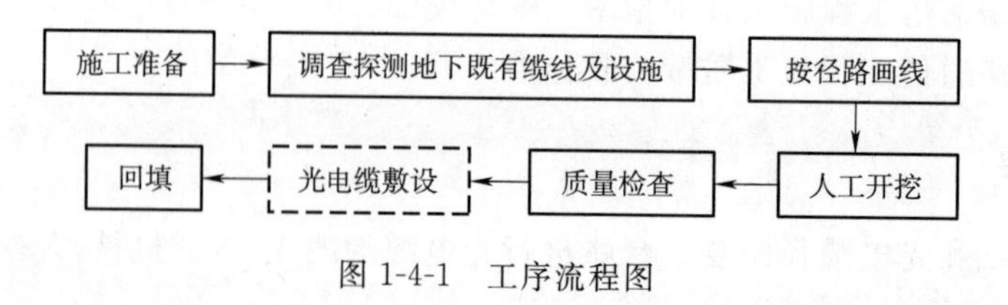

图 1-4-1　工序流程图

2. 操作要点

(1)光电缆沟开挖前应首先调查探测清楚径路上既有缆线及设施情况。

(2)开挖光电缆沟应按光电缆径路进行画线,一般用白石灰画线开挖标记。

(3)电缆沟开挖除遇到障碍物外应尽量走成直线，弯曲地段光电缆沟的弯曲半径不得小于所敷设光电缆外径的15倍。

(4)光电缆沟深较埋深应增加0.1 m，光电缆埋深应符合表1-4-1和表1-4-2的要求。

(5)光电缆接头坑的开挖深度应以电缆沟深为准，接头坑宜安排在靠道路或铁路外侧。

(6)在铁路路肩上，站场股道间和穿越铁路、公路等处开挖的光电缆沟，应及时回填、夯实、整平，做到不敞开沟过夜。

(7)光电缆敷设完毕后应及时进行回填，回填应先填0.2 m细土，回填时分层夯实，并将多余的土回堆在电缆沟上。

3. 施工方法

(1)施工准备

1)首先应进行必要的施工准备，对施工人员进行安全和技术交底，并进行必要的安全考试，合格后才能上岗作业。

2)技术人员分区段对带工人员进行区间交底，明确光电缆径路和走向，确定光电缆余留位置以及过轨、过路、过涵位置，带工人员在径路上做出必要的标志。

3)与工务等相关单位签订好安全配合协议，确定好施工配合人员。

(2)调查探测既有缆线设施

施工前与相关产权单位联系，调查和探明光电缆径路上既有缆线和设施情况，必要时利用探测仪探明径路上的既有缆线。

(3)画线

利用白石灰或其他物品对光电缆径路进行画线，以线为基准进行光电缆沟的开挖。

(4)人工开挖

1)按照所画线进行光电缆沟的开挖，除障碍物外应尽量走成直线；弯曲地段电缆沟的弯曲半径应满足光电缆要求。

2)在坡度大于30°、坡长大于30 m的陡坡地段，按S形开挖光电缆沟。

3)光电缆沟底应平缓，不得有陡上陡下现象，不得有石块或坚硬大土块。

4)在铁路路肩上、股道间及穿越铁路开挖施工时，要利用彩条布等进行必要的防护措施，避免污染道砟。

5)遇有大雨、暴雨、连阴雨天气时，不得进行开挖，已开挖的沟应根据具体情况或铁路运输部门的有关规定及时回填。

6)当光电缆径路需要通过铁路、公路等交通要道时，可采取非开挖方法进行施工。必须开挖时要采取安全防护措施，并在工务配合人员的指导下进行施工。

(5)回填

光电缆敷设完成后，先回填0.2 m细土覆盖光电缆，然后再全部回填。回填时应分层夯实，并将多余的土回堆在电缆沟上，电缆沟内不得填入易腐物质，不得有大石块等。

七、劳动组织

1. 劳动力组织方式

采用架子队组织模式。

2. 人员配置

光电缆沟开挖及回填作业人员配备见表1-4-3。

表 1-4-3 光电缆沟开挖及回填作业人员配备表

序 号	人 员	人 数	备 注
1	施工负责人	1	
2	技术人员	1～3	
3	带工人员	若干	根据施工区段确定
4	劳务工	若干	根据工作量确定人数

八、主要机械设备及工器具配置

主要机械设备及工器具配置见表 1-4-4。

表 1-4-4 主要机械设备及工器具配置表

序 号	名 称	规 格	单 位	数 量	备 注
1	载客汽车		辆		根据施工人数配置
2	皮尺		把	2	
3	钢卷尺		把		每个带工人员 1 把
4	铁镐		把		根据施工人数配置
5	铁锹		把		根据施工人数配置
6	排笔		支	2	
7	其他适用工具		套	2	

注：以上主要设备机具仅作为参考，具体数量根据工程实际情况来配置。

九、物资材料配置

主要物资材料配置见表 1-4-5。

表 1-4-5 主要物资材料配置表

序 号	名 称	规 格	单 位	数 量	备 注
1	白石灰		kg		光电缆沟画线，按线路长度确定
2	红油漆		kg	1	带工人员做径路标记

十、质量控制标准及检验

1. 质量控制标准

(1)光电缆线路的沟深应符合设计要求和验收标准的相关规定。

(2)光电缆沟深较埋深应增加 0.1 m，电缆埋深误差不应超过－0.05 m，光电缆沟底宽度应根据同沟敷设条数确定，光电缆在沟内平行距离不应小于 0.1 m，对特殊地带的光电缆埋深及防护方式应按设计规定施工。

(3)光电缆沟开挖前应先用白石灰等进行画线，按预画白线开挖。

(4)光电缆沟的弯曲半径不得小于敷设光电缆外径的 15 倍。

(5)光电缆接头坑的开挖深度应以光电缆沟深为准，接头坑宜安排在靠道路的外侧。接头坑的尺寸根据光电缆余留量确定。

(6)光电缆沟回填应先回填 0.2 m 细土覆盖光电缆，然后再全部回填。回填时应分层夯实，并将多余的土回堆在电缆沟上，电缆沟内不得填入易腐物质，不得有大石块等。

2. 检验

(1)通过观察、尺量，检验光电缆沟是否按定测台账及径路复测台账规定径路及要求进行开挖。

(2)通过观察、尺量，检验光电缆沟弯曲半径是否符合要求。

(3)通过尺量，检验光电缆沟开挖深度应满足表 1-4-1 和表 1-4-2 光电缆埋深的要求。

(4)通过尺量，检验光电缆接头坑大小及深度应满足要求。

(5)通过观察，检查光电缆沟回填质量应符合质量控制标准的要求。

十一、安全控制措施

(1)光电缆沟开挖前，要探明径路上的既有缆线及设施，对已探明存在既有缆线及设施的区段，严禁使用机械、尖镐及其他尖锐器械大力开挖，同时要请相关的产权单位派人到施工现场进行配合。

(2)营业线施工应严格遵守铁路局有关营业线施工的各项管理规定及细则，确保施工安全。

(3)人工开挖电缆沟时相邻两人间的安全距离不应小于 3 m。

(4)挖沟、挖接头坑时，挖出的土石投放到距离沟、坑边沿 400 mm 以外的地方。

(5)光电缆径路穿越铁路或公路，通过桥隧河流等时，应按书面协议，并取得主管单位配合后再进行施工。

(6)在市区范围内开挖必须取得城建部门批准的施工许可后再施工。

(7)在交通繁忙地段挖掘道路时，应取得交通部门同意，并按交通部门要求施工。

(8)在铁路路肩或路基范围内开挖光电缆沟，应事先与工务部门联系，签订安全配合协议后施工。

(9)在铁路站台开挖光电缆沟时，要采取围挡措施，保证旅客上下车的安全。

(10)在有行人及车辆通过的地方施工时，要在光电缆沟的边沿等危险部位设置明显的安全警示标志，安全警示标志必须符合国家标准，以保证路过行人及车辆的安全。

(11)光电缆沟通过铁路路肩、站场股道间和穿越铁路、公路时，应及时回填、夯实、整平，做到不敞开沟过夜。

十二、环保控制措施

(1)在市区范围内开挖光电缆沟，要及时清运挖出的土石，并采取措施防止尘土飞扬、洒落等。挖沟时尽量减少对草坪、地面等周围设施的破坏，施工完成后要将破坏的部分进行修复。每天收工后要把施工现场清扫干净。

(2)开挖水泥地面使用切割机工作时应接水源进行防尘；抽水机、发电机、切割机等要定期保养，以降低噪声和废气排放量。

(3)光电缆径路经过草原、自然保护区、风景名胜区、自然遗址、城市、乡村等区域时，应制定相应的保护措施，减少施工污染，保护好生态环境。

(4)光电缆沟开挖过程中如发现文物、古迹、爆炸物等，应当停止施工，对现场进行保护，及时报告给有关部门，按规定处理后再继续施工。

十三、附　　表

光电缆沟开挖及回填施工检查记录表见表1-4-6。

表 1-4-6　光电缆沟开挖及回填施工检查记录表

工程名称			
施工单位			
项目负责人		技术负责人	
序号	项目名称	检查意见	存在问题
1	对径路上既有缆线和设施的调查		
2	光电缆沟开挖深度		
3	光电缆接头坑开挖深度		
4	光电缆沟弯曲半径		
5	光电缆沟径路和走向		
6	光电缆沟过轨、过路、过涵位置		
7	光电缆接头坑尺寸、位置		
8	开挖出的土石堆放		
9	光电缆沟回填质量		
检查结论： 检查组组员： 检查组组长： 年　　月　　日			

第五节　直埋光电缆敷设

一、适用范围

适用于铁路通信直埋光电缆敷设。

二、作业条件及施工准备

(1)已对全体施工人员进行技术交底和安全培训,安全考试合格。

(2)已完成光电缆单盘测试及配盘。

(3)已完成光电缆径路复测并有完整的径路定测台账。

(4)已与相关单位签订施工安全配合协议。

(5)光电缆沟开挖长度满足光电缆敷设要求,沟深经监理工程师检查合格。

(6)物资、施工机械及工器具已经准备到位。

三、引用技术标准

(1)《铁路通信工程施工技术指南》(TZ 205—2009);

(2)《铁路运输通信工程施工质量验收标准》(TB 10418—2003);

(3)《高速铁路通信工程施工技术指南》(铁建设〔2010〕241号);

(4)《高速铁路通信工程施工质量验收标准》(TB 10755—2010)。

四、作业内容

光电缆运输;光电缆敷设;光电缆防护和障碍点处理;光电缆余留整理;埋设电缆地线;光电缆标柱及警示牌埋设;隐蔽工程签证。

五、施工技术标准

1. 直埋电缆敷设施工技术标准

(1)长途通信电缆敷设技术标准

1)电缆埋深及防护应符合设计及施工技术指南的相关规定。

2)电缆保护管煨弯半径不应小于外径的6倍。

3)穿越铁路电缆保护管的长度,应大于轨道两侧轨枕头以外0.3 m;穿越公路的电缆保护管长度,应大于公路面以外0.2 m。

4)电缆敷设“A”、“B”端朝向应符合设计规定,设计未规定的情况下,按照“A”端朝向上行方向、“B”端朝向下行方向敷设。

5)电缆敷设后的余留量:电缆接续后余留0.8～1.5 m;通信站引入口处余留3～5 m;穿越30 m以上河流时,两岸各余留1～5 m;200 m及以上大桥两端和250～500 m的隧道两端,各余留1～3 m;带伸缩缝的钢结构桥梁敷设电缆时,每个伸缩缝余留不应小于0.5 m,通过500 m以上隧道时,应在一侧大避车洞内适当余留。在有塌方、滑坡、穿越铁路及有其他规划地段,应适当余留。带伸缩缝的钢结构桥梁敷缆时,除必要的余留外,还应做蛇形敷设或其他特殊处理。

6)电缆敷设时的弯曲半径:铅护套电缆不应小于电缆外径的15倍,困难地段为10倍;铝护套电缆不应小于电缆外径的7.5倍。

7)电缆标桩、警示牌、地线等设施的埋设,应符合设计要求及施工技术指南的相关规定。

(2)地区(站场)通信电缆敷设技术要求

1)电缆埋深及防护应符合设计及施工技术指南的相关规定。

2)用电缆槽防护敷设电缆时,其埋设深度为:在站场股道附近或铁路路肩上,槽盖板顶面距路基面不应小于0.2 m;在石砟和砂子填平的股道间,槽盖板面至轨枕底面不应小于0.55 m。同时,盖板顶面在路基面下的覆盖厚度不应小于0.2 m。

3)敷设电缆时,铝护套电缆弯曲半径不得小于电缆外径的7.5倍,铅护套电缆不得小于电缆外径的15倍。

4)电缆余留：接头处余留 1 m；进通信站、电话所信号楼余留 1 m；分线设备和端子盒引入处余留 1.5 m。

5)直埋电缆引上电杆或沿墙引上的保护管应高出地面 2.5 m，保护管内径不应小于电缆外径的 1.5 倍，引上钢管的弯曲半径宜为 0.6～0.8 m。

6)电缆标桩、地线等设施的设置应符合设计和施工技术指投南的要求。

2. 直埋光缆敷设施工技术标准

(1)光缆埋设深度、防护措施等应符合设计要求及相关技术标准的规定。

(2)在电气化铁路区段路肩上敷设光缆时，宜在接触网杆、塔立起后进行，不宜交叉施工。必须交叉施工时，应做好防护措施。

(3)当采用一条单光缆及一条对称电缆同沟敷设时，应同底同期敷设，先敷设对称电缆，后敷设光缆，在沟中应平行排列。在对称电缆接头处，光缆应采取防护措施。

(4)光缆应按 A、B 端要求进行敷设。

(5)使用机械牵引时，牵引最大速度应为 15 m/min；牵引力不应超过光缆最大允许张力的 80%，且主要牵引力应作用在光缆加强芯上。

(6)光缆敷设时，其弯曲半径、余留长度、位置等应符合设计要求和相关技术标准的规定。

(7)施工中光缆外护层(套)不得有破损，接头处密封良好。单盘直埋光缆接续前，金属护套对地绝缘电阻不应低于 10 MΩ · km。

六、工序流程及操作要点

1. 工序流程

工序流程如图 1-5-1 所示。

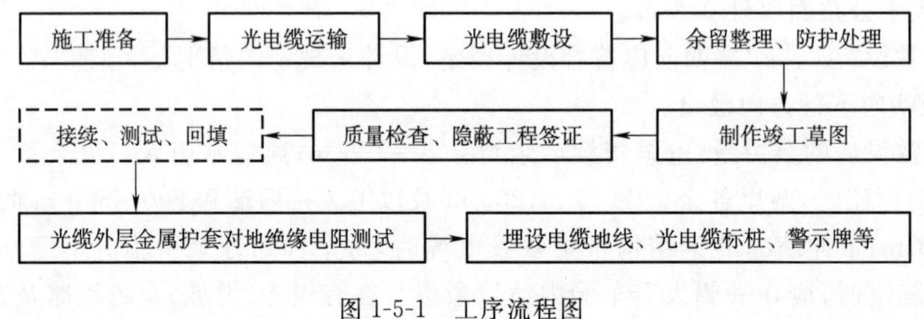

图 1-5-1 工序流程图

2. 操作要点

(1)直埋光电缆敷设要进行严密组织和合理分工，配备无线对讲机等良好的联络设备。

(2)做到光电缆开挖一段敷设一段，不能一次挖沟距离过长，空沟敞开时间过久。

(3)光电缆在运输过程中不能将缆盘平放，装卸作业时应使用机械作业，严禁将光电缆盘从车上直接推落至地面。

(4)光电缆敷设“A”、“B”端朝向应符合设计规定，设计未规定的情况下，按照“A”端朝向上行方向、“B”端朝向下行方向敷设。

(5)光电缆敷设人员间隔不宜过大，应听从指挥，步调一致，前进速度不宜过快。

(6)光电缆应由缆盘的上方放出并保持松弛，敷设过程中不得拖拉硬拽，应无扭转。严禁打被扣、浪涌等现象的发生。

(7)光电缆在过轨或过道穿越钢管防护时，须在钢管口加防护卡子，避免损伤光电缆外皮。

(8)敷设过程中要派专人根据设计要求和施工技术指南进行光电缆余留整理和防护处理。

(9)特殊地段的防护设置(如护坎、护坡、包封等)应符合设计要求。

(10)光电缆沟回填之前要由质量员会同监理工程师进行隐蔽工程的检查签认。

(11)电缆地线埋设,光电缆标桩及警示牌的埋设要符合设计要求及施工技术指南的相关规定。

3. 施工方法

(1)施工准备

1)首先应对施工人员进行安全培训和技术交底,同时讲解敷缆方法要领等内容,确保施工人员服从指挥。安全培训完毕后要进行必要的安全考试,合格后才能上岗作业。

2)为了确保光电缆敷设质量和施工安全,施工前必须严密组织,配备专人指挥,备有良好的联络手段,严禁在无联络工具的情况下敷设光电缆。

3)明确各种指令的含义,指令要简短明了。

4)光电缆敷设在所有光电缆测试及配盘已经完成的情况下进行。

5)光电缆沟的开挖长度以满足敷设要求为准,不能一次挖沟距离过长,空沟敞开时间过久。

(2)光电缆运输

根据光电缆配盘图将当天需要敷设的光电缆运输到现场。需注意在运输过程中不能将光电缆盘平放,装卸作业时应使用叉车或吊车,严禁将光电缆盘从车上直接推落至地面。

(3)光电缆敷设

1)设防护员两名,负责安全防护工作。

2)派人对光电缆沟进行检查,清除沟内杂物石块等。

3)进行合理分工,技术人员负责整个施工过程的技术工作;安全员负责施工安全工作;质量员负责检查施工质量;支盘人员负责光电缆支盘、盘号确认等;指挥人员负责指挥协调工作以及光电缆余留、压头等工作;一人专门负责安放收取过轨过道防护管卡子;敷设人员负责抬运光电缆。

4)光电缆敷设“A”、“B”端朝向应符合设计规定,设计未规定的情况下,按照“A”端朝向上行方向,“B”端朝向下行方向。

5)为了确保光缆敷设质量和安全,施工过程中必须严密组织,利用无线对讲机及口哨进行协调指挥,敷设人员间隔不宜过大,应听从指挥,步调一致,前进速度不宜过快。光电缆到位后在指挥人员的统一指挥下,压好接头余留,然后顺序放入沟内。

6)敷设时,光电缆应由缆盘的上方放出并保持松弛的弧形。光电缆敷设过程中不得拖拉硬拽,应无扭转;严禁打背扣、浪涌等现象的发生。光电缆在过轨或过道穿越钢管防护时,必须在钢管口加上特制的防护卡子,避免损伤光电缆外皮。

7)敷设过程中需要对光电缆打“∞”字时,应选择合适的地形,将“∞”字尽量打大,为避免解“∞”字时产生问题,应在情况允许的前提下,尽量少打“∞”字,当进行“∞”字抬放时,应注意地面交通等因素的限制。解“∞”字时应正确操作,将“∞”字逆着打“∞”字的方向解开。若出现因“∞”字翻转不当,造成在“∞”字将解尽时仍有应力产生的小圈不能解开的情况下,切勿将小圈拉直,应在小圈积留处作余留处理。

8)光电缆入沟后不宜拉得过紧,应平放在沟底使光电缆自然地伸展,不得腾空或拱起。

(4)余留整理,防护处理

1)根据直埋光电缆敷设施工技术标准的要求整理光电缆余留,余留坑的深度应与光电缆沟一致。

2)光电缆防护地点、防护方式和所用材质应符合设计要求及施工技术指南的有关规定。各种防护管材表面应平整光洁,无变形和裂纹。

3)防护钢管根据设计要求确定,应使用镀锌钢管或对钢管作除锈和防腐处理;硬塑料管无老化和变质现象。钢管口应光滑无毛刺,钢管用管箍连接时,每端进入管箍内的深度,不得小于箍径的1/3,钢管焊接时,接口必须对齐,焊接严密,均匀一致,焊接牢固。管子煨弯的弯曲半径,不应小于管子外径的6倍,管子的弯曲角度方向应正确,无死弯、皱折、凹瘪等缺陷。

4)防护管的埋深应和光电缆埋深一致,穿越铁路的防护管长度,必须超出轨道两侧轨枕头以外0.2 m;光电缆敷设完成对管口进行封堵。

5)光电缆盖砖防护时,应在光电缆上面填0.1 m的细土或砂并压实,在光电缆正上方处盖砖并排列整齐。

6)光电缆槽防护应符合设计要求。

7)其他特殊地段的防护方式(如护坎、护坡、漫水坡等)应严格按照设计要求进行设置。

(5)制作竣工草图

光电缆敷设完毕在回填之前及时进行径路的测量和竣工草图的制作,同时填写隐蔽工程记录。

(6)质量检查、隐蔽工程签证

由质量员和施工监理共同进行质量检查,质量合格后由监理工程师对隐蔽工程记录进行签字确认。质量检查完毕后要及时进行回填。

(7)光缆金属护套对地绝缘电阻测试

在光缆回填72 h后可进行光缆金属护套对地绝缘电阻的测试,测试时将光缆的两端头腾空离地,擦净光缆端头的泥土,并保持干燥,在一端剥除外层塑料换套,露出金属外换层,用500 V兆欧表测试光缆金属护套对大地的绝缘电阻,其绝缘电阻不应低于10 MΩ·km。

(8)埋设电缆地线、光电缆标桩、警示牌等

1)电缆地线的埋设应满足设计要求和验收标准的相关规定。

2)光电缆警示牌的制作和埋设根据设计要求进行施工。

3)光电缆标桩的埋设依据设计要求进行,当设计无特殊要求时,应按铁路通信施工技术指南进行施工,即:

①埋设地点:接头处和电缆接地点;转弯处和穿越障碍点不易识别径路处;穿越铁路、公路、河流的两侧;光电缆防护及余留处;长度大于500 m直线段的中间(当设计有特殊要求时按设计要求的长度进行设置)。

②标桩应埋设在光电缆径路的正上方,接续标埋设在光电缆接头正上方。

③可利用永久性目标代替标桩,但须在永久目标上用油漆书写标志。

七、劳动组织

1. 劳动力组织方式

采用架子队组织模式。

2. 人员配置

直埋光电缆敷设作业人员配备见表1-5-1。

表 1-5-1　直埋光电缆敷设作业人员配备表

序　号	人　　员	人　数	备　　注
1	施工负责人	1	
2	技术人员	1～3	
3	安全员	1	
4	质量员	1	
5	材料员	1	
6	指挥人员	5～10	根据光电缆盘长确定
7	支盘人员	3～5	
8	防护人员	2	
9	施工人员	若干	根据工作量确定人数

八、主要机械设备及工器具配置

主要机械设备及工器具配置见表 1-5-2。

表 1-5-2　主要机械设备及工器具配置表

序　号	名　　称	规　　格	单　　位	数　　量	备　　注
1	汽车起重机	QY-16	辆	1	
2	载重汽车		辆	1～3	5～20 t
3	载客汽车		辆	1	
4	光电缆盘支架	H=1.5 m 可调式	副	3	
5	无线对讲机		个	6～10	
6	兆欧表		块	1	
7	口哨		个	10	
8	铁锹		把	10	
9	喷灯		把	2	
10	钢锯		把	1	
11	断线钳		把	1	
12	钢丝刷		把	1～3	
13	铜丝刷		把	1～3	
14	排笔		把	3	
15	其他适用工具		套	1	

注:以上主要设备机具仅作为参考,具体根据工程实际情况来配置。

九、物资材料配置

主要物资材料见表 1-5-3。

表 1-5-3　主要物资材料表

序　号	名　　称	规　　格	单　　位	数　　量	备　　注
1	光电缆		km		
2	热塑帽		个		

续上表

序　号	名　　称	规　　格	单　　位	数　　量	备　　注
3	黄油		kg		
4	防护钢管		m		
5	电缆槽		套		
6	标桩、警示牌		套		
7	棉纱		kg		
8	防水胶带		盘		
9	钢锯条		根		
10	焊锡		kg		
11	焊料		kg		
12	油布		张		
13	汽油		L		
14	油漆		kg		
15	绘图铅笔		支		
16	绘图橡皮		块		
17	草图记录纸		张		

注：以上主要物资材料仅作为参考，具体规格、数量根据工程实际情况来配置。

十、质量控制标准及检验

1. 质量控制标准

(1)通信光电缆到达现场应进行进场检验，其型号、规格、质量应符合设计要求及相关技术标准规定。

(2)敷设前对所有光电缆进行单盘检验，测试方法和测试指标应符合设计要求及相关技术标准的规定。

(3)光电缆径路应符合设计要求，埋深应符合相关技术标准的规定。

(4)光电缆防护地点和所用材质应符合设计要求及施工技术指南的有关规定。各种防护管材表面应平整光洁，无变形和裂纹。

(5)光电缆弯曲半径、余留长度、位置等应符合设计及施工技术指南的规定；光电缆的室内引入应符合相关技术标准的规定。

(6)电缆地线埋设及光电缆标桩、警示牌的埋深符合设计要求及相关技术标准。

(7)敷设过程中不得损伤光电缆外护层。

(8)敷设过程中截断的光电缆端头要及时进行热缩帽密封或进行封焊密封。

2. 检验

(1)通过观察、尺量，检验光电缆敷设径路符合设计要求。

(2)通过尺量，检验光电缆埋深符合设计要求及相关技术标准的规定。

(3)通过观察、尺量检验光电缆穿越或引下用的防护管的位置、材质、管长和埋设深度符合设计要求和相关技术标准的规定。

(4)通过检查实物,检验光电缆外护层(套)不得有破损且端头处密封良好。

(5)通过观察、测试,检验光电缆防雷方式及防雷器件的设置地点、数量应符合设计要求和相关技术标准的规定。

(6)通过观察、尺量,检验光电缆标桩的埋设应符合设计要求。光电缆标桩应埋设在光电缆径路的正上方,接续标桩应埋设在接续点的正上方,面向铁路,标志清楚。

(7)通过尺量,检验光电缆弯曲半径应符合下列要求:

光缆弯曲半径不小于光缆外径的20倍;

铝护套电缆不小于电缆外径的15倍;

铅护套电缆不小于电缆外径的7.5倍。

(8)通过观察、尺量,检验光电缆余留的位置和长度应符合设计要求和相关技术标准的规定。

十一、安全控制措施

(1)针对光电缆敷设施工特点,制定安全保障措施;开工前进行必要的安全培训,并进行安全考试,考试合格后方可上岗作业。

(2)光电缆运输过程中不能将缆盘平放,装卸作业时应使用叉车或吊车,严禁将光电缆盘从车上直接推落至地面。运输过程中不能损坏缆盘及光电缆;滚动缆盘时应按箭头方向滚动,滚动距离不宜过长。

(3)光电缆盘支架底座应放在坚固、平坦的地面上,顶升时,光电缆盘盘轮离开地面不得大于100 mm。光电缆盘支架较高或在斜坡上时,应设支架临时拉线。

(4)敷设光电缆时,光电缆应从盘的上端引出。工作人员应合理分工,光电缆盘、人力绞盘、绞盘车应有制动措施;光电缆盘应设有经验的人员进行看护,且配备良好的通信工具。

(5)在特大桥上及长大隧道内敷设光电缆时,应制定相应的安全技术措施。

(6)人工抬放光电缆时,不得在硬质地面上拖拉,杜绝损伤光电缆外护层;施工人员应用同侧肩抬运,拐弯时人应站在光电缆外侧,下坡、跨沟渠和拐弯处应设防护人员;抬运光电缆过桥梁、隧道或在铁路路肩上抬运时,不应将光电缆曲伸到铁路限界以内;抬运光电缆过铁路线时,应在统一指挥下平行跨越。

(7)在既有线进行光电缆敷设施工时,应制定安全保障措施保证施工人员安全及铁路设施的安全。

(8)工程施工车辆机具都必须经过检查合格,并且定期维护保养,机械操作人员和车辆驾驶人员必须取得相应的资格证。

十二、环保控制措施

(1)光电缆盘卸下的包装物及时处理,空光电缆盘及时回收。

(2)径路标识、警示牌刷漆所用剩余的油漆及施工废料等要统一收集,集中处理,避免乱扔乱放。

十三、附　　表

直埋光电缆敷设检查记录表见表1-5-4。

表 1-5-4　直埋光电缆敷设检查记录表

工程名称			
施工单位			
项目负责人		技术负责人	
序号	项目名称	检查意见	存在问题
1	光电缆运输		
2	光电缆埋设深度		
3	光电缆弯曲半径		
4	光电缆余留		
5	光电缆防护		
6	光电缆敷设端别		
7	光电缆接头位置		
8	光电缆端头密封		
9	竣工草图制作		
10	隐蔽工程签证		
11	标桩、警示牌埋设		
检查结论： 检查组组员： 检查组组长： 年　月　日			

第六节　管道光电缆敷设

一、适用范围

适用于铁路通信管道光电缆敷设作业。

二、作业条件及施工准备

(1)已对全体施工人员进行技术交底和安全培训,安全考试合格。
(2)已完成光电缆单盘测试及配盘。
(3)已完成光电缆管道的修建并验收合格。
(4)已与相关单位签订施工安全配合协议。
(5)物资、施工机械及工器具已经准备到位。

三、引用技术标准

(1)《铁路通信工程施工技术指南》(TZ 205—2009);
(2)《铁路运输通信工程施工质量验收标准》(TB 10418—2003);
(3)《高速铁路通信工程施工技术指南》(铁建设〔2010〕241 号);
(4)《高速铁路通信工程施工质量验收标准》(TB 10755—2010)。

四、作业内容

光电缆运输;疏通管道;光电缆敷设;光电缆余留整理;制作竣工草图;隐蔽工程签证。

五、施工技术标准

(1)管道光电缆占用的管孔,应靠近管孔群两侧优先选用;同一光电缆占用各段管道的管孔位置应保持不变。当管道空余管孔不具备上述条件时,亦应占用管孔群中同一侧的管孔。

(2)管道光电缆在人(手)孔内应紧靠人(手)孔壁,并用尼龙扎带捆绑在电缆托架上,人(手)孔内光电缆应排放整齐,禁止出现交叉现象。

(3)采用子管道建筑方式时,子管宜采用半硬质塑料管材;子管数量应按管孔直径大小及工程需要确定,但数根子管的等效外径应不大于管道孔内径的 85%;一个管道管孔内安装的数根子管应一次穿放且颜色不同。子管在两人(手)孔间的管道段内不应有接头。

(4)光电缆在管孔内不得有接头,并不得在人孔中间直接穿过。光电缆接头应放在人孔铁架上并予以固定保护。

(5)完成敷设工作后,应检查人孔中的敷设余量和弯曲半径,指标应满足设计要求和相关技术标准的规定,管孔进出口应封堵严密。

(6)同一光电缆所占各段管道的管孔应保持一致。光电缆在人(手)孔铁架上的排列顺序应符合设计要求。在人(手)孔内,应避免光电缆相互交越、交叉或阻碍空闲管孔的孔口。

六、工序流程及操作要点

1. 工序流程

工序流程如图 1-6-1 所示。

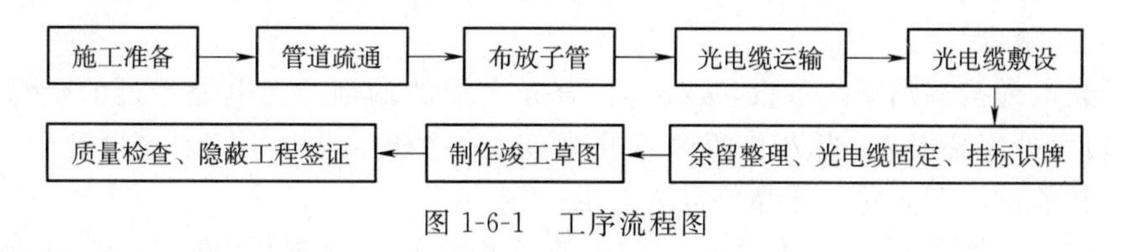

图 1-6-1　工序流程图

2. 操作要点

(1)光电缆敷设前应对管道逐段进行清扫和疏通。

(2)光电缆敷设经过的人(手)孔均应设专人监管,转弯处应安装滑轮;当人(手)孔两侧的管孔高度不一致时,应设专门工具或 PE 管予以引导。

(3)光电缆通过人孔时避免直线通过,应紧贴人孔侧壁并绑扎在托板托架上。

(4)光电缆在人孔中有接头时,应采取措施予以固定保护。

(5)光缆敷设采用人工或机械牵引时,牵引力不应大于光缆允许张力的 80%,瞬间最大牵引力不得大于光缆允许张力。

(6)光电缆穿放孔位应顺序排列,按设计图施工。

(7)管孔内不得有光电缆接头;如在一个管孔内布放两条缆时,宜用子管分开。

(8)光电缆在人(手)孔内最小弯曲半径不得小于光电缆外径的15倍;钢带铠装电缆进入人(手)孔内部分,应剥除铠装。

(9)每一人孔内应对光电缆挂设标牌,标明光电缆型号、规格、起止站名等。

(10)完成光电缆敷设工作后应清扫现场,并将管孔进出口封堵严密。

(11)光电缆敷设后应及时进行竣工草图的制作和隐蔽工程的签证。

3. 施工方法

(1)施工准备

1)首先应对施工人员进行安全培训和技术交底,同时讲解敷缆方法要领等内容,确保施工人员服从指挥。安全培训完毕要进行必要的安全考试,合格后才能上岗作业。

2)为了确保光电缆敷设质量和施工安全,施工前必须严密组织,配备专人指挥,备有良好的联络手段,严禁在无联络工具的情况下敷设光电缆。

3)光电缆敷设在所有光电缆测试及配盘已经完成的情况下进行。

(2)管道疏通

敷设前,应对敷设管孔进行疏通,对人孔进行清扫;清理管孔中的淤泥或异物;当管孔发生障碍时,应做修复处理。

(3)布放子管

1)子管应采用材质合适的的塑料管材。

2)子管数量应根据管孔直径及工程需要确定;数根子管的总等效外径不宜大于管孔直径的85%。

3)一个管孔内安装的数根子管应一次性穿放;子管入孔处用喇叭口防护,避免子管磨损。子管在两人(手)孔间的管道段不应有接头。

4)子管在人(手)孔内应伸出适宜的长度。

5)不用的子管,管口应安装塞子。

(4)光电缆运输

根据光电缆配盘图将当天需要敷设的光电缆运输到现场。需注意在运输过程中不能将光电缆盘平放,装卸作业时应使用叉车或吊车,严禁将光电缆盘从车上直接推落至地面。

(5)光电缆敷设

1)全线光电缆按端别顺序敷设,敷设前检查光电缆的端别。光电缆经过的全部人孔处设专人看管,转弯处安装滑轮,当人孔两侧管孔高度不一致时,设专用工具或PE管予以引导。敷设时缆盘和绞盘放在人孔上方靠敷设方向的一侧。

2)光电缆进入管道入口处使用井口滑轮,在光电缆可能出现托、磨、刮、蹭的地方衬垫弯铁、铜瓦或杂布等物。光电缆的牵引头应密封良好,牵引光电缆头应捆扎牢固,并应在钢丝绳与光电缆牵引网套间设置转环,牵引光电缆的拉力要均匀,严禁端头进水。穿入管孔处的光电缆应保持平直。

3)如果光电缆长度超过2.5 km或径路经2个以上弯道,敷设时可考虑由中间向两端敷设,此时应注意选择盘位,以方便两端光缆敷设。光电缆倒盘按“∞”字型放置,倒放时防止光电缆打背扣,禁止踩踢、重压或在地上拖拉光电缆。

4)光电缆敷设完毕后,由人工将每个直通人孔内的余缆沿人孔壁放置在规定的光电缆支架上，用尼龙扎带等进行固定，固定时用力应轻，防止损伤光电缆。在地下水位高于通信管道的地段，人孔内的管孔可用油灰、麻絮或其他物质堵好光电缆与管孔的间隙以防漏水。

5)人孔内的光电缆接头，在未接续前用防水帽及防水胶带进行密封，并盘留于光电缆支架上，此时注意两边余留光电缆不要互相缠绕，应分层盘于光电缆支架上。接续完成后，两边余留光电缆要按顺序盘于光电缆支架上，并用尼龙扎带或铁线绑扎，光电缆接头在支架上固定牢固。固定时应防止损伤光电缆及接头。

6)硅芯管道光缆在吹缆前应进行管道保气及导通试验，确认管道无破损漏气或扭伤，无泥土等污物后方可吹缆；吹缆前在管内加入润滑剂，在吹缆过程中应不间断对光缆进行清洁处理，以防泥土等杂物随同光缆进入管内增大摩擦力；吹缆的速度宜控制在 60～90 m/min 之间，不应超过 100 m/min，以防光缆扭伤及影响施工人员操作；吹缆过程中遇管道故障无法吹进或速度极慢时，应先查找故障位置并处理后再进行吹缆，以防损伤光缆或吹缆设备。

(6)余留整理、光电缆固定

1)根据设计要求及验收标准进行光电缆的余留整理。

2)人孔内的光电缆接头，在未接续前用防水帽及防水胶带密封好，并盘留于光电缆支架上，此时注意两边余留光电缆不要互相缠绕，应分层盘于光电缆支架上。

3)接续完成后，两边余留光电缆要按顺序盘于光电缆支架上，并用尼龙扎带或铁线绑扎，光电缆接头在支架上固定牢固。固定时应防止损伤光缆及接头。

4)在每个人(手)孔内光缆均应挂牌标识，光缆标识牌应防水、防老化。

(7)制作竣工草图

光电缆敷设完毕及时进行径路的测量和竣工草图的制作，同时填写隐蔽工程记录。

(8)质量检查、隐蔽工程签证

由质量员和施工监理共同进行质量检查，质量合格后由监理工程师对隐蔽工程记录进行签字确认。

七、劳动组织

1. 劳动力组织方式

采用架子队组织模式。

2. 人员配置

管道光电缆敷设作业人员配备见表 1-6-1。

表 1-6-1　管道光电缆敷设作业人员配备表

序　号	人　　员	人　　数	备　　注
1	施工负责人	1	
2	技术人员	1～3	
3	安全员	1	
4	质量员	1	
5	材料员	1	
6	指挥人员	5～10	根据光电缆盘长确定
7	支盘人员	3～5	
8	防护人员	2	
9	施工人员	若干	根据单盘长度确定人数

八、主要机械设备及工器具配置

主要机械设备及工器具配置见表 1-6-2。

表 1-6-2 主要机械设备及工器具配置表

序号	名称	规格	单位	数量	备注
1	汽车起重机		辆	1	
2	载重汽车		辆	1～3	
3	载客汽车	5～20 t	辆	1	
4	吹缆机		台	1	
5	管道疏通器		台	1	
6	光电缆盘支架		付	3	
7	有害气体测试仪		台	2	
8	抽水机		台		根据有水人孔数量配置
9	无线对讲机		个	6～10	
10	口哨		个	10	
11	铁锹		把	10	
12	喷灯		把	2	
13	钢锯		把	1	
14	断线钳		把	1	
15	钢丝刷		把	1～3	
16	铜丝刷		把	1～3	
17	其他适用工具		套	1	

注:以上主要设备机具仅作为参考,具体根据工程实际情况来配置。

九、物资材料配置

主要物资材料配置见表 1-6-3。

表 1-6-3 主要物资材料配置表

序号	名称	规格	单位	数量	备注
1	光电缆		km		
2	子管		km		
3	热塑帽		个		
4	黄油		kg		
5	汽油		kg		
6	铁皮喇叭口		个		
7	防水胶带		盘		
8	钢锯条		根		
9	棉纱		kg		
10	焊锡		kg		

续上表

序号	名称	规格	单位	数量	备注
11	焊料		kg		
12	油布		张		

注:以上主要物资材料仅作为参考,具体规格、数量根据工程实际情况来配置。

十、质量控制标准及检验

1. 质量控制标准

(1)通信光电缆到达现场应进行进场检验,其型号、规格、质量应符合设计要求及相关技术标准规定。

(2)敷设前对所有光电缆进行单盘检验,测试方法和测试指标应符合设计要求及相关技术标准的规定。

(3)光电缆弯曲半径、余留长度、位置等应符合施工技术指南的规定;光电缆的室内引入应符合相关技术标准的规定。

(4)管孔运用符合设计要求。

(5)同一根光电缆所占各段管道的管孔保持一致。

(6)光电缆在人(手)孔铁架上的排列顺序符合设计要求,在人(手)孔内避免光电缆相互交越、交叉或阻碍空闲管孔的孔口。

(7)光电缆在管孔内不得有接头。如在一个管孔内布放两条光电缆时,应一次穿放完成。

2. 检验

(1)对照设计文件,通过观察,检验管孔运用符合设计要求。

(2)通过观察、测试,检验同一根光电缆所占各段管道的管孔保持一致。

(3)通过观察,检验光电缆在人(手)孔铁架上的排列顺序与光电缆管孔运用相适应,在人(手)内避免光电缆相互交越、交叉或阻碍空闲管孔的孔口。

(4)通过检查实物,检验光电缆外护层(套)不得有破损、端头处密封良好。

(5)通过观察、测试,检验光电缆防雷方式及防雷器件的设置地点、数量应符合设计要求和相关技术标准的规定。

(6)通过尺量,检验光电缆弯曲半径应符合下列要求:

光缆弯曲半径不小于光缆外径的 20 倍;

铝护套电缆不小于电缆外径的 15 倍;

铅护套电缆不小于电缆外径的 7.5 倍。

(7)通过观察、尺量,检验光电缆余留的位置和长度应符合设计要求和相关技术标准的规定。

十一、安全控制措施

(1)针对光电缆敷设施工特点,制定安全保障措施;开工前进行必要的安全培训,并进行安全考试,考试合格后方可上岗作业。

(2)光电缆运输过程中不能将缆盘平放,装卸作业时应使用叉车或吊车,严禁将光电缆盘从车上直接推落至地面。运输过程中不能损坏缆盘及光电缆;滚动缆盘时应按箭头方向滚动,滚动距离不宜过长。

(3)工程施工车辆机具都必须经过检查合格,并且定期维护保养,机械操作人员和车辆驾驶人员必须取得相应的资格证。

(4)气吹敷缆时,吹缆机操作人员必须按章操作,以确保人员、设备、光电缆的安全;在管道的对端必须设专人进行防护,管道两端人员要保持通信联络畅通,防止吹缆过程中气吹头、试通棒等物吹出伤人。

(5)进入人(手)孔之前应先开门(开盖)通风,并用有害气体测试仪测试有害气体浓度,未经通风不得入内。施工中有异常感觉立即撤离。进入后,外面应设安全标志或专人防护。

十二、环保控制措施

(1)光电缆盘卸下的包装物及时处理,空光电缆盘及时回收。

(2)施工剩余的油漆等要统一收集,集中处理,避免乱扔乱放。

(3)光缆管道和人孔排出的积水,应引至下水道、排水沟或其他不影响交通和环境的地方,不能随意排放。

十三、附　　表

管道光电缆敷设检查记录表见表 1-6-4。

表 1-6-4　管道光电缆敷设检查记录表

工程名称			
施工单位			
项目负责人		技术负责人	
序号	项目名称	检查意见	存在问题
1	光电缆运输		
2	光电缆占用管孔位置		
3	人(手)孔内光电缆排列、绑扎		
4	光电缆接头位置		
5	光电缆标牌设置		
6	管孔封堵		
7	光电缆弯曲半径		
8	光电缆余留		
9	光电缆端头密封		
10	竣工草图制作		
11	隐蔽工程签证		
检查结论: 检查组组员: 检查组组长: 年　月　日			

第七节　槽道光电缆敷设

一、适用范围

适用于铁路通信槽道光电缆敷设作业。

二、作业条件及施工准备

(1)已对全体施工人员进行技术交底和安全培训,安全考试合格。

(2)已完成光电缆单盘测试及配盘。

(3)已完成光电缆槽道的修建并验收合格。

(4)已与相关单位签订施工安全配合协议。

(5)物资、施工机械及工器具已经准备到位。

三、引用技术标准

(1)《铁路通信工程施工技术指南》(TZ 205—2009);

(2)《铁路运输通信工程施工质量验收标准》(TB 10418—2003);

(3)《高速铁路通信工程施工技术指南》(铁建设〔2010〕241 号);

(4)《高速铁路通信工程施工质量验收标准》(TB 10755—2010)。

四、作业内容

检查清理槽道;光电缆运输;光电缆敷设;光电缆余留整理;制作竣工草图;隐蔽工程签证;恢复槽道盖板。

五、施工技术标准

(1)光电缆敷设前应对新建槽道进行勘察,对既有槽道进行修复。

(2)掀开槽道盖板之前,应先清除盖板上方的土层等杂物,防止杂物掉入槽道内。

(3)槽道盖板掀起后,应堆放整齐、稳固,不得侵入铁路接近限界影响行车安全。

(4)光电缆敷设“A”、“B”端朝向应符合设计规定,设计未规定的情况下,按照“A”端朝向上行方向,“B”端朝向下行方向敷设。

(5)电缆敷设时的弯曲半径:铅护套电缆应不小于电缆外径的 15 倍,困难地段应不小于电缆外径的 10 倍;铅护套电缆不应小于电缆外径的 7.5 倍。光缆敷设时的弯曲半径不应小于光缆外径的 20 倍。

(6)光电缆占用的槽道和位置应符合设计要求;槽道内光电缆摆放顺直自然。槽道内同时敷设多条光电缆时,应做到互不交叉、摆放整齐、标识明确。

(7)施工中光缆外护层(套)不得有破损,接头处密封良好。

(8)敷设完毕后及时按原样恢复槽道盖板。

六、工序流程及操作要点

1. 工序流程

工序流程如图 1-7-1 所示。

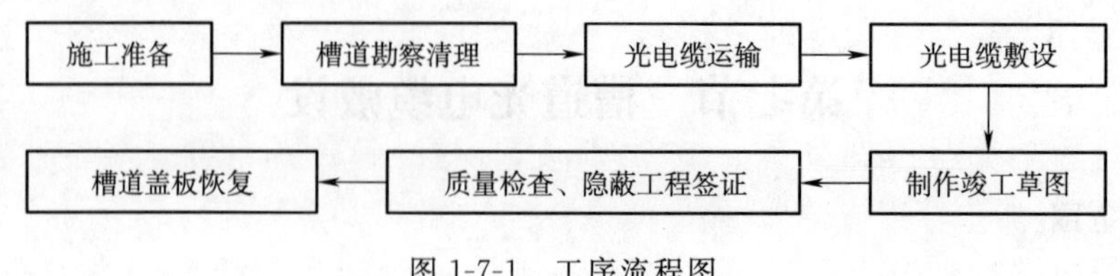

图 1-7-1 工序流程图

2. 操作要点

(1)敷设前对槽道进行检查和清理;对已敷设光电缆的槽道进行修复时,应确保既有光电缆的安全。

(2)掀开的槽道盖板要堆放整齐、稳固,严禁侵入铁路限界。

(3)光电缆敷设要进行严密组织和合理分工,配备无线对讲机等良好的联络工具。

(4)光电缆在运输过程中不能将缆盘平放,装卸作业时应使用机械作业,严禁将光电缆盘从车上直接推落至地面。

(5)光电缆敷设"A"、"B"端朝向应符合设计规定,设计未规定的情况下,按照"A"端朝向上行方向,"B"端朝向下行方向敷设。

(6)光电缆敷设人员间隔不宜过大,应听从指挥,步调一致,前进速度不宜过快。

(7)光电缆应由缆盘的上方放出并保持松弛,敷设过程中不得拖拉硬拽,应无扭转。严禁打背扣、浪涌等现象的发生。

(8)敷设过程中要派专人根据设计要求和施工技术指南进行光电缆余留整理和防护处理。

(9)敷设完成后及时进行质量检验及隐蔽工程记录的签证。

(10)光电缆在槽道内摆放整齐;槽道内同时敷设多条光电缆时,应避免交叉。敷设完毕后应及时恢复槽道盖板。

3. 施工方法

(1)施工准备

1)首先应对施工人员进行安全培训和技术交底,同时讲解敷缆方法要领等内容,确保施工人员服从指挥。安全培训完毕后要进行必要的安全考试,合格后才能上岗作业。

2)为了确保光电缆敷设质量和施工安全,施工前必须严密组织,配备专人指挥,备有良好的联络手段,严禁在无联络工具的情况下敷设光电缆。

3)光电缆敷设在所有光电缆测试及配盘已经完成的情况下进行。

(2)槽道勘察清理

1)光电缆敷设前对槽道进行勘察和清理;实际工程中会遇到在既有缆槽道内敷设光电缆的情况,在对已敷设光电缆的既有槽道进行修复时,应确保既有光电缆的安全。

2)掀开的槽道盖板要摆放稳固,并与槽道保持一定的安全距离,在斜坡地段严禁将盖板放置在槽道的斜上方,以防盖板滑入槽道中砸坏光电缆。

(3)光电缆运输

根据光电缆配盘图将当天需要敷设的光电缆运输到现场。需注意在运输过程中不能将光电缆盘平放,装卸作业时应使用叉车或吊车,严禁将光电缆盘从车上直接推落至地面。

(4)光电缆敷设

1)设防护员两名,负责安全防护工作。

2)清除槽道盖板上方的土层或碎石,防止杂物掉入槽内。

3)依次掀开盖板,并堆放整齐、稳固,严禁侵入铁路限界。清除槽道内石块及其他杂物。

4)进行合理分工,技术人员负责整个施工过程的技术工作;安全员负责施工安全工作;质量员负责检查施工质量;支盘人员负责光电缆支盘、盘号确认等;指挥人员负责指挥协调工作以及光电缆余留、压头等工作;敷设人员负责抬运光电缆。

5)光电缆敷设"A"、"B"端朝向应符合设计规定,设计未规定的情况下,按照"A"端朝向上行方向,"B"端朝向下行方向敷设。

6)为了确保光缆敷设质量和安全,施工过程中必须严密组织,利用无线对讲机及口哨进行协调指挥,敷设人员间隔不宜过大,应听从指挥,步调一致,前进速度不宜过快。光电缆到位后在指挥人员的统一指挥下,压好接头余留,然后顺序放入槽道内。

7)敷设时,光电缆应由缆盘的上方放出并保持松弛的弧形。光电缆敷设过程中不得拖拉硬拽,应无扭转;严禁打背扣、浪涌等现象的发生。敷设过程中避免损伤光电缆外皮。

8)光电缆入槽后不宜拉得过紧,应平放在槽道底部使光电缆自然地伸展,不得腾空或拱起。在槽道间有落差处敷设光电缆时,应采取防护措施,避免光电缆悬空或受力。光电缆在槽道内应摆放整齐;槽道内同时敷设多条光电缆时,应避免交叉。

(5)制作竣工草图

光电缆敷设完毕后及时进行径路的测量和竣工草图的制作,同时填写隐蔽工程记录。

(6)质量检查、隐蔽工程签证

由质量员和施工监理共同进行质量检查,质量合格后由监理工程师对隐蔽工程记录进行签字确认。

(7)槽道盖板恢复

光电缆敷设完毕后应及时按原样恢复槽道盖板。恢复过程中应采取措施,避免槽道盖板砸伤光电缆。

七、劳动组织

1. 劳动力组织方式

采用架子队组织模式。

2. 人员配置

槽道光电缆敷设作业人员配备见表 1-7-1。

表 1-7-1　槽道光电缆敷设作业人员配备表

序　号	人　　员	人　　数	备　　注
1	施工负责人	1	
2	技术人员	1～3	
3	安全员	1	
4	质量员	1	
5	材料员	1	
6	指挥人员	5～10	根据光电缆盘长确定
7	支盘人员	3～5	
8	防护人员	2～3	
9	施工人员	若干	根据光电缆盘长确定

八、主要机械设备及工器具配置

主要机械设备及工器具配置见表1-7-2。

表1-7-2 主要机械设备及工器具配置表

序号	名称	规格	单位	数量	备注
1	汽车起重机		辆	1	
2	载重汽车		辆	1～3	
3	载客汽车		辆	1	
4	光电缆盘支架		付	3	
5	无线对讲机		个	6～10	
6	口哨		个	10	
7	铁锹		把	10	
8	喷灯		把	2	
9	钢锯		把	1	
10	断线钳		把	1	
11	钢丝刷		把	1～3	
12	铜丝刷		把	1～3	
13	撬棍		把	1～3	
14	其他适用工具		套	1	

注：以上主要设备机具仅作为参考，具体根据工程实际情况来配置。

九、物资材料配置

主要物资材料配置见表1-7-3。

表1-7-3 主要物资材料配置表

序号	名称	规格	单位	数量	备注
1	光电缆		km		
2	热塑帽		个		
3	黄油		kg		
4	棉纱		kg		
5	防水胶带		盘		
6	钢锯条		根		
7	汽油		L		
8	水泥		kg		
9	沙子		kg		
10	焊锡		kg		
11	焊料		kg		
12	绘图铅笔		支		
13	绘图橡皮		块		
14	草图记录纸		张		

注：以上主要物资材料仅作为参考，具体规格、数量根据工程实际情况来配置。

十、质量控制标准及检验

1. 质量控制标准

(1)通信光电缆到达现场后应进行进场检验,其型号、规格、质量应符合设计要求及相关技术标准规定。

(2)敷设前对所有光电缆进行单盘检验,测试方法和测试指标应符合设计要求及相关技术标准的规定。

(3)光电缆弯曲半径、余留长度、位置等应符合设计及施工技术指南的规定。

(4)光电缆占用的槽道和位置应符合设计要求。

(5)槽道内的光电缆摆放应顺直自然。

(6)槽道内同时敷设多条光电缆时,应做到互不交叉、标识明确。

(7)敷设过程中不得损伤光电缆外护层。

(8)敷设过程中截断的光电缆端头要及时进行热缩帽密封或进行封焊密封。

2. 检验

(1)通过观察,检验光电缆占用的槽道和位置符合设计要求。

(2)通过观察,检验槽道内光电缆摆放应顺直自然。

(3)通过观察,检验槽道内同时敷设多条光电缆时,互不交叉、标识明确。

(4)通过检查实物,检验光电缆外护层(套)不得有破损,端头处密封良好。

(5)通过观察、测试,检验光电缆防雷方式及防雷器件的设置地点、数量应符合设计要求和相关技术标准的规定。

(6)通过尺量,检验光电缆弯曲半径应符合下列要求:光缆弯曲半径不小于光缆外径的 20 倍;铝护套电缆不小于电缆外径的 15 倍;铅护套电缆不小于电缆外径的 7.5 倍。

(7)通过观察、尺量,检验光电缆余留的位置和长度应符合设计要求和相关技术标准的规定。

十一、安全控制措施

(1)针对光电缆敷设施工特点,制定安全保障措施;开工前进行必要的安全培训,并进行安全考试,考试合格后方可上岗作业。

(2)光电缆运输过程中不能将缆盘平放,装卸作业时应使用叉车或吊车,严禁将光电缆盘从车上直接推落至地面。运输过程中不能损坏缆盘及光电缆;滚动缆盘时应按箭头方向滚动,滚动距离不宜过长。

(3)在营业线进行光电缆敷设施工时,应严格遵守铁路局有关营业线施工的各项管理规定,确保施工人员安全及铁路设施的安全。

(4)光电缆盘支架底座应放在坚固、平坦的地面上,顶升时,光电缆盘盘轮离开地面不得大于 100 mm。光电缆盘支架较高或在斜坡上时,应设支架临时拉线。

(5)人工抬放光电缆时,不得在硬质地面上拖拉,杜绝损伤光电缆外护层;施工人员应用同侧肩抬运,拐弯时人应站在光电缆外侧,下坡、跨沟渠和拐弯处应设防护人员;抬运光电缆过桥梁、隧道或在铁路路肩上抬运时,不应将光电缆曲伸到铁路限界以内;抬运光电缆过铁路线时,应在统一指挥下平行跨越。

(6)在既有线进行光电缆敷设施工时,应制定安全保障措施保证施工人员安全及铁路设施的安全。

(7)工程施工车辆机具都必须经过检查合格，并且定期维护保养，机械操作人员和车辆驾驶人员必须取得相应的资格证。

(8)槽道盖板掀开后码放整齐、稳固，不得侵入铁路限界；敷设后及时按原样恢复槽道盖板，并注意避免盖板砸伤光电缆。

(9)需要在桥栏外侧进行槽道光电缆敷设时，应使用专门制作的作业平台，并符合高处作业安全要求。

十二、环保控制措施

(1)光电缆盘卸下的包装物及时处理，空光电缆盘及时回收。

(2)施工剩余废料等要统一收集，集中处理，避免乱扔乱放。

(3)光电缆敷设完成后及时按原样恢复槽道盖板，将施工现场清理干净。

十三、附　　表

槽道光电缆敷设检查记录表见表 1-7-4。

表 1-7-4　槽道光电缆敷设检查记录表

工程名称			
施工单位			
项目负责人		技术负责人	
序号	项目名称	检查意见	存在问题
1	槽道内杂物清理		
2	槽道盖板摆放		
3	光电缆运输		
4	光电缆敷设端别		
5	光电缆弯曲半径		
6	光电缆余留		
7	光电缆端头密封		
8	槽道内光电缆摆放		
9	槽道盖板恢复		
10	竣工草图制作		
11	隐蔽工程签证		
检查结论： 检查组组员： 检查组组长： 年　月　日			

第八节　立杆及拉线施工

一、适用范围

适用于铁路通信架空光电缆线路立杆及拉线施工。

二、作业条件及施工准备

(1)已对全体施工人员进行技术交底和安全培训,安全考试合格。
(2)施工图已经收到,图纸审核已经完成。
(3)已与相关单位签订施工安全配合协议。
(4)物资、施工机械及工器具已经准备到位。

三、引用技术标准

(1)《铁路通信工程施工技术指南》(TZ 205—2009);
(2)《铁路运输通信工程施工质量验收标准》(TB 10418—2003);
(3)《高速铁路通信工程施工技术指南》(铁建设〔2010〕241 号);
(4)《高速铁路通信工程施工质量验收标准》(TB 10755—2010)。

四、作业内容

杆路测量;物资进场检验;施工运输;挖杆坑;立杆;安装拉线;安装避雷线及地线。

五、施工技术标准

(1)架空光电缆杆路应按设计要求立杆。一般情况下,市区杆距为 35～40 m,郊区杆距为 45～50 m,长途线路为 50 m。跨越杆和相邻杆的杆距为正常杆距的 1/2。

(2)电杆洞深应符合表 1-8-1 要求,洞深偏差应小于 50 mm。

表 1-8-1　电杆洞深标准

电杆类别	分类 / 洞深(m) / 杆长(m)	普通土	硬　土	水田湿地	石　质
水泥电杆	6.0	1.2	1.0	1.3	0.8
	6.5	1.2	1.0	1.3	0.8
	7.0	1.3	1.2	1.4	1.0
	7.5	1.3	1.2	1.4	1.0
	8.0	1.5	1.4	1.6	1.2
	8.5	1.5	1.4	1.6	1.2
	9.0	1.6	1.5	1.7	1.4
	10.0	1.7	1.6	1.8	1.6
	11.0	1.8	1.8	1.9	1.8
	12.0	2.1	2.0	2.2	2.0

(3)直线线路的电杆位置应在线路路由的中心线上;电杆中心线与路由中心线的左右偏差不应大于 50 mm;电杆应垂直。

(4)终端杆应向拉线侧倾斜 100～200 mm。

(5)电杆根部加固装置的安装地点应符合设计要求,应采用混凝土卡盘,以"U"字形抱箍固定。

(6)卡盘及地盘装置的规格应符合相关技术要求,电杆杆根装置位置容差应不大于 50 mm。

(7)拉线设置应符合设计要求。拉线应采用镀锌钢绞线;拉线中间不得有接头;拉线不应有松股和抽筋现象。

(8)靠近电力设施及热闹市区的拉线,应根据设计规定加装绝缘子;绝缘子距地面的垂直距离应在 2 m 以上;拉线绝缘子的扎固应符合相关技术要求。

(9)人行道上的拉线应以塑料保护管、竹筒或木桩保护。

(10)架空通信线路的拉线上把在杆上的装设位置及安装方法应符合相关技术要求。

(11)拉线上把的扎固宜采用另缠法、夹板法或卡固法,其安装应符合相关技术要求。拉线上把的规格允许偏差应不大于 4 mm,累计允许偏差应不大于 10 mm。

(12)各种拉线地锚坑深应符合设计要求,容差应不大于 50 mm。

(13)各种拉线程式与拉线盘、地锚铁柄的配套应符合设计要求。

(14)电杆应按设计要求装设避雷线,避雷线的地下延伸部分应埋在地面 700 mm 以下,延伸线的延伸长度及接地电阻应符合表 1-8-2 的要求。

表 1-8-2　避雷线接地电阻要求及延伸线(地下部分)长度

土　质	一般电杆避雷线要求		与 10 kV 电力线交越杆避雷线要求	
	电阻(Ω)	延伸(m)	电阻(Ω)	延伸(m)
沼泽地	80	1.0	25	2
黑土地	80	1.0	25	3
黏土地	100	1.5	25	4
砂黏土	150	2	25	5
砂土	200	5	25	9

六、工序流程及操作要点

1. 工序流程

工序流程如图 1-8-1 所示。

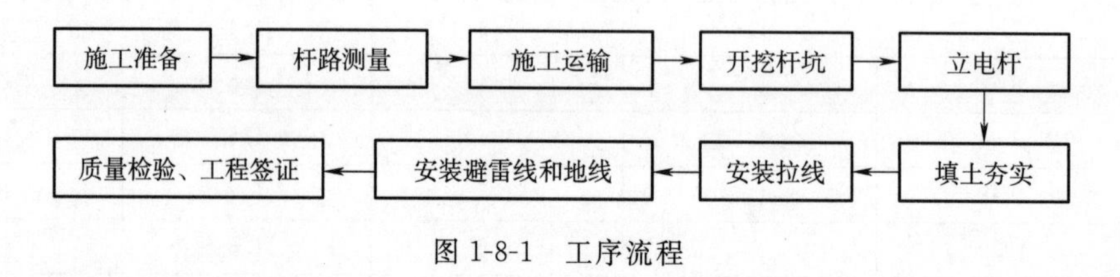

图 1-8-1　工序流程

2. 操作要点

(1)根据施工特点提前做好各项施工准备工作。

(2)杆路的选择与测量要符合设计要求和相关技术指南的规定,测量完毕要及时做出测量台账。

(3)做好电杆等物资的进场检验工作,并做好记录。

(4)水泥电杆在装卸与运输过程中应使杆身始终控制在安全范围内。装运要按规程进行,应统一指挥,顺序操作。

(5)开挖杆坑前应核对位置是否与图纸相符,确认无误后方可开挖。坑(洞)深度及质量要符合设计及施工技术指南的相关规定。

(6)立杆前应认真观察地形及周围环境,根据所立电杆的粗细、长短和重量合理配备作业人员,明确分工,统一指挥,相互配合,用力均匀,施工的工具必须牢固可靠,作业人员防护用品、用具齐全。

(7)使用吊车立杆时,钢丝套要拴在电杆适当位置上,以防"打前沉",吊车停放位置应适当,并用绳索牵引方向。

(8)电杆立直后要迅速校直,并及时回填、夯实,做好拉线。

(9)拉线及撑杆的制作与安装要符合相关技术标准的规定。

(10)避雷线的设置及接地电阻值应符合设计要求。

3. 施工方法

(1)施工准备

1)首先应对施工人员进行安全培训和技术交底,确保施工人员服从指挥。安全培训完毕要进行必要的安全考试,合格后才能上岗作业。

2)与相关单位签订安全配合协议,确定好施工配合人员。

3)与监理人员一起对所有电杆等物资材料按要求进行进场检验并及时签字确认。

4)调查沿线地形地貌、交通气候等情况,确定电杆、钢绞线的存储地点及施工方式。

(2)杆路选择及测量

1)杆路要选择安全稳固的路径,避开洪水冲淹、沼泽、淤泥地段,滑坡塌方地带,严重化学腐蚀地区等;要选择最近的路径,尽量走直线,减少角杆。尽量选择地势平坦的路径,减少坡度杆。

2)杆路选择要少占农田、少砍伐树木。要做到施工、维护方便,节约器材。

3)转角杆两侧的杆距应尽量保持相等;选择转角杆时要考虑拉线设置是否方便。转角杆不得作为分歧杆、长杆距杆和跨越杆,并尽量避免做坡度变更杆。

4)电杆的建筑限界应符合相关标准。

5)直线测量时,可采用直线测量法、逆向直线测量法、经纬直线测量法,前两者属于目测测量法,一般选用经纬测量法。曲线测量主要是测量角深。

6)旧杆路测量:根据现场情况作出既有杆的杆路、杆号、数量、杆高、杆距、埋深、仰俯角坡度变更值、转角角深、既有线缆情况、H 杆的杆数,跨越河流、房屋、电力线及变压器的次数和方式;确定拉线及辅助吊线的增设,吊线抱箍、拉线抱箍及光缆的挂设位置,吊线与其他建筑物的最小垂直净距,杆身有无明显的裂纹、破洞、烂身、前趴后仰、侧倾等,确定要补强改进的措施。

7)制作测量台账。

(3)施工运输

水泥电杆是脆性杆件,在装卸与运输过程中应使杆身始终控制在安全范围内。用汽车装运时，电杆两头应悬挂超长标志旗，电杆尾部应用托板加固，托板应用绳索固定在车架上，电杆中部亦应用绳索固定在车架上。装卸应统一指挥，顺序操作。

(4)开挖杆坑

1)开挖前核对标桩位置是否与图纸相符，确认无误后方可开挖。

2)杆坑宜为长方形或圆形，拉线坑宜为矩形；坑应平整，其四壁应平直，与底部呈垂直状。

3)在斜坡地区挖坑，坑深应从坑口往下 15～20 cm 处计算坑深。

4)地表有临时堆积泥土的杆坑，其深度应以永久地面为准计算，地面以上堆积泥土不能计算在内。

5)高大、较重的电杆为便于立杆，可在杆坑的一侧挖顺杆槽(马道)，但不要把马道开在电杆张力的一侧。

6)杆坑深度应符合设计及施工技术指南的相关规定。

(5)竖立电杆

1)吊车立杆：先将吊车开至适当位置加以固定，起吊钢丝绳绑在离杆根部 1/2～1/3 处，杆顶合适位置临时绑扎三根调整绳，每根绳由一到两人拉着。电杆起吊离地后暂停，进行检查，确认无误后再继续起吊。起吊时坑边站两人负责电杆根部进坑，三根调整绳以坑为中心成三角形进行调整。期间由一人统一指挥。

2)人工立杆：无法采用吊车立杆时，可用人工立杆。立杆时，先在坑中立一滑板，滑板的作用是防止杆根滑入坑内。滑板应由有经验的人员掌握并负责指挥，把电杆移至坑口，使根部顶住滑板。在电杆顶部合适位置绑 2～3 根拉绳，由人力拉住，以坑为中心三角站立。在统一指挥下，用抬杆抬起电杆头部，并借助于顶板支持杆身重量，每抬起一次，顶板就向杆根部移动一次，将杆身扶起的同时使杆根逐渐滑入坑内，待杆身起立一定高度，即可支上叉杆，撤去顶板。叉杆由两个人操作一副，边支撑电杆，边将叉杆根部向前移动，操绳人应使劲拉绳，帮助将电杆竖起，当电杆至 80°左右。即可撤去滑板，并用拉绳使电杆直立，这时应将一副叉杆移至另一侧，以防电杆倾倒。

3)杆身调整：电杆立直后即可进行杆身的调整。包括顺线路方向和横线路方向的调整。顺线路方向的调整方法是：当第一根电杆立起后，观测人员要在距离已立好电杆 3～4 个坑位远的线路中心立标杆，由一人站在标杆后面 10 m 远以外的坑位观测，看电杆是否位于线路中心上。横线路方向调整时，应距电杆 10 m 以外并位于垂直线路中心线方向，看单杆是否垂直，否则应进行调整。

(6)填土夯实

电杆扶正后，分层填土夯实，松软土质的基坑应增加夯实次数或采取加固措施，严禁将树根、杂草、冰雪等杂物填入坑内，滑坡回填土应夯实，并留有放沉土层，杆根周围培成圆锥形土堆，高于地面 200～300 mm。在水泥便道立杆或有路面的路上立杆，根部不宜培土，但应与原地面平齐。

(7)安装拉线及电杆加固

1)下列电杆必须采用拉线加固：中间杆、角杆、分歧杆、引入杆、仰角、俯角及坡上电杆、跨越杆和长杆距杆。俯角杆及不便使用拉线的处所可使用撑杆。

2)拉线应根据电杆受力情况安装。终端拉线与线路方向对正；防风拉线与线路垂直。当线路转角在 45°及以下时，可只设置分角拉线，超过 45°时则在线路中心线延长设置拉线。拉线与电杆夹角一般为 45°。

3)拉线的安装程序一般是:把拉线的上把固定在电杆上,埋好地锚把,做好中把、上把与绝缘子的联接,收紧中把和下把的联接等。埋地锚把时,要把地锚或拉线盘放正,分层填土夯实,并注意拉线的角度。填土时要填干土,以防松动。

4)撑杆加固。撑杆是代替拉线平衡线路张力或合力的一种装置,各种撑杆的装设位置为:角杆撑杆应装在线路平分转弯内角,抗风撑杆垂直于线路方向,终端撑杆应平行线路方向,俯角撑杆应顺线路方向,撑杆均应装在最末层吊线下约 100 mm 处,光缆线路终端杆设撑杆时必须在终端杆前 1～2 棵杆上做泄力拉线。电杆撑杆的坑深,不宜小于 0.6 m。

5)其他加固措施:严寒地带一般采取回填砂石的方法加固;松软土壤和沼泽地带一般在坑底及电杆四周加垫片石加固,必要时用水泥浆灌注或打桩加固;在河中立杆,应采用打桩法,将电杆打入河底的桩上,并设防护木桩;在陡坡地段及容易被水冲刷地点埋设电杆、撑杆、拉线时,应采取土木栅保护墩及保护圈方法加固;电杆、拉线埋设在可能被车、马撞伤或行人碰触处所时,应设电杆护桩、拉线竹筒保护桩或木保护桩。

(8)安装避雷线

避雷线:水泥电杆有预留避雷线穿钉的,应从穿钉螺母向上引出一根 ϕ4.0 mm 的钢线并应高出杆顶 150～200 mm,在杆根部的地线穿钉螺母处接出 ϕ4.0 mm 钢线入地;无预留避雷线穿钉的水泥电杆,用 ϕ4.0 mm 钢线从杆洞中引出杆顶 150～200 mm,然后延伸到地下,避雷线做完后需用水泥将杆顶破口处封住;利用拉线做避雷线时,将 ϕ4.0 mm 钢线压入拉线抱箍内,然后贴电杆表面向上伸出杆顶 150～200 mm,中间用 ϕ3.0 mm 钢线绕 4 圈扎固 2 道。

(9)质量检查,工程签证

由质量员和施工监理工程师共同进行质量检查,质量合格后由监理工程师进行签字确认。

七、劳动组织

1. 劳动力组织方式

采用架子队组织模式。

2. 人员配置

立杆及拉线施工作业人员配备见表 1-8-3。

表 1-8-3　立杆及拉线施工作业人员配备表

序　号	人　　员	人　　数	备　　注
1	施工负责人	1	
2	技术人员	1～3	
3	安全员	1	
4	质量员	1	
5	材料员	1	
6	防护人员	3	
7	吊车司机	2	
8	施工人员	若干	根据工作量确定人数

八、主要机械设备及工器具配置

主要机械设备及工器具配置见表1-8-4。

表 1-8-4　主要机械设备及工器具配置表

序号	名称	规格	单位	数量	备注
1	汽车起重机		辆	1	
2	载重汽车		辆	1～3	
3	载客汽车		辆	1	
4	铁锹		把	10	
5	洋镐		把	10	
6	钢铲		把	5	
7	大锤		把	5	
8	钢钎		根	5	
9	大绳		条	3	
10	抬杠		根	2	
11	撑杆		副	3	
12	夯锤		个	1	
13	大钳子		把	3	
14	扳手		把	3	
15	断线钳		把	2	
16	紧线器		副	2	
17	梯子		架	2	

注：以上主要设备机具仅作为参考，具体规格、数量根据工程实际情况来配置。

九、物资材料配置

主要物资材料配置见表1-8-5。

表 1-8-5　主要物资材料配置表

序号	名称	规格	单位	数量	备注
1	电杆		根		
2	水泥		t		
3	石头		m^3		
4	铁线		kg		
5	沙子		kg		
6	卡盘		个		
7	木头		m^3		

续上表

序　号	名　　称	规　　格	单　位	数　　量	备　　注
8	镀锌钢绞线		m		
9	铁线		m		
10	拉线棒		个		
11	地锚		个		
12	夹板		副		
13	拉线环		个		
14	抱箍		副		

注:以上主要物资材料仅作为参考,具体规格、数量根据工程实际情况来配置。

十、质量控制标准及检验

1. 质量控制标准

(1)架空杆路的测量应根据设计路由进行,遇特殊情况需变更路由,应有设计变更。与其他设施最小距离应符合设计要求和相关标准的规定。

(2)电杆洞深根据电杆的类别、现场的土质以及施工所在地的负荷区所决定,洞深应满足设计要求及相关规定以确保立杆质量。

(3)直线线路的电杆位置应在线路路由中心线上;电杆中心与路由中心线的左右偏差不得大于 50 mm;电杆本身应上下垂直。

(4)角杆应在线路转角点内移,水泥杆的内移值为 100～150 mm,木杆内移值为 200～300 mm。装撑杆或地形限制的情况下可不内移。

(5)终端杆应向拉线侧倾斜 100～120 mm。

(6)拉线地锚坑的深度应满足设计要求及相关规定;拉线地锚应埋设端正,不得倾斜,地锚的拉线盘应与拉线垂直。

(7)根据要求进行物资材料的进场检验。电杆无裂痕、破洞、烂身等;钢绞线无锈蚀、断股、跳股、断头、伤痕等;抱箍、夹板地锚、拉线环等镀锌均匀,无生锈、脱皮、锌泡和明显锌渣、锌瘤等。

(8)拉线中间不得有接头,拉线不应有松股和抽筋现象。

(9)架空电缆线路在分歧杆、引上杆、终端杆、角深大于 1 m 的角杆及郊区直线路每隔 5～10 根电杆,应装设避雷地线。地线接地电阻不应大于 25 Ω。地线装设在钢筋混凝土中间电杆时,应高出电杆顶部 150～200 mm,避雷线顶端应尖锐镀锡。

2. 检验

(1)对照设计文件和订货合同,通过检查实物和质量证明文件等,检验电杆及各种配件的数量、型号、规格、质量符合设计和订货合同的要求及相关技术标准的规定。合格证、质量检验报告等质量证明文件齐全。

(2)对照设计文件,现场检验架空杆路路由符合设计要求。

(3)通过尺量,检验电杆洞深符合设计要求和相关技术标准的规定。

(4)对照设计文件,通过测量,检验电杆高度符合设计要求,垂直度符合设计要求和相关技术标准的规定。

(5)通过观察、尺量,检验角杆、终端杆的设置符合设计要求和相关技术标准的规定。

(6)通过观察,检验拉线的设置符合设计要求,拉线中间不得有接头,拉线不应有松股和抽筋现象。

(7)通过观察、测试,检验避雷地线的设置符合设计要求及相关技术标准的规定,接地电阻不应大于25 Ω。

十一、安全控制措施

(1)针对立杆及拉线施工特点,制定安全保障措施;开工前进行必要的安全培训,并进行安全考试,考试合格后方可上岗作业。

(2)挖杆坑时,应提前用探测仪进行测量,避开各种地下管道及既有缆线。

(3)在土质松软或流沙地区挖杆坑时,应采取措施避免坍塌。

(4)在立杆塔前,施工负责人必须对施工区段的各种干扰情况进行调查了解,并提出安全措施并向全体施工人员交底。

(5)立杆时坑内不许有人,立杆前先检查确认坑口稳定性,预防扶杆人压塌坑口,跌入坑内。

(6)立杆时应考虑支柱的倾斜和牢靠性,预防大风或振动造成支柱滑动或压塌坑壁发生倒杆断杆事故,预防支柱向线路方向倾斜侵入限界。

(7)人工立杆时,应按每人承担50 kg重量配备人员,作业时应设专人指挥,明确分工。立杆的拉绳和叉杆必须绑扎牢固。严禁将叉杆、支杆支在身体上,拉绳缠绕胳膊或腰间,应使用专用工具。

(8)电杆起立头部距离地面0.5～1 m,应暂停牵引进行检查,确认无异状后方可继续起立,立到70°时应减慢牵引速度。

(9)电杆立好后,应按要求立即进行回填夯实,此过程中,严禁攀爬。

(10)用吊车施工时,应设专人指挥,起吊用套子应由专业人员绑扎在电杆适当位置上,起吊过程中吊车臂下严禁站人。

(11)在铁路营运线路上施工时,应注意电杆组立过程中对带电线路的安全距离,电杆立起后应检查是否侵入铁路限界;杆坑回填时应分层夯实。

(12)当拉线的设置靠近公路等行人易接近场所时,应采用拉线保护套进行防护。

(13)高处作业等特殊人员必须经过培训并取得相关证件。

(14)登杆人员必须按规定着装,穿防滑鞋、带安全帽、系安全带。作业时安全带要挂在安全可靠的地方,并打好保险。在杆子顶部作业,要有防止安全带从杆顶脱出的措施。不得在紧线的一侧、角杆内侧或利用拉线上下电杆。

十二、环保控制措施

(1)在测量定位和施工过程中尽量减少对植被及环境的破坏。

(2)在施工现场不随便抛弃施工废料及杂物,每天施工完毕后将废弃物带回驻地统一处理。

十三、附　表

立杆及拉线施工检查记录表见表1-8-6。

表 1-8-6　立杆及拉线施工检查记录表

工程名称			
施工单位			
项目负责人		技术负责人	
序号	项目名称	检查意见	存在问题
1	电杆质量		
2	杆距		
3	杆洞深度		
4	挖坑土石堆放		
5	电杆运输		
6	电杆位置		
7	杆坑回填及电杆加固		
8	拉线设置		
9	避雷线设置		
检查结论： 检查组组员： 检查组组长： 年　月　日			

第九节　架空光电缆敷设

一、适用范围

适用于铁路通信架空光电缆敷设作业。

二、作业条件及施工准备

(1)已对全体施工人员进行技术交底和安全培训,安全考试合格。

(2)登高作业人员经过专业技术培训,并具有建设主管部门颁发的登高作业资格证,身体健康。

(3)已完成光电缆单盘测试及配盘。

(4)已完成光电缆径路复测并有完整的径路定测台账。

(5)已与相关单位签订施工安全配合协议。

(6)通信电杆及拉线施工已完成。

(7)物资、施工机械及工器具已经准备到位。

三、引用技术标准

(1)《铁路通信工程施工技术指南》(TZ 205—2009);

(2)《铁路运输通信工程施工质量验收标准》(TB 10418—2003);

(3)《高速铁路通信工程施工技术指南》(铁建设〔2010〕241 号);

(4)《高速铁路通信工程施工质量验收标准》(TB 10755—2010)。

四、作业内容

光电缆运输;吊线架设;光电缆敷设等。

五、施工技术标准

(1)架空光电缆吊线程式应符合设计要求。吊线夹板距电杆顶部的距离一般情况下不应小于 500 mm,特殊情况下不应小于 250 mm。

(2)吊线在电杆上的坡度变更大于杆距的 20%时,应加装仰角辅助装置或俯角辅助装置;辅助吊线的规格应和吊线一致,安装方式应符合相关技术要求。

(3)水泥角杆应加装吊线辅助装置,其安装应符合相关技术要求。

(4)吊线的原始垂度应符合相关技术标准,在 20 ℃以下安装时允许偏差不大于标准垂度的 10%,在 20 ℃以上安装时,应不大于标准垂度的 5%。

(5)吊线在直线杆上的固定应符合相关技术要求。

(6)吊线在终端杆及角深大于 15 m 的角杆上,应做终结。转角大于 60°的角杆,吊线应分别作终端。采用卡子法终结、另缠法终结、夹板法终结,应符合相关技术要求。

(7)相邻杆档吊线负荷不等,或在负荷较大的线路终端杆的前一根电杆,应按设计要求做泄力杆,吊线在泄力杆做辅助终结。

(8)长距离跨越杆应加设辅助吊线,辅助吊线的程式与正吊线的程式一致。

(9)吊线一般应每隔 300～500 m 利用电杆避雷线或拉线接地,每隔 1 km 左右加装绝缘子进行电气断开。

(10)每条吊线一般只架设一条光电缆;光电缆在吊线上可采用电缆挂钩安装,或者用螺旋线绑扎;电缆挂钩程式应符合设计要求。

(11)架空光电缆挂钩的间距应为 500 mm,允许偏差±30 mm;光电缆在电杆两侧的第一只挂钩应各距电杆 250 mm,允许偏差±30 mm。挂钩与吊线上的搭扣方向应一致,挂钩托板安装应整齐。

(12)架空光电缆敷设 A、B 端应符合设计要求。光缆弯曲半径应大于其外径的 20 倍,电缆弯曲半径应大于其外径的 15 倍。架空光电缆敷设后应自然平直并保持不受拉应力,无扭转、无机械损伤。

(13)地区架空光缆每杆作一处伸缩弯,长途架空光缆每 1～3 根杆做一处伸缩弯。

(14)光电缆引上电杆保护管的材质、规格应符合设计要求,高度大于 2.5 m。

(15)架空光电缆跨越其他缆线时,应采用纵剖半硬、硬塑料管或竹管保护;在穿越有火险隐患的建筑物时,应采取防火保护措施。

(16)跨越河流、山谷等特殊地段采用飞线架设时,必须按设计要求敷设安装。

(17)架空光电缆与电力导线的最小水平距离应符合表1-9-1的规定。当架空光电缆与电力线距离不足0.6 m或因地形限制与电力线的垂直交叉距离不符合规定时,应包扎保护,其保护长度应从交叉点向两端各伸出1 m。

表1-9-1　架空光电缆与电力导线的最小水平距离

电力线电压(kV)	0.38	10(6)	35～110
最小水平距离(m)	1	2	4

六、工序流程及操作要点

1. 工序流程

工序流程如图1-9-1所示。

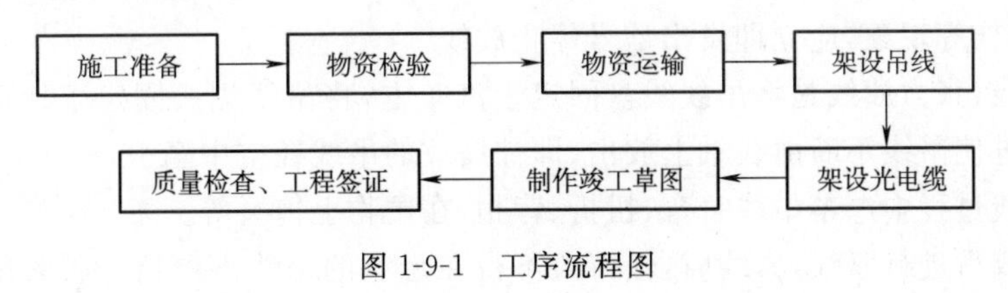

图1-9-1　工序流程图

2. 操作要点

(1)根据光电缆架空敷设的施工特点,首先应做好施工前的准备工作。

(2)架设吊线和架设光电缆都应统一指挥,配备良好的通信工具,设置专职防护人员。

(3)光电缆在运输过程中不能将缆盘平放,装卸作业时应使用机械作业,严禁将光电缆盘从车上直接推落至地面。

(4)吊线及光电缆敷设前先做好杆路径路的调查工作,检查有无跨越障碍,以确定敷设方式。为确保施工质量,一般宜采用人力牵引吊上挂设法,当地形条件不允许时可采用机械牵引挂设法。

(5)架设光电缆必须严密组织,并由专人指挥,光电缆端别要符合设计要求。沿线各点(尤其是转弯点及主要街道上)应有专人防护,并随时联络。牵引过程中应有良好的联络手段。禁止未经训练的人员上岗和在无联络工具的情况下作业。

(6)采用人工牵引时,每隔一根电杆设一人上杆进行辅助牵引(必要时在杆上装设导引滑轮)。当单盘光缆较长时,一般利用就地倒"∞"字,分两次布放。采用机械牵引时,每隔10～15 m设滑轮,通过牵引光缆加强件进行架挂,牵引最大速度为15 m/min,不得突然启动或停止。

(7)光电缆架设完成后要及时进行竣工草图制作及质量检验、签证工作。

3. 施工方法

(1)施工准备

1)首先应对施工人员进行安全培训和技术交底,同时讲解敷缆方法要领等内容,确保施工人员服从指挥。安全培训完毕要进行必要的安全考试,合格后才能上岗作业。

2)为了确保光电缆架设质量和施工安全,施工前必须严密组织,配备专人指挥,备有良好的联络手段,严禁在无联络工具的情况下架设吊线及敷设光电缆。

3)光电缆架设在所有光电缆进行测试及配盘已经完成,立杆及拉线已施工完毕的情况下进行。

4)对施工物资按要求进行进场检验,光电缆进行单盘测试。

(2)架设吊线

1)架设前首先检查路径,消除障碍,清点和检查工具。

2)吊线如须跨越电力或其他通信线路时,需将带电线路停电后再施工,如果停电有困难则需搭设跨越架。用绝缘渡线将吊线引过。

3)架设吊线时统一指挥,指挥人员要配备良好的通信工具。跨越铁路、公路、河流、其他线路等,要设专人带对讲机进行防护。

4)拖地放线:采用人力或机械牵引沿地面展放吊线。在每处杆上安装一个开口滑轮,拖地放线每到电杆处,将吊线挂在放线滑轮上,然后继续向前展放。放线过程中要有专人操作控制放线速度,防止吊线跑偏、松脱,注意吊线不能和其他线交叉。如发现吊线跳槽、放线滑轮转动不灵活、吊线磨伤等现象,应立即发出信号停止放线。

5)张力放线:张力放线是将吊线线盘固定于汽车上,将吊线端头固定于地面或电杆根部,汽车沿线路前进使吊线不断由线轴上放出,即被展放的吊线在空中牵引,吊线在展放中承受一定的张力。放线过程中严禁吊线打弯、扭折、背扣、在硬物上拖磨等。

6)放线完成后进行紧线,紧线时,任何人不得在悬空的吊线下停留。收紧吊线时,应使吊线慢慢上升。在紧线时随时监视地锚、电杆、临时拉线等是否正常,发现异常现象应立即停止紧线。

7)吊线接续:吊线接续应采用套接法,套接两端可选用钢绞线卡子、夹板或另缠法,但两端必须用同一种方法处理。

8)吊线固定:根据设计要求进行吊线在电杆上的固定。

(3)光电缆架设

1)根据光电缆配盘图将当天需要敷设的光电缆运输到现场。需注意在运输过程中不能将光电缆盘平放,装卸作业时应使用叉车或吊车,严禁将光电缆盘从车上直接推落至地面。

2)滑轮牵引敷设光电缆:在光电缆盘一侧和牵引侧各安装导向索和滑轮,并在电杆部位安装一个大号滑轮。每隔 20～30 m,安装一个导引滑轮,一边将牵引绳通过每一滑轮,一边顺序安装滑轮,直至到达光电缆盘处与牵引端头连好。光电缆较长或转弯角度过大时,采取"∞"方式分段牵引或中间拉出架设,每盘光电缆敷设完毕,由一端开始用光电缆挂钩分别将光电缆托挂在吊线上,替下导引滑轮,并按规定在杆上作好伸缩弯,整理好挂钩间距。

3)杆下牵引敷设光电缆:在杆下障碍不多的情况下,采用直埋式光电缆敷设方式将光电缆敷设到终点,然后,边安装光电缆挂钩,边将光电缆钩挂于吊线上,安装人员坐滑车操作。在挂设光电缆的同时,将杆上余留、挂钩间距一次性完成,并做好预留长度的放置和端头处理。

4)预挂钩牵引架设光电缆:在杆路准备时就将部分挂钩安放于吊线上,在光电缆盘与牵引点安装导向索及滑轮。将牵引绳穿过挂钩至光电缆盘与牵引端头连接。牵引完毕后补充光电缆挂钩、调整间距,按规定在杆上作好伸缩弯,并做好预留长度的放置和端头处理。

5)光电缆架设过程中要统一指挥,按设计要求按"A"、"B"端进行架设。

6)光电缆挂钩应均匀,搭扣方向应一致,挂钩托板齐全,不应翻上或脱落;光电缆敷设后应自然平直并保持不受拉应力、无扭转、无机械损伤。光电缆在电杆处应做弯缩处理。牵引敷设外径较大的光电缆时,应在电缆外表上涂以润滑油。

7)架空光电缆敷设后统一进行调整,光缆端头应做密封防潮处理,不得浸水。

(4)制作竣工草图

光电缆架设完毕后及时进行竣工草图的制作。

(5)质量检查,工程签证

由质量员和施工监理共同进行质量检查,质量合格后由监理工程师进行签字确认。

七、劳动组织

1. 劳动力组织方式

采用架子队组织模式。

2. 人员配置

架空光电缆敷设作业人员配备见表1-9-2。

表1-9-2　架空光电缆敷设作业人员配备表

序　号	人　　员	人　　数	备　　注
1	施工负责人	1	
2	技术人员	1～3	
3	安全员	1	
4	质量员	1	
5	材料员	1	
6	指挥人员	5～10	根据光电缆盘长确定
7	支盘人员	3	
8	防护人员	2～5	
9	施工人员	若干	根据工作量确定人数

八、主要机械设备及工器具配置

主要机械设备及工器具配置见表1-9-3。

表1-9-3　主要机械设备及工器具配置表

序　号	名　　称	规　　格	单　位	数　量	备　　注
1	汽车起重机		辆	1	
2	载重汽车		辆	1～3	
3	载客汽车		辆	1	
4	光电缆盘支架		副	3	
5	无线对讲机		个	6～10	
6	口哨		个	10	
7	铁锹		把	10	
8	喷灯		把	2	
9	钢锯		把	1	
10	断线钳		把	1	
11	脚扣		副	10	

续上表

序　号	名　　称	规　　格	单　　位	数　　量	备　　注
12	梯子		把	10	
13	安全带		副	10	
14	滑车		架	3	
15	滑轮		副	5	
16	紧线器		副	5	
17	倒链		套	5	
18	其他适用工具		套	1	

注:以上主要设备机具仅作为参考,具体规格、数量根据工程实际情况来配置。

九、物资材料配置

主要物资材料配置见表 1-9-4。

表 1-9-4　主要物资材料配置表

序　号	名　　称	规　　格	单　　位	数　　量	备　　注
1	光电缆		km		
2	镀锌钢绞线		km		
3	热塑帽		个		
4	黄油		kg		
5	铁线		kg		
6	夹板		副		
7	拉线环		副		
8	抱箍		副		
9	棉纱		kg		
10	防水胶带		盘		
11	光电缆挂钩		个		
12	钢锯条		根		
13	焊锡		kg		
14	焊料		kg		
15	油布		kg		
16	汽油		kg		

注:以上主要物资材料仅作为参考,具体规格、数量根据工程实际情况来配置。

十、质量控制标准及检验

1. 质量控制标准

(1)施工物资到达现场应进行进场检验,其型号、规格、质量应符合设计要求及相关技术标准规定。

(2)敷设前对所有光电缆进行单盘检验,测试方法和测试指标应符合设计要求及相关技术标准的规定。

(3)架空光电缆吊线程式应符合设计要求。吊线夹板距电杆顶端的距离一般应不小于500 mm,特殊情况下应不小于250 mm。

(4)光电缆布放前应做好杆路径路的调查工作,检查有无跨越障碍,以确定布放方式。

(5)为确保光电缆施工质量,布放架空光电缆宜采用人力牵引吊上挂设法。当地行条件不允许时可采用机械牵引挂设法。

(6)采用人工牵引时,应每隔一根电杆设一人上杆进行辅助牵引(必要时在杆上装设导引滑轮)。当单盘光电缆较长时,一般利用就地倒"∞"字,分两次布放。

(7)采用机械牵引时,应每隔10～15 m设滑轮,通过牵引光电缆加强件进行架挂,牵引最大速度为15 m/min,不得突然启动或停止。

(8)架空光电缆布放后统一调整。光电缆布放完毕,其端头应做密封防潮处理,不得浸水。

(9)布放光电缆必须严密组织,并由专人指挥,牵引过程中应有良好的联络手段。禁止未经训练的人员上岗和在无联络工具的情况下作业。

(10)光缆弯曲半径应大于其外径的20倍,电缆弯曲半径应大于其外径的15倍。

(11)架空光电缆敷设后应自然平直并保持不受拉应力,无扭转、无机械损伤。光电缆的室内引入应符合相关技术标准的规定。

(12)光电缆在引上杆引上保护管的材质、规格应符合设计要求;长途光缆在引上杆采用钢管防护,高度大于2.5 m。

(13)架空光电缆与电力导线及其他设施的最小距离及防护措施应符合设计要求及相关技术标准的规定。

2. 检验

(1)通过观察、测量,检验架空光电缆线路在雷击区敷设时应按设计要求装设避雷地线。

(2)通过尺量,检验架空光电缆与电力导线的最小水平距离应符合表1-9-1的规定。

(3)通过检查实物,检验光电缆外护层(套)不得有破损,端头处密封良好。

(4)通过尺量,检验光电缆弯曲半径应符合下列要求:

光缆弯曲半径不小于光缆外径的20倍;

铝护套电缆不小于电缆外径的15倍;

铅护套电缆不小于电缆外径的7.5倍。

(5)通过观察,尺量,检验光电缆余留的位置和长度应符合设计要求和相关技术标准的规定。

十一、安全控制措施

(1)针对架空光电缆敷设施工特点,制定安全保障措施;开工前进行必要的安全培训,并进行安全考试,考试合格后方可上岗作业。

(2)架空光电缆敷设时,宜在杆塔立起后进行,不宜交叉施工。

(3)敷设架空光电缆时,应执行高处作业安全技术措施,使用梯子应有足够的机械强度,并设专人扶持。

(4)进行高空、高处作业时,施工现场周围应设置安全区域,并有专人防护。敷设吊线及光电缆时,不能影响交通,要安全有序地进行。在车辆与行人密集处架线作业,应设专人防护。

(5)光电缆架挂前,所有电力线及其他障碍处,都要做好安全措施,必要时要指定专人现场监护。

(6)人工架设吊线时作业人员应穿绝缘鞋，戴绝缘手套；机械作业时，吊线线头与固定点捆扎牢固，缓慢牵引。

(7)作业人员在架设吊线时，应在吊线恰当位置上做接地保护，防止触电。

(8)升高或降低吊线时必须使用紧线器，不许肩扛拖拉。

(9)光电缆运输过程中不能将缆盘平放，装卸作业时应使用叉车或吊车，严禁将光电缆盘从车上直接推落至地面。运输过程中不能损坏缆盘及光电缆；滚动缆盘时应按箭头方向滚动，滚动距离不宜过长。

(10)攀登电杆前应检查脚扣、安全带等工具，应检查是否齐全和完好，安全带应系扎在不会滑出的主体结构上。高处作业点下方，不得有人逗留。作业人员应戴安全帽。严禁上下抛掷工具、材料；严禁将工具、材料放置在电杆顶上或其他不易放稳的物体上。不得手持工具或零部件等上下电杆；不得携带笨重器材或肩扛光缆、拖带吊线等登高。

(11)不得在角杆内侧和利用拉线上下电杆；不得在紧线侧上下电杆；严禁用绳索、软线、链条等代替安全带；不得用一只脚支持全身进行作业；不得站在绳索或线条上作业；杆上有人时不得紧拉线。

(12)在滑椅或吊板上作业时，首先应检查各部件强度和活动部分是否灵活；不得站在吊线上进行摘、挂滑椅作业；安全带必须系在吊线上；不得两人坐在同一挡吊线上作业；吊线中间有钢绞线接头时，应滑到接头处往回作业；严禁不下滑梯越过接头；严禁坐滑梯越过电杆至另一挡吊线。

(13)梯上作业时不得站在最高两级梯挡上作业；梯上有人时不得移动梯子；身体重心不得倾斜到梯脚范围以外；不得两人站在一个靠梯上作业；梯上有人作业时，梯内侧不得有人逗留；不得一只脚踩在梯上进行作业；梯下无人防护时，不得进行梯上作业；梯脚应有防滑措施。

(14)工程施工车辆机具都必须经过检查合格，并且定期维护保养，机械操作人员和车辆驾驶人员必须取得相应的资格证。

十二、环保控制措施

(1)光电缆盘卸下的包装物及时处理，空光电缆盘及时回收。

(2)施工剩余废料等要统一收集，集中处理，避免乱扔乱放。

十三、附　　表

架空光电缆敷设检查记录表见表 1-9-5。

表 1-9-5　架空光电缆敷设检查记录表

工程名称			
施工单位			
项目负责人		技术负责人	
序号	项目名称	检查意见	存在问题
1	光电缆运输		
2	吊线架设		
3	吊线接地		
4	光电缆挂钩间距		

续上表

序号	项目名称	检查意见	存在问题
5	光电缆弯曲半径		
6	光电缆端别		
7	光电缆伸缩弯		
8	光电缆接头位置		
9	光电缆端头密封		
10	竣工草图制作		
检查结论： 检查组组员： 检查组组长： 年　月　日			

第十节　光缆接续及测试

一、适用范围

适用于铁路通信光缆接续及测试。

二、作业条件及施工准备

(1)光缆已敷设完成，隐蔽工程经监理工程师签认合格。

(2)光缆接续及测试人员经过培训并取得作业资格证，并对接续人员进行了技术交底和安全培训。

(3)测试仪表经检验合格，并在计量检验有效期内，熔接机性能指标符合相关技术标准。

(4)光缆接头盒已采购并经进场检验合格。

(5)施工机械及工器具已经准备到位。

三、引用技术标准

(1)《铁路通信工程施工技术指南》(TZ 205—2009)；

(2)《铁路运输通信工程施工质量验收标准》(TB 10418—2003)；

(3)《高速铁路通信工程施工技术指南》(铁建设〔2010〕241 号)；

(4)《高速铁路通信工程施工质量验收标准》(TB 10755—2010)。

四、作业内容

准备及检验接续测试仪表；光缆接续；接续监测；光中继段测试。

五、施工技术标准

1. 光缆接续技术标准

(1)光缆接续工作不宜在雨天、大雾天和环境温度 0 ℃以下时进行。

(2)室外接续时应搭置帐篷或在专用接续作业车内进行，严禁露天作业。接续作业过程中应特别注意防尘、防潮和防振。接续用的工具、材料需保持清洁，操作人员在作业过程中应穿工作服、戴工作帽。

(3)直埋光缆接续后应余留 2～3 m。接头处弯曲半径应大于光缆外径的 20 倍。埋深应与光缆埋深相同。

(4)管道光缆接头的安装，宜挂在人孔壁上或置于光缆托板间人孔内较高位置上，余留应设在人孔内。

(5)架空光缆接头处两侧的光缆应作伸缩弯，光缆余留应设在两侧相邻杆上。

(6)切断光缆必须使用断线钳，严禁使用钢锯。

(7)光缆接头的编号以一个中继段为单位自上行往下行方向顺序编号。光缆接头标桩应埋设在接头盒正上方。

2. 光纤接续技术标准

(1)光纤熔接使用熔接机时应严格遵守厂家使用说明及要求。每根光纤护套、涂层的去除，油膏的擦拭清洗，光纤端面的制备，光纤熔接，热缩管保护等作业应规范，同时应连续完成，不得任意中断。

(2)光纤接续点的接续损耗平均值应符合下列指标：

单模 $\bar{\alpha}_j$ 光纤≤0.08 dB/处(1 310 nm 和 1 550 nm 两个波长)；

多模 $\bar{\alpha}_j$ 光纤≤0.2 dB/处。

允许个别接续点的接续损耗平均值大于指标，但在一个光缆中继段内，同一根光纤的接续损耗平均值必须满足上述要求。

(3)光纤接续应采用 OTDR 进行监测，接续点的接续损耗应以监测值为准。

(4)接续合格的光纤熔接部位，应立即用热可塑加强管保护，加强管收缩应均匀、管中无气泡。

(5)光纤护套或涂层的去除、光纤端面制备、光纤熔接、热可塑加强保护管等作业应连续完成，不得任意中断。

(6)接续后的光纤收容余长，单端引入引出的不应小于 0.8 m；两端引入引出的不应小于 1.2 m；收容时的弯曲半径不应小于 40 mm。两侧余长光纤应贴上标记号，按顺序收容好，不得有扭绞受压现象。

3. 光缆护套接续和防护技术标准

(1)光缆接头盒应符合设计要求，一般应采用机械装配密封式接头盒或封粘式连接装置。接头盒应具有良好的密封性、机械强度、耐腐蚀性。

(2)接头盒的装配应按照接头盒出厂说明书进行。接续完成后，盒内应放入接续卡一份，另一份妥善保管。接续卡中填写的光纤接续损耗应为 OTDR 监测值。

(3)光缆的金属加强件和外护套的连接方式应符合设计要求，一般情况下做悬浮处理，即两侧断开绝缘。

(4)接头盒安装后要确保接头盒的密封。

(5)电气化铁路区段光缆进入通信站引入室后,应做绝缘接头,将室内、室外金属护层及金属加强件断开彼此绝缘,特殊情况下可考虑换接室内光缆。

4. 光缆中继段测试技术标准

(1)光缆中继段测试一般情况下应包括下列内容:中继段光纤线路损耗及传输长度;中继段光纤线路后向散射曲线;中继段光纤通道总损耗;光中继段 S、R 点间的最大离散反射反射系数和 S 点的最小回波损坏(包括连接器);中继段光纤偏振模色散;直埋光缆金属护套对地绝缘。当工程有要求时按要求项目进行测试。

(2)各项测试指标应满足设计要求和验收标准的有关规定。

六、工序流程及操作要点

1. 工序流程

工序流程图如图 1-10-1 所示。

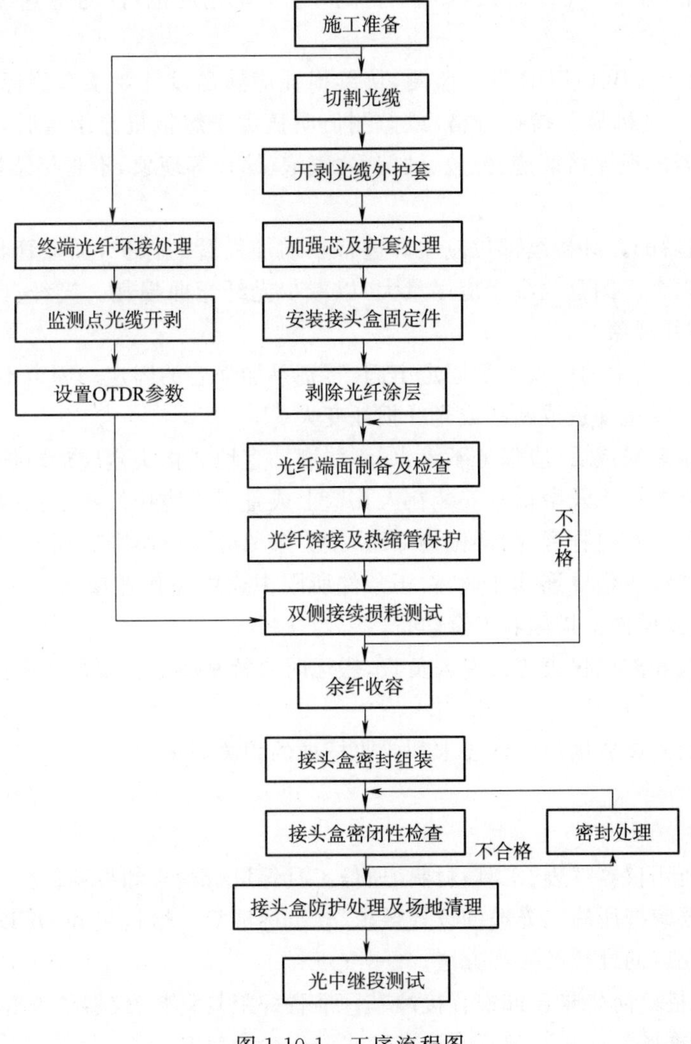

图 1-10-1　工序流程图

2. 操作要点

(1)光缆接续前,操作人员必须熟悉工程所用光缆操作方法和质量要点等。接续操作应规范、娴熟。应选派训练有素的人员进行接续,接续过程应严格遵守工艺流程。

(2)接续前首先核对光缆接头位置、光缆端别等,检查护层对地绝缘电阻。调整和确定好接头盒放置位置、光缆接头余留长度和重叠方式等。

(3)根据接头余留长度要求留足光缆再截断光缆头,切断光缆必须使用断线钳,严禁使用钢锯。由于光缆端头在敷设过程中会受到机械损伤和受潮,光缆开剥前应视光缆端头状况截取 70 cm 左右的长度。光缆开剥后,内部光纤应按顺序做好标记,并做好记录。

(4)选用性能优良的熔接设备、光纤切割工具,根据环境温度、光纤类型等合理设置熔接设备的各项参数。根据气候条件做好防尘、升温、降温等措施,确保光缆接续质量以及操作人员、熔接设备的正常工作。

(5)光纤涂覆层去除后,必须先擦拭、清洁光纤再进行切割。制备好的光纤端面不能倾斜,不能有污物、毛刺等。否则应重新制作端面。

(6)使用熔接机应严格遵守厂家使用说明及要求。每根光纤护套、涂层的去除,油膏的擦拭清洗,光纤端面的制备,光纤熔接,热缩管保护等作业应规范,同时应连续完成,不得任意中断。

(7)光纤熔接应采用 OTDR 进行监测,接续损耗应满足设计要求和验标规定。当 OTDR 监测值不合格而熔接机显示指标合格,或监测值明显劣于熔接机显示值时,应对光纤重新熔接。光纤熔接点若出现连接痕迹、鼓包、轴偏移、气泡、缩径等现象,不管接续损耗大小,都应对光纤重新熔接。

(8)熔接合格后的光纤接续部位应立即进行热缩加强管的保护,加强管收缩应均匀、无气泡。光纤收容盘内余纤的盘绕半径应尽量大,以减少光纤弯曲损耗。光纤盘绕后要及时固定牢固,防止出现跳纤现象。

(9)光缆进入接头盒的两端必须固定牢固,特别是加强芯的固定。固定不牢会造成埋设或挂放接头盒时因光纤扭动造成断纤或光纤损耗变大。

(10)接头盒组装完成后,应保证不渗水、不漏潮。直埋式接头盒应加防护槽或混凝土盖板进行防护。管道光缆接头及余留宜安装在人孔壁上或置于光缆托板间人孔内较高位置上。架空光缆接头一般安装在电杆旁,两侧做伸缩弯,接头余留应盘成圆圈后捆扎在杆上。

(11)光缆的接续工作要连续作业,对于条件所限中途中断作业或当日无法结束作业的光缆接头,应采取必要的防潮措施和安全防护。

(12)光缆接续和测试仪表应设专人负责,搬运时要特别小心。要放入专用保护箱中,避免强烈冲击和振动。

(13)光中继段测试要满足设计要求和验收标准的相关规定。

3. 施工方法

(1)施工准备

1)施工前对所用仪器仪表、工具、材料、通信工具等进行检查和校验。

2)作业人员要掌握所施工光缆的设计要求、规范标准等。熔接机和 OTDR 操作人员必须熟练掌握所使用仪表的性能及操作方法。

3)清理场地,搭建防尘帐篷或安置接续车。准备好工具材料、仪器仪表等。

(2)接续监测准备

根据现场实际情况，确定接续终端位置，进行光纤的环接。环接方式一般为1、3纤环，2、4纤环。

(3)光缆接续

1)光缆开剥

①将两端光缆外护层清洗干净，支好工作台或支架。

②将两端光缆的端头用断线钳各剪掉70 cm左右，余留长度不足时可适当少剪。

③根据接头盒尺寸进行外护层的开剥，开剥出的缆芯应超出接头盒1.5 m左右。

④根据接头盒的安装说明，将光缆固定在接头盒的固定件上。根据设计要求做好光缆金属构件的处理。

⑤用酒精棉球擦净纤芯上的油膏。

2)光纤接续

①设置好光纤熔接机的各项参数。

②在光纤上套入热塑保护管。

③用光纤剥除器剥除光纤的二次涂覆层，剥除长度为40 mm左右。用酒精棉擦净一次涂覆层。

④用光纤切割器制作光纤端面，切割好的裸光纤长度为16 mm。

⑤将切割好的光纤立即放入到熔接机的V型槽内并盖好防尘盖，然后制作另一侧的光纤端面并放入到V型槽内。

⑥两端的光纤端面制备好后，启动熔接机开始熔接。启动熔接机后应观察光纤端面的图像，发现不合格立即终止熔接，重新制作端面。

⑦将熔接好的光纤轻轻从熔接机中取出，将热塑加强管移至光纤熔接部位。

⑧利用对讲机或其他通信工具通知监测点，测试人员对双方向进行接续损耗的测试，进行记录并告知接续点。接续损耗合格后，将测试值填入到接续卡。

⑨将套好热缩加强管的光纤放入到熔接机的加热冷却槽内进行热缩处理，完成后取出。

⑩将接续好的光纤收容到光纤收容盘内，收容半径应大于40 mm，将热缩保护管卡入到收容盘的固定卡内。

⑪每一层收容盘内的光纤接续完后，用胶带将收容好的光纤固定在收容盘上防止脱落。

3)接头盒组装

①所有光纤接续完成并收容好后，固定好收容盘。

②根据接头盒安装说明书的要求进行接头盒的组装。

③具备充气条件的接头盒进行充气兜水检验其密封情况。发现密封不好的情况要查明原因，及时处理直致密封完好不漏气为止。检验确保密封良好后，将充气嘴密封。

④将接头盒放入防护槽中或加盖防护盖板，回填接头坑。

(4)光中继段测试

1)进行光缆测试前，用酒精棉将测试尾纤擦拭干净，防止污染法兰盘及尾纤。使用OTDR进行测试时，测试人员结合被测光缆长度等选择比较恰当的量程，使测试曲线尽量显示在屏幕中间，以减少测试误差。

2)测试人员结合被测光纤的长度选择OTDR注入被测光纤的光脉冲宽度参数，在幅度相同的情况下，宽脉冲的能量要大于窄脉冲的能量，能够测试较长距离，但误差较大。

3)由于不同厂家不同批次的光纤有不同的折射率，因此在测试时应选择厂家提供的折射率，这样在测量光纤长度时才能准确。

4)测试点位选择应合理,大部分 OTDR 测试接头损耗均采用 5 点法,在测试时,光标作为一点应定位在接头点上,其余 4 点应分别对应接头点两侧的光纤特性。这样接头测试才能准确。

5)进行测试,测试项目和指标应满足设计要求和验收标准的相关规定。

七、劳动组织

1. 劳动力组织方式

采用架子队组织模式。

2. 人员配置

光缆接续测试作业人员配备见表 1-10-1。

表 1-10-1 光缆接续测试作业人员配备表

序 号	人 员	人 数	备 注
1	施工负责人	1	
2	技术人员	1	
3	测试人员	1	
4	接续人员	每个头 2	
5	安全员		营业线施工按要求配置防护人员
6	质量员		测试人员兼
7	辅助人员	若干	

注:具体人员配置根据工作量及现场实际情况确定。

八、主要机械设备及工器具配置

主要机械设备及工器具配置见表 1-10-2。

表 1-10-2 主要机械设备及工器具配置

序 号	名 称	规 格	单 位	数 量	备 注
1	载客汽车		台	1	
2	光时域反射仪(OTDR)		台	1	
3	光源、光功率计		套	2	
4	光纤熔接机		台	3	
5	光纤切割刀		把	4	
6	光纤接线子		把	若干	
7	环切刀		把	4	
8	涂覆层剥离器		把	3	
9	仪表专用蓄电池		个	4	
10	业务电话		台	4	
11	标准光纤	1~2 km	盘	1	
12	断线钳		把	4	
13	酒精壶		个	4	
14	接头帐篷		顶	4	
15	其他适用工具		套	4	

注:以上主要设备机具仅作为参考,具体根据工程实际情况来配置。

九、物资材料配置

主要物资材料见表1-10-3。

表1-10-3　主要物资材料表

序　号	名　　称	规　　格	单　　位	数　　量	备　　注
1	接头盒		套		
2	接头防护槽或盖板		套		
3	防水胶带		盘		
4	热缩帽		个		
5	酒精		瓶		
6	脱脂棉		包		
7	医用纱布		包		
8	棉纱		kg		

注：以上主要物资材料仅作为参考，具体规格、数量根据工程实际情况进行准备。

十、质量控制标准及检验

1. 质量控制标准

(1)光纤的接续按光纤色谱排列顺序对应接续；光纤接续部位应进行热缩加强管保护，加强管收缩均匀、无气泡。

(2)光缆的金属外护套和加强芯紧固在接头盒内。同一侧的金属外护套与金属加强芯在电气上应连通。两侧的金属外护套、金属加强芯应绝缘。

(3)光缆盒体安装牢固、密封良好。

(4)光纤收容余长单端引入不小于0.8 m，两端引入引出不小于1.2 m。

(5)光纤收容时的弯曲半径不小于40 mm。

(6)光缆接头处的弯曲半径不小于护套外径的20倍。

(7)光缆接续后余留2～3 m。

(8)光缆引入室内时，应在引入井或室内上机架前作绝缘节，室内、室外金属护层及金属加强芯应断开，并彼此绝缘。

(9)光缆引入室内终端应在光配线架或光终端盒上，固定安装应牢固。

(10)光缆接头应以一个中继段为单位自上行往下行方向顺序编号。

(11)光缆及接头在进入人孔时，应放在人孔铁架上予以固定保护。

(12)光缆终端接续后，进、出尾纤应标识清晰、准确。

(13)光缆引入时不同型号、规格的光缆上、下行标识应清晰、准确。

(14)一个中继段内，1 310 nm、1 550 nm窗口每根单模光纤双向接续损耗平均值α应不大于0.08 dB。

(15)光缆中继段光纤线路衰耗值α_1应符合下式要求：

$$\alpha_1 \leqslant \alpha_0 L + \bar{\alpha} n + \bar{\alpha}_c m (\text{dB}) \tag{1-10-1}$$

式中　α_0——光纤衰减标称值(dB/km)；

$\bar{\alpha}$——光缆中继段每根光纤双向接头平均损耗(dB)，单模光纤 $\alpha \leqslant 0.08$ dB(1 310 nm、1 550 nm)；

$\bar{\alpha}_c$——光纤活动连接器平均损耗(dB)；

L——光缆中继段长度(km)；

n——光缆中继段内每根光纤接头数；

m——光缆中继段内每根光纤活动连接器数。

(16)光缆中继段最大离散反射系数和S点最小回波损耗(包括连接器)应符合下列要求：

1)光缆中继段S、R点间的最大离散反射系数：

STM-1　　1 550 nm 波长不大于－25 dB；
STM-4　　1 310 nm 波长不大于－25 dB；
STM-4　　1 550 nm 波长不大于－27 dB；
STM-16　　1 310 nm 波长不大于－27 dB；
STM-16　　1 550 nm 波长不大于－27 dB；
STM-64　　1 310 nm 波长不大于－14 dB；
STM-64　　1 550 nm 波长不大于－27 dB。

2)光缆中继段在S点的最小回波损耗：

STM-1　　1 550 nm 波长不小于 20 dB；
STM-4　　1 310 nm 波长不小于 20 dB；
STM-4　　1 550 nm 波长不小于 24 dB；
STM-16　　1 310 nm 波长不小于 24 dB；
STM-16　　1 550 nm 波长不小于 24 dB；
STM-64　　1 310 nm 波长不小于 14 dB；
STM-64　　1 550 nm 波长不小于 24 dB。

3)偏振模色散(PMD)符合设计要求。

2. 检验

(1)通过观察、尺量，对“质量控制标准中(1)～(13)条”全部进行检验。

(2)利用 OTDR 检测每个光缆中继段内 1 310 nm、1 550 nm 窗口每根单模光纤双向接续损耗平均值 α 应不大于 0.08 dB。

(3)利用光源、光功率计检测每个光缆中继段所有光纤线路衰耗值 α_1，应符合“质量控制标准第(15)条”的规定。

(4)利用 PMD 测试仪检测所有光缆中继段最大离散反射系数，S点最小回波损耗(包括连接器)，偏振模色散应符合“质量控制标准第(16)条”的规定。

十一、安全控制措施

(1)光缆的接续工作不应在雨天、大雾天或其他不适宜接续的恶劣天气条件下进行。

(2)在铁路线路附近进行光缆接续时，应将接续帐篷或接续伞搭扎牢固，避免列车通过时危及人员及行车安全，临近营业作业应按照铁路局的有关规定设置防护人员。

(3)光缆接续使用热可缩制品时，应采取通风措施。

(4)进行新旧光缆割接作业，应编制割接方案，经运营单位审核通过并采取必要的安全措施后再进行施工。

(5)在人孔、无人站进行光缆接续及测试，进入之前应先开门(开盖)通风，未经通风不得入内。施工中有异常感觉立即撤离。进入后，外面应设安全标志或专人防护。

(6)光缆接续及测试仪表应设专人负责，搬运时要特别小心。要放入专用仪表箱中，避免强烈冲击和振动。

(7)测试过程中严禁用肉眼直视光时域反射仪发射端口及被测光纤，以免灼伤眼睛。

(8)切割下的光纤要收集在专门的容器内。

十二、环保控制措施

光缆接续测试应保持施工现场整洁，避免施工废弃物的污染。接续的下脚料、废弃物，测试仪表使用过的废旧电池等应统一收集，带回到驻地集中进行处理。

十三、附　　表

光缆接续及测试检查记录表见表1-10-4。

表1-10-4　光缆接续及测试检查记录表

<table>
<tr><td colspan="2">工程名称</td><td colspan="3"></td></tr>
<tr><td colspan="2">施工单位</td><td colspan="3"></td></tr>
<tr><td colspan="2">项目负责人</td><td></td><td>技术负责人</td><td></td></tr>
<tr><td>序号</td><td colspan="2">项目名称</td><td>检查意见</td><td>存在问题</td></tr>
<tr><td>1</td><td colspan="2">光缆室外接续作业条件</td><td></td><td></td></tr>
<tr><td>2</td><td colspan="2">光缆接续后的余留</td><td></td><td></td></tr>
<tr><td>3</td><td colspan="2">直埋光缆接头两侧弯曲半径</td><td></td><td></td></tr>
<tr><td>4</td><td colspan="2">管道光缆接头固定位置和方式</td><td></td><td></td></tr>
<tr><td>5</td><td colspan="2">架空光缆接头位置和伸缩弯处理</td><td></td><td></td></tr>
<tr><td>6</td><td colspan="2">光缆接续监测</td><td></td><td></td></tr>
<tr><td>7</td><td colspan="2">光缆接续卡填写</td><td></td><td></td></tr>
<tr><td>8</td><td colspan="2">光缆接头盒安装质量</td><td></td><td></td></tr>
<tr><td>9</td><td colspan="2">光缆接续测试仪表的鉴定有效期</td><td></td><td></td></tr>
<tr><td>10</td><td colspan="2">光缆中继段测试指标</td><td></td><td></td></tr>
<tr><td></td><td colspan="2"></td><td></td><td></td></tr>
<tr><td colspan="5">检查结论：

检查组组员：

检查组组长：
年　　月　　日</td></tr>
</table>

第十一节　电缆接续及测试

一、适用范围

适用于铁路通信电缆接续及测试。

二、作业条件及施工准备

(1)电缆已敷设完成,隐蔽工程经监理工程师签认合格。

(2)电缆接续及测试人员经过培训并熟悉所施工电缆特性和技术标准,施工人员已接受技术交底和安全培训。

(3)测试仪表经检验合格,并在计量检验有效期内。

(4)电缆接头盒已采购并经进场检验合格。

(5)施工机械及工器具已经准备到位。

三、引用技术标准

(1)《铁路通信工程施工技术指南》(TZ 205—2009);

(2)《铁路运输通信工程施工质量验收标准》(TB 10418—2003);

(3)《高速铁路通信工程施工技术指南》(铁建设〔2010〕241 号);

(4)《高速铁路通信工程施工质量验收标准》(TB 10755—2010)。

四、作业内容

铁路通信电缆接续、测试。

五、施工技术标准

(1)电缆的接续技术标准根据电缆型号及设计要求确定。

(2)电缆芯线的接续根据电缆程式及设计要求采用扭绞加焊或接线子、模块压接方式。无论采取哪种方式,都不得因芯线接续而增加额外电阻,亦不得降低芯线绝缘电阻。

(3)电缆接续时的弯曲半径符合下列要求:铝护套电缆不小于电缆外径的 15 倍;铅护套电缆不小于电缆外径的 7.5 倍。

(4)直埋电缆应利用接头槽对接头进行机械防护;管道电缆人孔内电缆接头应放在电缆托架上,相邻接头放置位置应错开,排列整齐;架空电缆接头两端应捆扎牢固。

(5)电缆接头内应放置接头卡片。

(6)根据电缆规格及要求进行电缆线路性能测试。

1)低频四线组音频段电性能应符合表 1-11-1 的要求。

表 1-11-1　低频四线组音频段电性能要求

序　号	项　　目	测量频率	单　　位	标　　准	备　　注
1	0.9 mm 线径环阻(20 ℃)	直流	Ω/km	≤57	实测值
	0.7 mm 线径环阻(20 ℃)	直流	Ω/km	≤96	
	0.6 mm 线径环阻(20 ℃)	直流	Ω/km	≤132	

续上表

序　号	项　　目		测量频率	单　　位	标　　准	备　　注
2	环阻不平衡		直流	Ω	≤2	
3	0.9 mm 线径绝缘电阻		直流	MΩ · km	≥10 000	实测值×$(L+L')$
	0.7 mm 线径绝缘电阻		直流	MΩ · km	≥5 000	
	0.6 mm 线径绝缘电阻		直流	MΩ · km	≥5 000	
4	芯线与金属外护套间电气绝缘强度		直流	V	≥1 800(2 min)	
	芯线间电气绝缘强度		直流	V	≥1 000(2 min)	
5	近端串音衰减		800 Hz	dB	≥74	
6	远端串音防卫度		800 Hz	dB	≥61	
7	电力牵引供电区段杂音计电压	调度回线	800 Hz	mV	≤1.25	用杂音测试器测量时，应用高阻挡，输入端并接阻抗值等于电缆输入阻抗 Z，其实测值应乘以 $\sqrt{600/Z}$
		一般回线	800 Hz	mV	≤2.5	

注：L 为音频段电缆实际长度。

L' 为电缆线路各种附属设备的等效绝缘电阻的总长度，计算见下式：

$$L'=L_{头}+L_{盒}+L_{分歧}+L_{区间}$$

式中　$L_{头}$——每个接头绝缘电阻为 10^5 MΩ，等效电缆 100 m；

$L_{盒}$——电缆分线盒等效电缆 2 km；

$L_{分歧}$——按实际分歧电缆长度计算；

$L_{区间}$——每个区间通话柱段子板等效电缆 10 km。

2)铜芯聚烯烃绝缘铝塑综合护套市内通信电缆用户线路电性能应符合表 1-11-2 的要求。

表 1-11-2　铜芯聚烯烃绝缘铝塑综合护套市内通信电缆用户线路电性能要求

序号	内　　容		标　　准				换　　算
1	导线直径(mm)		0.4	0.5	0.6	0.8	实测值/L
	单线电阻(Ω/km,20 ℃)		≤148	≤95	≤65.8	≤36.6	
	环阻不平衡(Ω)		≤3				
2	绝缘电阻(MΩ · km)	填充型(聚乙烯绝缘)	≥3 000				实测值×L
		非填充型(聚乙烯绝缘)	≥10 000				
		非填充型(聚氯乙烯绝缘)	≥120				
3	近端串音(800 Hz,dB)		≥69.5				
4	断线、混线		不断线、不混线				

注：L 为被测电缆长度。

六、工序流程及操作要点

1. 工序流程

工序流程如图 1-11-1 所示。

2. 操作要点

(1)电缆接续前应确认电缆端别正确，所有电缆都已进行单盘测试，确认电缆内所有芯线无断线、混线及接地障碍，绝缘良好。

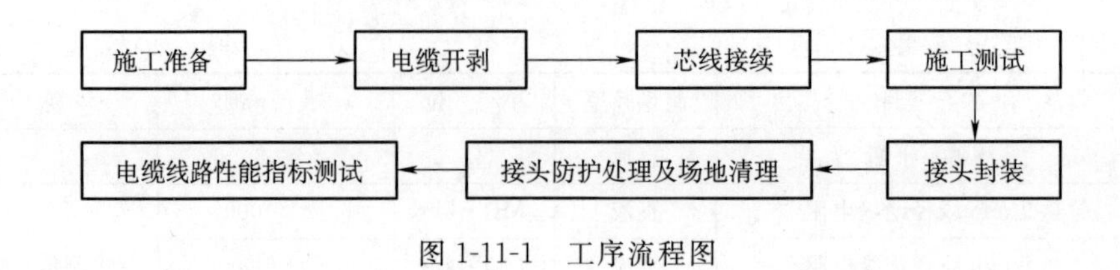

图 1-11-1　工序流程图

(2)电缆的开剥尺寸按电缆程式及接续方式确定,开剥后电缆端头芯线不得散开,不得破坏芯线的扭绞。

(3)电缆接续时应进行施工测试,以检查电缆接续后的线路有无混线及断线等故障,以及各接续点交叉是否正确,其绝缘电阻应符合规定。施工测试全部合格后才能进行接头盒封装。

(4)每个电缆接头准备电缆接头卡片一式两份,一份放入接头套管或接头盒内,另一份存档备查。接头卡片内容包括接续交叉型式、分歧方式、接续人和接头封装人姓名、接续日期等。

(5)加感接头在接续前应对加感元件进行电气测试,指标符合电缆电气指标要求后方可使用。

(6)电缆芯线的接续根据电缆程式及设计要求采用扭绞加焊或接线子、模块压接方式。无论采取哪种方式,都不得因芯线接续而增加额外电阻,亦不得降低芯线绝缘电阻。

(7)直埋电缆接续完成后,应利用接头槽对接头进行机械防护。管道电缆人孔内电缆接头应放在电缆托架上,相邻接头放置位置应错开,排列整齐。架空电缆接头两端应捆扎牢固。

(8)根据电缆型号及相关技术标准进行电缆的测试。所有测试项目和指标应符合施工规范及验收标准的相关规定。

3. 施工方法

(1)对称电缆接续

1)施工准备

①施工前对所用仪器仪表、工具、材料、通信工具等进行检查和校验。

②作业人员要熟练掌握所施工电缆的各项技术指标及接头方式,掌握仪表使用方法及测试项目等。

③检查电缆的余留长度、接头坑的大小、电缆余留的中心位置是否合乎要求。

2)电缆开剥

①用棉纱擦去电缆外护套上的泥土,将电缆在接头坑内顺电缆沟的方向顺直。

②找出接头坑的中间位置,在两条电缆的交叉处分别做出记号。

③根据电缆接头盒的长度计算外护套开剥位置,原则为接续完成后电缆的接头余留满足验收标准的要求,即 0.8～1.5 m。

④用电工刀开剥电缆外皮,电缆外皮开拨完成后用 1.6 mm^2 铁绑线在距电缆外皮 20 mm 处将两层钢带绑扎牢固,锯掉剩余钢带。注意不要伤及电缆铝护套。

⑤用喷灯在剥除钢带后的铝护套上均匀加热,待热熔胶或沥青融化后,除去内衬层,再用棉纱擦净铝护套上的热熔胶或沥青。

⑥用钢刷将钢带表面打干净,并涂上松香水,用火烙铁将焊锡在钢带打净部位表面涂上一层焊锡,将 1.5 m 10 mm^2 铜过桥线将两侧钢带进行焊接连通。焊接点在两层钢带的连接处,两层钢带都要焊接,焊接要牢固可靠,不能有虚焊假焊。

⑦根据接头盒说明书要求量出铝护套的开剥尺寸,用钢锯环切铝护套,折断抽出。本操作注意不要伤及芯线。

⑧将清理后的两端待接电缆用电缆支架固定在一个平面上，安装接头盒紧固件。由于不同厂家的接头盒施工方法不同，本步骤应按接头盒说明书进行操作。但不论哪种接头盒，都应保证两侧的铝护套可靠电气连通。

3)芯线接续

①在打开电缆芯线前，在接头位置下面铺好油布或塑料布，摆好接续时所用的工具。

②打开电缆芯线，量好芯线接续位置并在距接续位置 10 mm 处用原四线组的绑扎线绑扎 3～5 圈以保证芯线原扭绞，注意在绑扎时不准拉的过紧，以防损伤芯线绝缘层。

③在绑扎好的四线组上套上事先准备好的分组环，按顺序将电缆编好组。

④按接续要求，将应接的两根芯线按顺时针方向，左压右重叠扭 3～5 个花，扭绞长度为 30 mm 左右。

⑤用剥线钳剥除芯线绝缘层，不能伤及电缆芯线。按前松后紧的原则，将两根芯线裸铜部分扭绞接在一起。最后剪掉多余部分芯线，裸铜部分长度 15 mm 左右。

⑥将裸铜部分前端涂上松香水，注意用量不要太多。用烟斗烙铁在芯线接头上加焊 5 mm 左右，加焊后趁热用白布带将接头上的污物擦掉，污物严重的应用酒精擦拭。

⑦芯线接续要做到扭距合理，松紧适宜。各芯线接续长度应一致。芯线接续要做到红白和蓝绿间隔接续，以保证不破坏四线组原有扭矩。

⑧将预制好的热熔胶和热缩管套入接好的芯线部位，用丁烷气枪蓝火四周烘烤热可缩管，使热熔胶和热可缩管受热熔化，收缩密封。芯线密封热塑管及热熔胶套入位置要合理，加热要均匀，密封应完好。加热过程中不能伤及芯线绝缘层。

⑨芯线接续全部完成后按红白倒向上行、蓝绿倒向下行方向的原则摆放整齐，用白线绳绑扎，绑扎位置在热缩管的中间位置。

4)施工测试

①所有芯线接续完成后，用小电话通知测试点和终端。待所有接头点接续完成后，测试点和终端进行施工测试，主要测试内容为对号及绝缘测试。

②测试合格后，通知各接头点进行接头的封装。

5)接头封装

①电缆测试完毕，确认接续良好后进行封盒，封盒前要放入接续卡。

②不同施工项目及不同的厂家其接头的封装方式有所不同，各项目根据电缆程式、接头盒类型、设计要求等进行接头的封装。不管哪种接头方式，都应保证接头密封性能良好。

6)接头盒防护处理及场地清理

根据设计要求，利用接头槽对接头盒进行防护处理。将场地内的工具、材料、废弃物等清理干净，将接头槽进行掩埋。

(2)全塑电缆接续

1)接续准备：清理接头坑，做好接头余留，将两端电缆固定好。

2)电缆开剥：量好尺寸，开剥电缆。开剥时要小心谨慎，不要损伤电缆内部隔热层和芯线绝缘层。

3)将选定的热可缩管套在电缆上。

4)电缆芯线编号及对号：按色谱对两端电缆分别进行编号，每 25 对芯线套一塑料号码管。然后进行对号和绝缘测试。

5)模块式卡接排接续：安装好接线机，将卡接排底板放置在接线机上，把 A 端电缆中的一个基本单位(25 对)芯线,按顺序分别卡在底板相应的线槽内,用检查梳检查线位无误后,将卡接排主板叠加在底板上;用同样方法把对应相接的 B 端线对,卡入主板线槽内,把上盖板叠放在主板上;用压接器加压使三板互相密合,A、B 线卡接良好,卸下压接器。这 25 对芯线接续完成后,用同样方法完成其他芯线的接续。

6)接线子接续:根据电缆型号及接头的类型,定出接续长度,按由内到外的顺序将相对应的一对芯线扭在一起,留下接续长度,将多余长度剪去,然后插入接线子进线孔,用压接钳进行压接;同样方法完成其他芯线的接续。

7)分歧电缆接续:量好尺寸,将主电缆的外护套纵刨,去掉屏蔽层、包带后,按色谱找出分歧线对,留够接续长度,将待接芯线剪断,其余芯线保持原样;按模块式卡接排或接线子接续的方式与分歧电缆对接。

8)接续包扎:芯线接续完成后,用屏蔽连接线将两端电缆的屏蔽层连通,用塑料包带将电缆接续部分包扎好。

9)接续测试:测试芯线直流指标,如有断线、混线等故障,应查找并处理。

10)接头封装:将热可缩管附带的金属内衬管包在电缆接头上,包好衬管纵缝及衬管两端的茬口。将电缆两头用砂布打毛,用蘸有溶剂的清洁纸擦试干净,将热缩管移到接头部位,两端口包热隔膜,有分歧时,在分歧端卡上分歧卡。用喷灯从中部向两端加热,注意加热时,要来回移动反复加热,不要停留在某一点不动,以免烤伤热缩管。将接头用接头防护槽防护,回填接头坑。

11)电缆气闭成端制作:量好尺寸,拆去电缆气闭处的护套、屏蔽、包带和芯线扎带,将芯线分开;用屏蔽连接线将电缆屏蔽层引出;用热可缩管金属内衬做成端模型,将热可缩管封合上部开口。若是做一般平放式电缆气闭,可采用和接头封合相同的方法,只是要选用带灌注口的热可塑管。按产品说明书配制“三合一”堵剂,然后将配制好的气塞剂灌入气闭模型中,平放式电缆气闭可用注塑枪从热可缩管灌注口灌入。

(3)电缆线路性能指标测试

1)按施工技术标准中电缆测试技术要求对接续完成的电缆进行对号、绝缘、环阻、耐压等测试。

2)电缆平衡测试。低频回线只对加感线对进行平衡。低频平衡应将所有分歧电缆接入后进行三阶段平衡,即节距内平衡、节距间平衡、全程音频段平衡。平衡内容包括 A、B 两端的近端串音衰减和交流对地不平衡衰减,B 端的远端串音防卫度。

节距内平衡:随着电缆制造工艺的不断进步,对称电缆的各项参数都有了很大的提高,因此节距内平衡可以在电缆配盘的同时进行。通过预配芯线交叉来抵消 K_1 值和 e_1、e_2 值达到节距内平衡的目的。芯线交叉总表要纳入竣工文件,同时应将各接头芯线交叉填入接头卡放入接头内。

节距间平衡:平衡前要对平衡测试仪表及终端线圈、电阻、仪表线等进行严格校对及检验;平衡用补偿电容器要进行耐压测试;应保证在电缆的直流电阻值、环阻不平衡、线间及对地绝缘电阻等项目全部测试合格的前提下进行平衡。节距间平衡一般按每次三个加感节距做为一个平衡节距向前推进。一个音频段应从两端向中间推进汇合。平衡时先进行交流对地不平衡衰减的平衡测试,通过平衡点做交叉及接入补偿电容器来实现。交流对地不平衡衰减合格后对串音进行平衡测试。在一个平衡节距当天不能完成的情况下,应做好电缆接头及端头的防潮、防护处理。

全程音频段平衡：节距间平衡完成后进行全程音频段平衡测试。音频段平衡测试时各中间站通信机械室分线盒两侧的电缆要连接良好。平衡完成后对电缆的其他各项电气性能进行测试。

七、劳动组织

1. 劳动力组织方式

采用架子队组织模式。

2. 人员配置

电缆接续测试作业人员配备见表1-11-3。

表 1-11-3　电缆接续测试作业人员配备表

序　号	人　　员	人　　数	备　　注
1	施工负责人	1	
2	技术人员	1	
3	测试及终端人员	3	
4	接续人员	9	
5	安全员	1	
6	质量员	1	
7	辅助人员	若干	

注：具体人员配置根据工作量及现场实际情况确定。

八、主要机械设备及工器具配置

主要机械设备及工器具配置见表1-11-4。

表 1-11-4　主要机械设备及工器具配置表

序　号	名　　称	规　　格	单　　位	数　　量	备　　注
1	载客汽车		台	1	
2	低频测试仪		台	2	
3	直流电桥		块	1	
4	万用表		块	3	
5	兆欧表		块	3	
6	钢锯		把	8	
7	电工刀		把	8	
8	铁锹		把	5	
9	钢卷尺		把	6	
10	大钳子		把	8	
11	偏口钳		把	8	
12	尖嘴钳		把	8	
13	喷灯		把	8	
14	接头支架		付	3	

续上表

序　号	名　　称	规　　格	单　　位	数　　量	备　　注
15	剥线钳		把	6	
16	火烙铁		把	3	
17	活扳手		把	3	
18	烟锅烙铁		把	3	
19	丁烷气枪		把	3	
20	钢丝刷		把	5	
21	铜丝刷		把	5	
22	其他适用工具		套	3	

注:以上主要设备机具仅作为参考,具体规格、数量根据工程实际情况来配置。

九、物资材料配置

主要物资材料配置见表 1-11-5。

表 1-11-5　主要物资材料配置表

序　号	名　　称	规　　格	单　　位	数　　量	备　　注
1	接头盒		套		
2	接头防护槽		套		
3	焊锡丝		盘		
4	低温焊锡		kg		
5	低温焊料		kg		
6	棉纱		kg		
7	汽油		L		
8	棉纱		kg		
9	煤油或柴油		L		
10	钢锯条		根		
11	焊锡丝		盘		
12	1.6 mm^2铁绑线		kg		
13	白线绳		m		
14	10 mm^2BV 线		m		
15	热缩管及热熔胶		根		
16	丁烷气体		桶		
17	油布		张		
18	松香		kg		
19	酒精		瓶		

注:以上主要物资材料仅作为参考,具体规格、数量根据工程实际情况进行准备。

十、质量控制标准及检验

1. 质量控制标准

(1)电缆接续时芯线线位准确、连接可靠。

(2)直通电缆两侧的金属护层及屏蔽钢带要做到有效连通。

(3)槽道内电缆接头盒应顺槽道方向放置平稳;直埋电缆接头套管做绝缘防腐处理并将接头加以保护;人孔内的电缆接头固定在托板架上,相邻接头放置应错开。

(4)电缆接头盒体安装牢固、密封良好。

(5)电缆接续及引入时的弯曲半径符合下列要求:铝护套电缆不小于电缆外径的15倍;铅护套电缆不小于电缆外径的7.5倍。

(6)电缆成端及引入符合设计要求及相关技术标准的规定。

(7)电缆引入室内终端应在引入架、配线架或分线盒上。

(8)电缆引入室内时,其室内、外两侧的屏蔽钢带及金属护层应电气绝缘;外线侧的屏蔽钢带及金属护层应可靠接地,接地电阻应符合设计要求;设备侧的屏蔽钢带及金属护层应悬浮。

(9)电缆接续点应以一个区段为单位自上行方向往下行方向顺序编号。

(10)成端电缆的芯线应编把,芯线宜保持原有扭距。

(11)电缆接续完成后,应根据电缆类型和使用情况进行电气性能测试,测试指标应满足验收标准的规定。

2. 检验

(1)通过观察、尺量,对"质量控制标准(1)～(10)条"全部进行检验。

(2)利用直流电桥、500 V兆欧表、耐压测试仪、振荡器、电平表、杂音测试仪等检测低频四线组音频段电性能应符合表1-11-1的要求。

(3)利用直流电桥、兆欧表、串音表、万用表等检测铜芯聚烯烃绝缘铝塑护套市内通信电缆用户线路电特性应符合表1-11-2的要求。

十一、安全控制措施

(1)电缆的接续工作不应在雨天、大雾天或其他不适宜接续的恶劣天气条件下进行。

(2)在铁路线路附近进行电缆接续时,应采取必要的防护措施,避免列车通过时危及人员及行车安全,临近营业作业应按照铁路局的有关规定设置防护人员。

(3)电缆接续使用热可缩制品时,应采取通风措施。

(4)进行新旧电缆割接作业,应编制割接方案,经运营单位审核通过后并采取必要的安全措施后再进行施工。

(5)在人孔、无人站进行电缆接续及测试,进入之前应先开门(开盖)通风,未经通风不得入内。施工中有异常感觉立即撤离。进入后,外面应设安全标志或专人防护。

十二、环保控制措施

电缆接续测试应保持施工现场整洁,避免施工废弃物的污染。接续的下脚料、废弃物,测试仪表使用过的废旧电池等应统一收集,带回到驻地集中进行处理。

十三、附　　表

电缆接续及测试检查记录表见表 1-11-6。

表 1-11-6　电缆接续及测试检查记录表

<table>
<tr><td colspan="2">工程名称</td><td colspan="3"></td></tr>
<tr><td colspan="2">施工单位</td><td colspan="3"></td></tr>
<tr><td colspan="2">项目负责人</td><td></td><td>技术负责人</td><td></td></tr>
<tr><td>序号</td><td colspan="2">项目名称</td><td>检查意见</td><td>存在问题</td></tr>
<tr><td>1</td><td colspan="2">电缆接头盒质量</td><td></td><td></td></tr>
<tr><td>2</td><td colspan="2">电缆接续后的弯曲半径</td><td></td><td></td></tr>
<tr><td>3</td><td colspan="2">电缆开剥尺寸</td><td></td><td></td></tr>
<tr><td>4</td><td colspan="2">电缆芯线接续</td><td></td><td></td></tr>
<tr><td>5</td><td colspan="2">电缆接头卡片填写</td><td></td><td></td></tr>
<tr><td>6</td><td colspan="2">电缆测试仪表</td><td></td><td></td></tr>
<tr><td>7</td><td colspan="2">电缆接续测试</td><td></td><td></td></tr>
<tr><td>8</td><td colspan="2">电缆接头密封</td><td></td><td></td></tr>
<tr><td>9</td><td colspan="2">电缆接头防护</td><td></td><td></td></tr>
<tr><td>10</td><td colspan="2">电缆测试指标</td><td></td><td></td></tr>
<tr><td></td><td colspan="2"></td><td></td><td></td></tr>
<tr><td colspan="5">检查结论：

检查组组员：

检查组组长：
年　　月　　日</td></tr>
</table>

第二章　铁路通信设备安装、配线及调试

第一节　机架安装

一、适用范围

适用于设备机架(机柜)、走线架、子架、单板安装等作业。

二、作业条件及施工准备

(1)已完成图纸审核、技术交底和安全培训(要求考试合格)。
(2)熟悉设计图纸,核对设备布置、设备型号、数量和外观尺寸。
(3)确认机房供电条件、安装环境符合安装条件。
(4)编制防护措施,与相关单位签订施工安全配合协议。
(5)参与施工的相关人员、物资、施工机械及工器具已经准备到位。

三、引用施工技术标准

(1)《铁路通信工程施工技术指南》(TZ 205—2009);
(2)《铁路运输通信工程施工质量验收标准》(TB 10418—2003);
(3)《高速铁路通信工程施工技术指南》(铁建设〔2010〕241 号);
(4)《高速铁路通信工程施工质量验收标准》(TB 10755—2010)。

四、作业内容

现场调查;设备开箱检查;走线架(槽)、设备底座加工制作;设备、机架、走线架、子架、单板安装作业。

五、施工技术标准

1. 现场调查

(1)根据设计图纸进行现场调查,检查通信机房的建筑结构、面积、高度、机房地板地面的承重及防静电地板高度;机房门大小,通风设备,机房预留沟槽管洞的数量、尺寸、位置等是否符合设计要求;机房内照明设施配备是否齐全(常用照明、保证照明、事故照明)。

(2)电源供给情况及地线引入调查。通信机械室的交流电源是否已引入到位,设备用电和空调用电是否分开,电源电压是否正常稳定。

为使通信设施可靠地工作,必须有良好的接地。良好的接地是防雷击、抗干扰的重要保证,机房地线要求埋设三个相对独立的地线:即电源配电系统保护地、设备系统工作地和外缆屏蔽防雷地,接地电阻应符合设计要求。因场地限制不能同时提供三种地线时,可将其合并为联合地线,地线电阻要求小于 1 Ω。工程上对接地电阻的要求是越小越好。

(3)机房安全检查。机房应满足国家防火标准,机房内涂料及装饰物应具备防火性能,过墙电缆孔(洞)应填充防火阻燃材料。机房内应配备有适用的消防器材,灭火器种类应符合机房安全消防要求。对于规模较大的机房,应有配套的自动消防系统。机房内严禁存放各种易燃、易爆、危险物品。

(4)施工现场调查完后,拟写施工调查报告交建设单位,以便及时解决问题。

2. 设备开箱检查

(1)对照设计文件、合同清单及设备装箱清单核对设备、单元插板及备品附件、技术资料是否齐全一致。并把清点好的设备及备品辅件做好记录。

(2)检查外包装,对包装有损坏、设备外观有损伤,数量与装箱清单、合同清单及设计配置不相符等各种情况,都要填写详细的检验记录,必要时录制图像记录,并将开箱检验记录报告及时呈交有关部门,以便进行协调、解决。

(3)设备开箱检查应由厂商、监理、施工等相关人员共同进行见证、签认。

3. 走线架、槽、设备底座加工制作

根据设计文件、施工图纸、各种设备底面结构尺寸固定连接孔位间距及大小,再结合现场调查实际绘画需要加工、制作的各种走线架、槽、底座立体图或三视图,并在图上标明准确、详细的结构尺寸、打孔位置及直径大小等加工数据。并注明各种走线架、槽、底座的加工数量、颜色和所用材料的规格标准及加工质量要求。用设计要求的钢材(或其他材料)进行加工,并按要求将其打磨、除锈、刷防锈漆,最后喷涂所需颜色的油漆。

4. 设备机架、上下走线架、子架、单板安装

(1)设备机架安装

设备运输到施工现场后,应有足够的人力将其搬运到室内就位。根据设计提供的设备安装平面布置图用钢卷尺、直角尺、红外墨线仪等工具确定设备安装位置,同一排设备安装时一般要求正面对齐。机房左右两边应根据设计要求留出主副通道。主通道宽度不小于 1.2 m,副通道宽度不小于 0.8 m。两排设备面对面之间的距离一般在 1.1～1.5 m;面对背之间的距离一般在 0.9～1.3 m;设备背面与墙的距离一般在 0.7～1.1 m;设备正面与墙的距离一般在 0.9～1.3 m;因各通信机房和设备安装数量不同,各机房行、列距离必须严格按设计要求进行布置和安装。遇到机房不能满足间距要求的,应由设计、业主、监理、运维接管单位共同协商确定。

设备安装一般采用地面直接固定方式(常用),即用膨胀螺丝将设备与地面直接固定;如果室内装有防静电地板的,应采用厂家配备好的或预先用 50 mm×50 mm×5 mm(60 mm×60 mm×5 mm)角钢加工好的防振底座进行固定;设备底座的高度应刚好与防静电地板上面平齐。对于机柜门板和机柜下面平齐的设备,底座应高出地板面 5～10 mm,以保证机柜门正常开合。

设备安装时应先将设备(机架)或底座按照设计安装位置及正面朝向放置好,用记号笔在设备(机架)或底座底部周围及固定孔位点画出设备或底座固定孔位,然后移开设备机架或底座,用冲击电钻在划定的膨胀螺栓固定点位打眼,眼孔的大小依设备或底座固定孔的大小及所用膨胀螺栓的规格大小而定,根据所用膨胀螺栓的外径选用电钻钻头的直径(所用钻头的直径一般是国标膨胀螺栓丝杆的直径加 2,如 ϕ10 mm 的膨胀螺栓要用 ϕ12 mm 的钻头)。用冲击电钻在地板上打眼时要先轻轻地在固定点位打一印痕,确认没有偏离所点画的准确位置时,再用力竖直打孔,打眼深度应略大于膨胀螺栓管筒的长度;掏出孔眼内的灰尘,把相应的膨胀螺

栓带螺帽置于打好的孔眼内，用铁锤轻轻敲打到位，要让膨胀螺栓管筒上边沿与地平面平齐或略低一点。把膨胀螺栓的螺帽适量拧紧让膨胀螺栓管筒底部张开嵌紧，取下螺帽把设备机架或底座抬起，使固定孔对准膨胀螺栓的螺杆轻轻放下准确置于安装位置（注意不要挫伤螺杆丝扣）。然后用厂家配备的调平螺丝或垫片进行调平，调整时用水平尺、磁性吊线锤、角尺、红外墨线仪等配合检测，使其垂直偏差不大于机架高度的1‰。设备机架的前后左右位置、水平和垂直度都调整好后即可将螺丝拧紧固定；设备机架或底座底面与地面固定时一定要先加合适的平垫，再加相应的弹垫，最后拧紧相应的螺帽（注意：螺栓拧紧后其弹垫是压平的；若设备机架需要对地绝缘时（如电化引入架等），就要在设备底面与地板之间及固定连接孔间加垫绝缘垫片。若同排有多架设备（机架）并配有列头柜时，要先安装调整好列头柜，再依次安装调整同排的其他设备（机架）。设备（机架）排列、安装位置及方向应符合设计要求，同排同规格设备（机架）前后左右应平齐，不同规格的按设计要求对齐，其垂直偏差不应大于机架高度的1‰，主走道侧必须对齐成一直线，误差应不大于5 mm，相邻机架应紧密靠拢，整列机架应在同一平面上，无凹凸现象。机架的固定必须牢固可靠，插、拔机盘或塞子时，机架不摇晃；设备（机架）固定方式应符合设备（机柜）厂家规定，防振加固措施符合设计要求，各紧固部分应牢固无松动现象，各种零部件不得脱落或碰坏，保证设备整体稳固和整齐美观。

机架固定好后要把地面清扫干净，有防静电地板的要把防静电地板进行整合、恢复；防静电地板切口要横平、竖直、无毛刺；靠设备机架底座侧要加地板支柱及支架，并和原有支柱支架连成一体，高度调整一致，地板盖上后应稳固，并和设备（机架）、底座平齐严密。

（2）走线架、槽（盒）安装

安装走线架、槽，应做到横平竖直，整齐美观。安装在机柜顶部的走线架、槽需钻孔时，应采取隔离防尘、防护措施，防止铁屑、尘土等杂物掉入机柜内部，或遗留在槽道内。槽道通过建筑物的变形缝（伸缩缝、沉降缝）时，槽道本身应断开，槽道连接要用条型连接板搭接，连接板采用一端紧固，另一端不紧固的连接方式。伸缩缝两线槽之间一定要连接跨接地线，其跨接地线和槽道内的线缆均应留有补偿余量。吊、支、托架间距均匀，承重等应满足设计文件要求。搬运及安装时要轻拿、轻放，以防碰撞变形影响美观和工程质量。施工时要做好安全防护工作，确保施工安全。

1）走线架、槽（盒）的支、吊安装

①支架、吊架安装

走线架、槽安装需要预先加工好专用的支、吊架件，按照每1.5～2 m的间距固定原则，将支、吊架端正垂直的放到顶棚或墙面上划出支、吊架的安装孔位置，钻孔，敲入膨胀管冲紧。注意相邻支、吊架位置偏差小于5 mm。将支、吊架对准孔位，加上平垫、弹垫再带上螺丝，一人扶住支、吊架并同时靠上水平尺把支、吊架扶水平或垂直，另一人把螺丝固定牢固。在直线段的另外一端用同样的方法安装一组支、吊架，在前后两组支、吊架的安装线架、槽的平面用尼龙线拉通，尼龙线必须拉紧拉直。再用尼龙线来做为基准线调节中间安装的支、吊架的平齐度。也可用红外墨线仪划线代替尼龙线辅助施工，会更方便、快捷。垂直安装时固定点间距应不大于2 m。水平拐弯安装时，当线槽弯曲半径不大于300 mm时，应在距弯曲段300～600 mm处的直线段设置一个支、吊架，当弯曲半径大于300 mm，还应在弯通中部增设一个支、吊架。

②走线架、槽安装

在支、吊架安装调整好后即可把走线架、槽固定到吊、支架上。线架、槽与线架、槽之间，线架、槽与弯通之间都应采用专用的连接板连接，并用平垫、弹垫、半圆头螺栓固定（注意：半圆头螺栓螺母朝线槽外，线槽连接片应安装在线槽内；线槽间接缝应严密平整）。线槽进行分歧、转弯时应尽量采用专用弯头（如水平弯头、垂直弯头、三通、四通等）；特殊情况可根据现场情况现场加工制作转弯槽件。金属线架、槽的连接应按照图 2-1-1 所示进行组装。在线槽上需引出钢管配线时，首先应采用液压开孔器进行开孔，开孔切口应整齐、无毛刺，与分支管径相符合，严禁使用气、点焊割孔，使用钢管闭塞使钢管与线槽，钢管与转线盒相连，所用闭塞接头应和线槽、连接钢管连接良好。钢管需要转弯时，使用弯管器弯弯，当弯弯个数多于 2 个时，应加转线盒，以方便穿线作业。金属线槽直线段超过 50 m 时应设伸缩缝，采用一端螺栓不拧紧方式，线槽在伸缩结构缝处应进行伸缩处理。在伸缩装置处应设置跨接地线，采用 6～10 mm^2 多股铜芯接地线连接。机房走线架的几种支、吊装方式如图 2-1-1 所示。

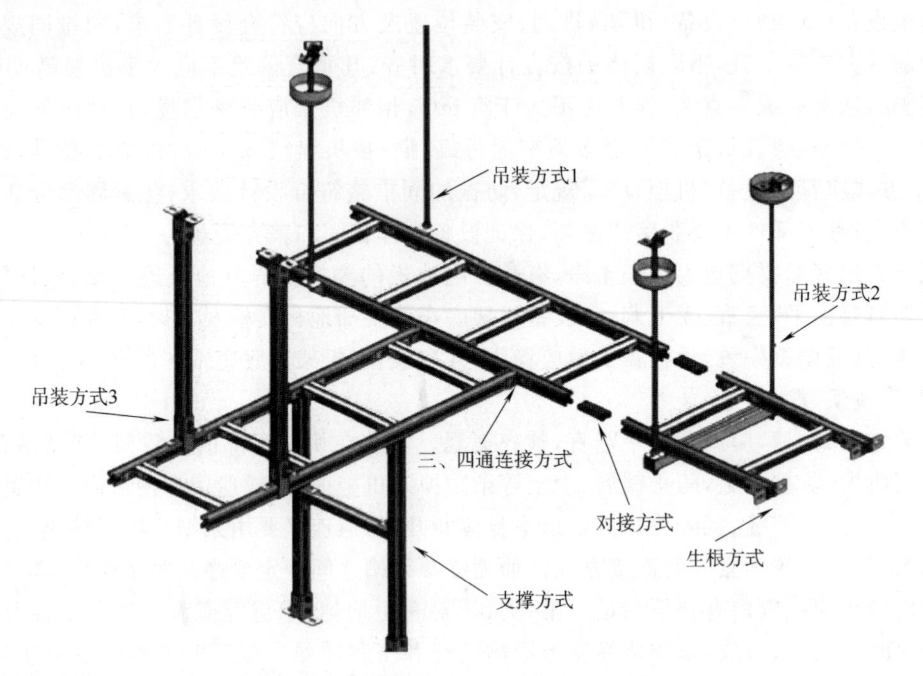

图 2-1-1　机房走线架的几种支、吊装方式

2）走线架、槽（盒）沿墙或地面的安装

①弹线定位：按设计图纸确定走线架、槽（盒）的具体固定点的位置，从始端至终端（先干线后支线）找好水平或垂直线，用粉线袋在线路中心弹线。沿弹线均匀点画出线架、槽（盒）的固定点位置，每根线架、槽（盒）的固定点不得少于 3 处。弹线时不应弄脏建筑物表面。也可采用红外墨线仪划线定位，效率更高、划线精度更高。

②线架、槽（盒）固定：混凝土地面或墙、砖墙都可采用塑料胀管固定线槽；走线架一般用 ϕ6～10 mm 的金属膨胀螺栓固定。根据胀管直径和长度选择钻头，在标出的固定点位置上钻孔，不应歪斜、豁口，垂直钻好孔后，将孔内残存的杂物清净，用木锤把塑料胀管敲人孔中，以与建筑物表面平齐为准，再用石膏将缝隙填实抹平。用半圆头木螺丝加垫圈将线槽底板固定在塑料胀管上，紧贴建筑物表面。应先固定两端，再固定中间，同时找正线槽底板，应横平竖直，并沿建筑物形状表面进行敷设。线槽（盒）底板离终点 50 mm 处均应固定。三通、四通线槽的槽底应用双钉固定。槽底对接缝与槽盖对接缝应错开并不小于 100 mm。根据线架、槽（盒）的大小选择不同规格的膨胀螺栓或塑料胀管和木螺丝的大小规格。木螺丝规格尺寸见表 2-1-1。

表 2-1-1　木螺丝规格尺寸(mm)

标　号	公称直径(*d*)	螺杆直径(*d*)	螺杆长度(*L*)
7	4	3.81	12～70
8	4	4.70	12～70
9	4.5	4.52	16～85
10	5	4.88	18～100
12	5	5.59	18～100
14	6	6.30	25～100
16	6	7.01	25～100
18	8	7.72	40～100
20	8	8.43	40～100
24	10	9.86	70～120

线架、槽(盒)安装用塑料胀管中心单列固定槽体固定点最大间距尺寸见表 2-1-2。

表 2-1-2　固定点最大间距

固定点型式	槽板宽度(mm)		
	20～40	60	80～120
	固定点最大间距(mm)		
中心单列	800	—	—
双列	—	1 000	—
双列	—	—	800

3)走线架、槽连通接地

走线架、槽采用热浸镀锌钢材，线架、槽之间连接板的两端可不设置跨接地线，但线槽伸缩缝处应采用 6～10 mm^2 多股铜线连接，线槽始、末两端应采用 16 mm^2 接地铜线连接至接地排并做好标示。走线架、槽若采用带绝缘涂层的金属材料时，线架、槽间连接处都要设置跨接地线，固定地线要用专用爪垫代替平垫以便抓破绝缘涂层使相邻线架、槽的金属电气连通。

4)线缆敷设

按照各种缆线敷设路由进行布线，布线时应安排足够的人力，特别是走线架、槽的转弯处应设专人监护，每放一条标识一条，在规划表中标识一次，避免缆线漏放问题发生。

5)安装线槽盖板

在线缆敷设完毕后应安装防护盖板。盖板固定牢固可靠，无翘角，相邻盖板连接处间隙应小于 2 mm。

6)封堵

走线架、槽在通过墙体或楼板处，不得在墙壁或楼板处连接，也不应将穿过墙壁或楼板的走线架、槽与墙或楼板上的孔洞一块抹死，应在敷缆、放线完成后用防火泥封堵，并刷上与墙面相同色漆。线槽末端应加装相应的专用封堵板。

(3)子架安装

按照各厂家的技术要求，将子架安装到位，一般步骤如下：

第一步：确认子架安装的孔位，装好卡接螺丝。

第二步：拆除子架运输保护部件。

第三步：将子架由机柜前部放置到机柜中的滑道上。

第四步：安装子架的后挂耳，通过子架前挂耳和后挂耳上的定位孔，利用卡接螺丝固定子架于机柜上。

第五步：子架安装后，把子架接地线连接在机柜的接地排上。

第六步：把子架电源线和系统告警线与机架相应端子接通。

如果机柜中有多个子架，应按照从下到上的顺序进行安装。

安装子架时应穿着防静电服或戴上防静电接地护腕。防静电接地护腕的连接及正确的佩戴方法如图 2-1-2 所示。

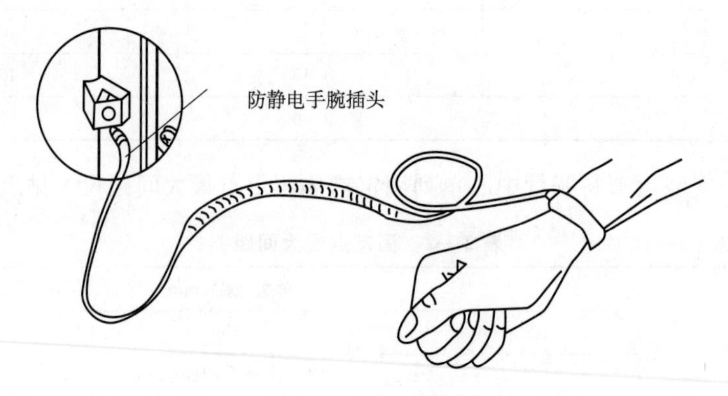

图 2-1-2　防静电接地护腕连接及佩戴方法

(4)单板安装

子架中单板需按照从左到右的槽位顺序依次安装。

单板一般采用竖插(或横插)方式插入子架，单板的上下部各有一个扳手，用于方便拔插单板。

插入单板时，按以下步骤进行：

第一步：如果子架相应槽位上装有假拉手条，首先用螺丝刀逆时针方向松开该拉手条的松不脱螺钉，将假拉手条从插框中拆除。

第二步：两手抓住拉手条上的扳手，使扳手向外翻，如图 2-1-3 所示，沿着插槽导轨平稳滑动插入单板，当该单板的拉手条上的扳手与子架接触时停止向前滑动。

第三步：使扳手向内翻，靠扳手与子架定位孔的作用力，将单板插入子架，直到拉手条的扳手内侧贴住拉手条面板。

第四步：用螺丝刀沿顺时针方向拧紧松不脱螺钉，固定单板。

注意：拔插单板时不可过快，要缓缓推入或拔出；插入单板时注意对准上下的导轨，沿导轨推入方能与背板准确对接；单板插入槽位后，不要忘记拧紧单板拉手条上的两颗松不脱螺钉，以保证单板拉手条与插框的可靠接触；插拔单板时要佩戴防静电手腕，或者戴上防静电手套。

拔出单板时，按以下步骤进行：

第一步：首先要松开拉手条上的松不脱螺钉；

第二步：两手抓住拉手条上的扳手，然后朝外拉扳手，使单板和背板上的接插件分离，缓慢拉出单板；

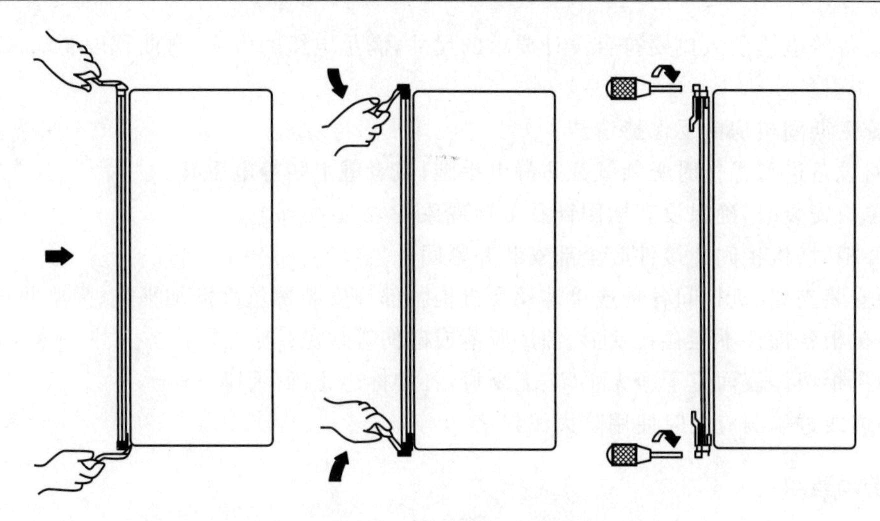

图 2-1-3　单板安装示意图

第三步:拔出单板后,把拉扳手向内翻,固定单板上的拉扳手;

第四步:拔出的单板要妥善放置,如果需要,要把假拉手条装上。

在未插单板的槽位处,需安装假拉手条,以保证良好的电磁兼容性及防尘要求,安装假拉手条时,按以下步骤进行:

第一步:将拉手条下部的卡接件正确放入到子架的定位孔中;

第二步:把假拉手条的上部卡接件推入。

卸下假拉手条时,按以下步骤进行:

第一步:向下按假拉手条上部的卡接件,把假拉手条的上部移出卡接部位;

第二步:当假拉手条与子架成一定角度后,将假拉手条抽出定位孔。

六、工序流程及操作要点

1. 工序流程

工序流程如图 2-1-4 所示。

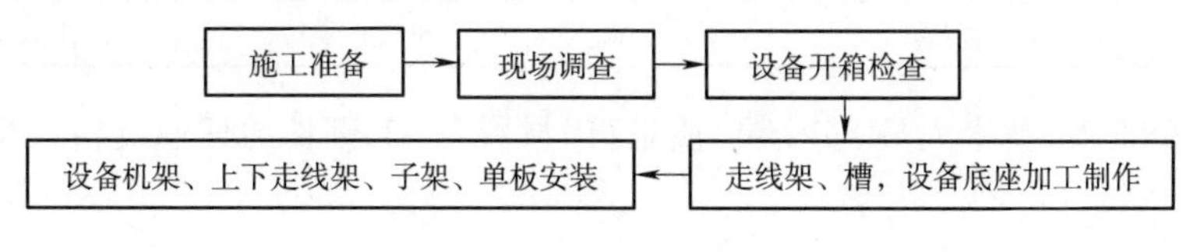

图 2-1-4　工序流程图

2. 操作要点

(1)机房内沟、槽、管、洞的位置符合设计要求。

(2)设备抗振底座及走线架的加工应做到标准化、系列化。

(3)安装后,设备的水平、垂直偏差符合要求。设备稳固可靠,插拔机盘和塞子时机架不摇晃,并保持与水平地面垂直,设备的地线连接良好。

(4)安装的电缆走线架、槽道的水平、垂直偏差符合要求。走线槽与机柜(架)连接固定时,走线槽应平直、牢固、接口平齐,走线槽内应敷设底板。走线槽应按规定与接地装置连接。走线架、槽与机柜(架)涂漆颜色应协调一致。

(5)设备的电缆引入口要符合设计要求的尺寸,满足电缆的引入、弯曲程度要求,并要保证电缆容易牵引。

(6)施工期间机房内要保持清洁。

(7)对设备进行操作时必须佩戴防静电手腕,或者戴上防静电手套。

(8)单板安装时,确保没有插倒针及偏针现象。

(9)并柜时,机柜间连接件应全部安装并紧固。

(10)安装支架、机柜间各种连接螺丝及机柜各部件安装螺丝都需加平垫、弹垫并拧紧。

(11)机柜各部件不能存在变形、油漆脱落或碰伤等现象。

(12)机柜架体表面应干净无手印、无划痕,各种标志正确、清晰、齐全。

(13)缆线过墙洞应及时使用防火泥封堵。

七、劳动组织

1. 劳动力组织方式

按现场实际采用架子队模式。

2. 人员配置

按照标准化管理要求,结合工程量大小和现场实际情况进行编制,一个作业组作业人员配置见表2-1-3。

表2-1-3　设备安装施工作业人员配备表

序　号	项　　目	单　　位	数　　量	备　　注
1	施工负责人	人	1	各组共用
2	技术人员	人	1	各组共用
3	安全员	人	1	各组共用
4	质量员	人	1	各组共用
5	材料员	人	1	各组共用
6	工班长	人	1	各组共用
7	施工及辅助人员	人	3	一个作业组
8	厂家技术人员	人	1～3	各组共用

其中施工负责人、技术人员、安全员、质量员、材料员、工班长的任职资格应满足资源配置标准化的要求。

八、主要机械设备及工器具配置

应结合工程量大小和现场实际情况进行编制,同时应满足资源配置标准化的要求。一个作业组的配置见表2-1-4。

表2-1-4　主要机械设备及工器具配置

序　号	名　　称	规　　格	单　　位	数　　量	备　　注
1	卷尺	5 m	把	2	
2	直角尺		把	2	
3	水平尺		把	1	

续上表

序　号	名　　称	规　　格	单　　位	数　量	备　　注
4	磁性线坠		套	2	
5	呆扳	8～25	套	4	各规格
6	活动扳手		把	4	
7	组合小工具		套	2	含克丝钳、斜口钳、螺丝刀等
8	铁锤、橡皮锤	0.5～1 kg	把	2	大小各1
9	钢锯弓		把	2	
10	电笔		只	2	
11	切割锯		台	1	带锯片
12	手砂轮机		台	1	带砂轮片、打磨片
13	冲击电钻		把	1	带钻头2套
14	电钻		台	1	带钻头若干
15	液压钳		台	1	带卡口模块1套
16	液压开孔器		台	1	
17	人字梯	2～3 m	把	2	
18	工作灯		套	2	
19	电源插座板		个	4	
20	电源开关箱		台	2	
21	发电机		台	1	

注：以上工具、仪表及数量仅作为参考，具体工程根据实际情况做适当调整。

九、物资材料配置

(1)各种原材料的质量要符合设计要求，到达施工现场要进行进场检验。

(2)各种设备的规格、型号、数量、质量等要符合设计要求，安装前对所有设备进行校核，合格才能使用。

(3)自购材料的要求。

按照甲方要求，对本工程自购物资负责采购、运输和保管；并对自购的材料和工程设备负责。

将各项材料和工程设备的供货人及品种、规格、数量和供货时间等报送监理单位审批。同时向监理单位提交材料和工程设备的质量证明文件，并满足合同约定的质量标准。

会同监理单位进行检验和交货验收，查验材料合格证明和产品合格证书，并按合同约定和监理单位指示，进行材料的抽样检验和工程设备的检验测试，如果监理单位发现使用了不合格的材料和工程设备，应立即依照监理单位发出的要求进行改正，并禁止在工程中继续使用不合格的材料和工程设备。

(4)甲供材料的要求。

依据进度计划的安排，提前向监理单位报送要求甲方供应材料交货的日期计划。详细列明甲供材料和工程设备的名称、规格、数量、交货方式、交货地点和计划交货日期。

接到甲方的收货通知后，会同监理单位在约定的时间内，赴交货地点共同进行验收。验收合格签认后，对甲方提供的材料和工程设备负责接收、运输和保管。如要求更改交货日期和地点的，事先报请监理单位批准后实施。

运入施工场地的材料、工程设备，包括备品备件、安装专用工器具与随机资料，专用于本工程，不挪作他用。主要物资材料配置见表2-1-5。

表2-1-5　主要物资材料配置表

序号	名称	规格	单位	数量	说明
1	各种设备机柜		个		根据工程需求确定规格及数量
2	底座		个		根据工程需求确定规格及数量
3	膨胀螺栓		个		根据工程需求确定规格及数量
4	连接螺丝		个		根据工程需求确定规格及数量
5	画笔		个		根据工程需求确定规格及数量
6	标签		个		根据工程需求确定规格及数量
7	其他材料				根据工程需求确定规格及数量

十、质量控制标准及检验

1. 质量控制标准

(1)所有设备材料到达现场进行进场检验，其型号、规格及质量符合设计要求和相关技术标准的规定。不符合规定的材料严禁使用。

(2)设备底座、机架，走线架、槽安装位置、加固方式及安装强度应符合设计要求和相关技术标准的规定；子架安装位置及单元电路板的规格、数量和安装位置应正确、无松动。

(3)机架安装稳固可靠，设备的水平、垂直偏差符合要求。

(4)安装的电缆走线架、槽道的水平、垂直偏差符合要求。走线槽与机柜(架)连接固定时，走线槽应平直、牢固、接口平齐，走线槽内应敷设底板。走线槽应按规定与接地装置连接。走线架、槽与机柜(架)涂漆颜色应协调一致。

(5)设备的电缆引入口尺寸要符合设计要求，满足后续施工要求。

(6)机柜各部件不能存在变形、油漆脱落或碰伤等现象。

(7)机柜架体表面应干净无手印、无划痕，外部漆饰完好，各种标志正确、清晰、齐全。

2. 检验

(1)根据《铁路运输通信工程施工质量验收标准》(TB 10418—2003)、《高速铁路通信工程施工技术指南》(铁建设〔2010〕241号)、《高速铁路通信工程施工质量验收标准》(TB 10755—2010)的要求进行检验。

(2)主控项目。

1)所有设备材料到达现场进行进场检验，其型号、规格及质量符合设计要求和相关技术标准的规定。对不符合规定的材料设备严禁使用。

检验数量：全部检查。

检验方法：对照设计文件检查所有设备及缆线的型号、规格以及出厂合格证等质量证明文件，并直观观察检查设备、缆线的外观，应无破损、变形等。缆线还应按要求检测其交直流电特性。

2)设备底座、机架，走线架、槽安装位置、高度、数量、加固方式及强度应符合设计要求和相关技术标准的规定。

检验数量:全部检查。

检验方法:直观检查,点验设备数量。

3)走线架、走线槽应按规定与接地装置连接。走线架、槽与机柜(架)涂漆颜色应协调一致。

检验数量:全部检查。

检验方法:观察检查,用接地电阻测试仪或万用表测试接地电阻值。

4)设备、子架安装位置及单元电路板的规格、数量和安装位置应正确、无松动。

检验数量:全部检查。

检验方法:观察检查。

5)防火封堵:所有走线架、走线槽在通过墙体或楼板处时,不得在墙壁或楼板处连接,也不应将穿过墙壁或楼板的走线架、槽与墙或楼板上的孔洞一块抹死,应在敷缆、放线完成后用防火泥封堵,并刷上与墙面相同色漆。线槽末端应加装相应的专用封堵板。

检验数量:全部检查。

检验方法:直观检查。

(3)一般项目。

1)机架安装稳固可靠,设备的水平、垂直偏差符合要求。

2)安装的电缆走线架、槽道的水平、垂直偏差符合要求。走线槽与机柜(架)连接固定时,走线槽应平直、牢固、接口平齐,走线槽内应敷设底板。

检验数量:全部检查。

检验方法:直观观察,尺量。

十一、安全控制措施

(1)针对通信设备的性能和施工特点,制定安全保障措施;开工前进行必要的安全培训,并进行安全考试,考试合格后方可上岗作业。

(2)对于既有机房,调查机房内在用设备的使用情况,制定在用设备的安全防护措施。施工过程中严禁乱动与工程无关的在用设备、设施。

(3)施工现场必须配备消防器材,通信机房内及其附近严禁存放易燃、易爆等危险物品。

(4)对于高大笨重的机架,竖立后要及时进行固定,防止倾倒造成人员及设备损伤。

(5)机架地线必须连接良好。安装有防静电要求的单元板时,应穿上防静电服或戴上接地护腕。使用防静电手腕进行定期检查,严禁采用其他电缆替换防静电手腕上的电缆。

(6)在既有通信机房内施工中需要对既有设备进行作业时,应经机房负责人同意,在机房值班人员配合下进行操作。严禁触动与施工无关的运行中的设备。

(7)新旧通信设备割接施工应编制割接方案,经有关部门审批通过后进行实施。施工时应严格按照审批通过的割接方案进行,割接过程中要确保不影响既有通信网络的正常运行。

(8)在通信机房内进行电源割接时,需将使用的工具进行绝缘处理;割接前应检查新设通信设备电源系统,保证其无短路、接地故障。

(9)进行放绑电缆、设备配线施工时,严禁攀爬走线架、走线槽、骨列架等,应使用高凳、爬梯等进行施工。

(10)强化电动工具使用安全。

(11)强化现场施工用电安全。

(12)高压、高电流电源设备,操作人员必须穿戴绝缘手套。

十二、环保控制措施

(1)设备器材开箱后,包装废弃物应统一收集,集中处理,不能乱丢乱放。

(2)设备安装时需使用充气钻等工具对墙壁、楼板打眼时,应采取措施,保证墙壁、楼板主体不被破坏,外观不受影响;同时必须采取防尘措施,保持施工现场的清洁。

(3)设备安装、配线的下脚料、废弃物、加工件刷漆剩余油漆等要统一收集,集中进行处理。每日施工结束后要进行施工现场打扫,做到人走场地清。

(4)由于质量原因或损坏不能正常使用的蓄电池,一定要返回电池厂家,严禁私自进行处理。

十三、附　表

机架安装施工检查记录表见表 2-1-6。

表 2-1-6　机架安装施工检查记录表

工程名称			
施工单位			
项目负责人		技术负责人	
序号	项目名称	检查意见	存在问题
1	机架底座加工及安装质量		
2	机架安装垂直偏差		
3	机架安装是否牢固		
4	机架安装位置是否符合设计要求		
5	防静电地板切割及恢复质量		
6	子框安装是否牢固		
7	机架安装后外观质量		
8	上线走线架安装质量		
检查结论: 检查组组员: 检查组组长: 年　月　日			

第二节　设备配线施工

一、适用范围

适用于铁路通信工程设备光电配线布放。

二、作业条件及施工准备

(1)已完成图纸审核、技术交底、安全培训和操作培训(要求考试合格)。

(2)已完成缆线径路确定,缆线布放径路上的管孔、槽、架安装到位,并符合质量要求。

(3)已按设计图纸及规范要求,将通信设备安装到位,上走线及下走线方式已确定。

(4)通信配线进入各相关专业机房的安全配合协议已签定。

(5)相关人员、物资、施工机械、工器具及测试仪器仪表已经准备到位。

三、引用施工技术标准

(1)《铁路通信工程施工技术指南》(TZ 205—2009);

(2)《铁路运输通信工程施工质量验收标准》(TB 10418—2003);

(3)《高速铁路通信工程施工技术指南》(铁建设〔2010〕241 号);

(4)《高速铁路通信工程施工质量验收标准》(TB 10755—2010)。

四、作业内容

电源线地线布放及成端;尾纤布放及连接;同轴电缆布放及成端;数据与音频电缆布放及成端;网线布放及成端。

五、施工技术标准

1. 电源线地线布放及成端

(1)交流电源配线

单相交流电源线一般采用 ZR-BVR $3\times6\sim16$ mm^2(按设计要求)三芯阻燃铜芯 BV(BVR)电缆线料,两端成端时注意三根芯线的颜色,红色(或暖色)线接火线(L),蓝色(或冷色)线接零线(N),黄/绿双色线接保护地(P);三相交流电源线一般采用 ZR-BVR $5\times6\sim$16 mm^2(按设计要求)五芯阻燃铜芯 BV 电缆线料,成端时注意五根芯线的颜色,黄色线接 A 相,绿色线接 B 相,红色线接 C 相,蓝色线接零线 N,黄/绿双色线接保护地(P)。电源线芯线间和芯线对地的绝缘电阻不应小于 1 MΩ,布放时应与音频、数据、2M 中继线分开布放,间隔距离不应小于 50 mm,若实在无法避开时可把交流电源线穿金属屏蔽软管防护。布放连接交流引入线应从通信电源设备侧的用户配电开关开始布线到电力交流配电箱(柜);成端时先成端通信电源柜的用户配电端子,最好在准备通电时再成端接入电力交流配电箱(柜)的配电开关输出接线端;交流引入端为空气开关时,接线端头可加装方头接线子,然后插入接线孔内用压接螺丝拧紧。地线可加装铜线鼻子,用螺丝加平垫和弹垫固定连接在地线排上。配电处应具有过流、短路、雷击等保护装置,配电开关的容量应不低于实际容量的 2 倍。交流电缆线两端要做好工程标识,且与直流线、2M 线、音频线、数据线等分开布放、绑扎,绑扎要顺直,线扣间距要均匀、松紧要适中，中间严禁有接头。

(2)直流电源配线

直流电源配线一般采用 ZR-BV 1×16～120 mm^2(按设计要求)单根多股阻燃 BV 线，现在的通信设备一般采用－48 V 直流电源供电；直流电源工作地(正极)、负极线的区分国际通用黑色—工作地(正极)、蓝色—负极；我国习惯用红色线做正极，蓝色线做负极。电源线的截面积根据设备用电量的大小而定，按设计要求即可。电源连接配线的要求是安全、可靠，所用线缆绝缘层应无破损、受潮发霉或老化现象，配线的走线方式和布放径路应合理规范，配线中间不得有接头。在做连接配线前，先将电源所有开关、熔断器置于断开位置。

按工程设计图纸要求，把各通信设备所需电源线从用电通信设备侧按顺序依次布放、绑扎到直流电源柜的相应直流配线端口位置；绑扎线缆要顺直，线扣间距要均匀、松紧要适中。电源线应先成端新装通信设备侧，再成端供电电源柜侧，根据各用户设备用电大小接在相应的空开或熔断器接线端子上。并给各用户所配线缆两端做相应的标签，空开或熔断器上应标识用电设备名称。

做蓄电池线连接时，所用工具都要做绝缘处理，以防作业时碰到机壳或带电端子造成短路；电池组的正、负极应连接正确，连接电缆应尽可能短。未连接的端头要做绝缘处理。和电源柜接线端子连接时要确认电池熔断器或开关在断开位置，方可进行连接操作。蓄电池组连线时，应先做电池间连接，整组电池连接好后，要先测试一下整组电池的电压，确认一切正常后再连接电池组的正、负极连接线。各连线连接要紧固，确保接触良好。

(3)地线连接

所用地线的线径规格要符合设计的要求。连接前先按以下要求进行检查：

1)检查防雷地：用万用表测量防雷器接地端子和机柜内接地汇流排是否短路，如果没有短路，则须用 16 mm^2 以上的铜芯电缆将防雷器接地端子与系统内的接地回流排短接。

2)检查工作地：用万用表测量工作地端子和机柜内接地汇流排是否短路，如果没有短接，则须用 16 mm^2 以上的铜芯电线将工作地端子与系统内的接地汇流排短接。

3)检查保护地：用万用表测量保护地端子及机壳和机柜内保护接地汇流排是否短路，如果没有短接，则须用 16 mm^2 以上的铜芯电线将保护地端子及机壳与系统内的接地汇流排短接。

确认机柜内各接地端子和接地汇流排连接正常后，即可用设计要求的黄/绿双色阻燃 BV 线从各设备保护地线排布放到接地装置系统相应地线盘(盒)的保护地线排；电源柜还要增加一条同规格的黑色阻燃 BV 线到接地装置系统相应地线盘(盒)的工作地线排；设置联合地线的直接接到联合电线接线排。

接地导线上严禁装设开关和熔断器，地线的中间不得有接头。

地线两端成端用铜鼻子制作一般采用冷压或焊接，冷压制作一定要保证铜鼻子穿线管孔内径与地线的铜芯线线经及压接钳的卡孔模块规格相适应，根据铜鼻子管筒的长短错开位置压接 2～3 处，确保压接紧固、连接可靠；焊接时也要先把铜芯线表面打磨除去氧化层后穿进铜鼻子管筒内用钳子适量压紧一下，然后用大功率电烙铁(300 W 左右)或小喷灯、焊枪加热焊接，一定要让焊锡充分熔化并灌满铜鼻子管筒使铜芯线与铜鼻子熔成一体，端头焊面要光滑无毛刺。

铜鼻子冷压或焊接后，其管筒外部都要加热缩绝缘管热缩防护。

把做好的铜鼻子用固定螺丝加平垫和弹垫片牢固地连接到相应的端子上，线缆在端头做适量预留，不得使设备端子受到机械应力，然后把所布地线进行固定绑扎，绑扎要顺直，线扣间距要均匀、松紧要适中。

地线绑扎完毕，在地线两端做好正式标签。

一个接线柱上安装一个铜鼻子，特殊情况确需在一个接线柱上安装两根或两根以上的电缆时，线鼻一般不得重叠安装，应采用交叉或背靠背的安装方式；重叠安装时 应将线鼻做成45°或 90°处理并且将较大线鼻安装于下方，较小线鼻安装于上方，如图 2-2-1 所示。

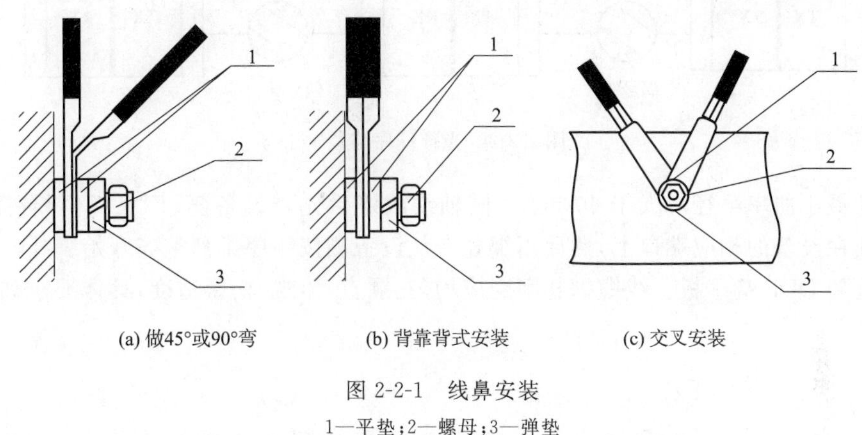

图 2-2-1　线鼻安装

1—平垫；2—螺母；3—弹垫

2. 尾纤布放及连接

光尾纤布放前应先把每条尾纤两端编号，标示清楚；如传输设备的尾纤一般是厂家专配，两端插头不一样，尾纤布放前应先把每条尾纤两端编号区分，然后把到同一方向同一设备的尾纤分端别依次放开，然后穿上按所需长度裁截好的波纹管，并在波纹管两端端口包缠 2～3 层塑料粘胶带包住保护管端口，以防抽拉管内尾纤时挂伤尾纤。

由设备光端口侧布放到光配线架 ODF 上（一般尾纤只在设备侧做适量预留，其他多余的长度都预留到 ODF 尾纤收容盘上）；尾纤在柜外布放时都要加管防护（通信机房在防静电地板下走线方式时，可根据设计要求和实际需要考虑安装光纤专用线槽加以防护）。波纹管穿进机柜内的长度约 300 mm（以波纹管能在柜内绑扎固定为宜）。布放路径应合理规范，尾纤在转弯或收容时其弯曲半径应大于 50 mm。

架内布放的尾纤应用缠绕管缠绕防护；把布放到位的尾纤端头用专用擦拭纸或酒精棉球擦拭干净，对准相应端口（尾纤端头的定位卡片对准光端口的卡槽）轻轻插入到位（带螺丝的轻轻拧紧螺帽，带锁卡的要听到轻轻的回卡声）；光纤排列、收容应整齐有序，绑扎要适度松一点，不准用扎带直接绑扎无防护的尾纤。

传输系统的光纤纤序连接要符合设计要求，如设计无要求，则全线采用统一的连接方法；按照纤序“奇数”纤号连接上行站“光发送口”，“偶数”纤号连接上行站“光接收口”，与之相应“奇数”纤号连接下行站“光接收口”，“偶数”纤号连接下行站“光发送口”，如图 2-2-2 所示。

3. 同轴电缆布放及成端

同轴线的配线分传输侧同轴线和用户侧同轴线，它们都配到数字配线架 DDF 上，再进行分配对接。布放前应先根据各设备所用线缆的长短进行裁截，并把每条同轴线缆给以编号区分，然后按先后顺序布放，先放传输设备到 DDF 架的同轴线，再按 DDF 架先后分配顺序布放其他用户设备的同轴线；大型的程控交换机房内专设 DDF 架，传输、交换两 DDF 架间再放同轴线跳接；同轴线缆布放路径及位置应合理规范，线缆排列整齐，穿越障碍物或转弯时要有专人负责防护以免损伤线缆外皮，线缆转弯应均匀圆滑，外部弯弧切线保持垂直或水平成直线。

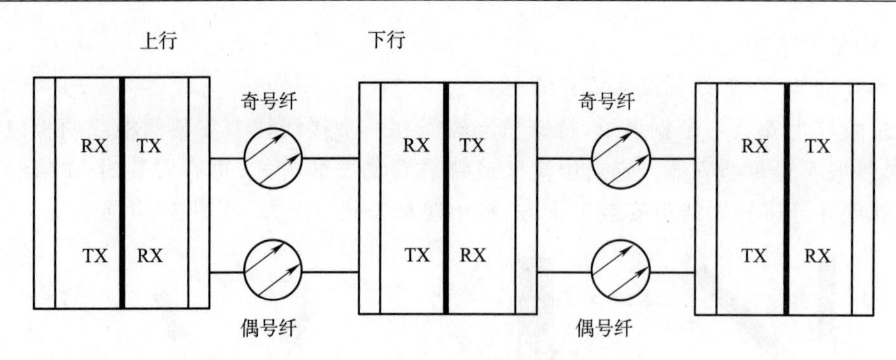

图 2-2-2 光纤纤序连接

线缆转弯的最小曲率半径应大于 60 mm。同轴线放好后先将设备侧(厂家提供)各条线缆端头按顺序插在设备的相应端口上,然后用绑扎带从设备侧按顺序排列整齐开始绑扎,一直绑扎到数字配线架 DDF 端子板。线缆绑扎间距应均匀、顺直、美观、松紧适度,具体要求如图 2-2-3 所示。

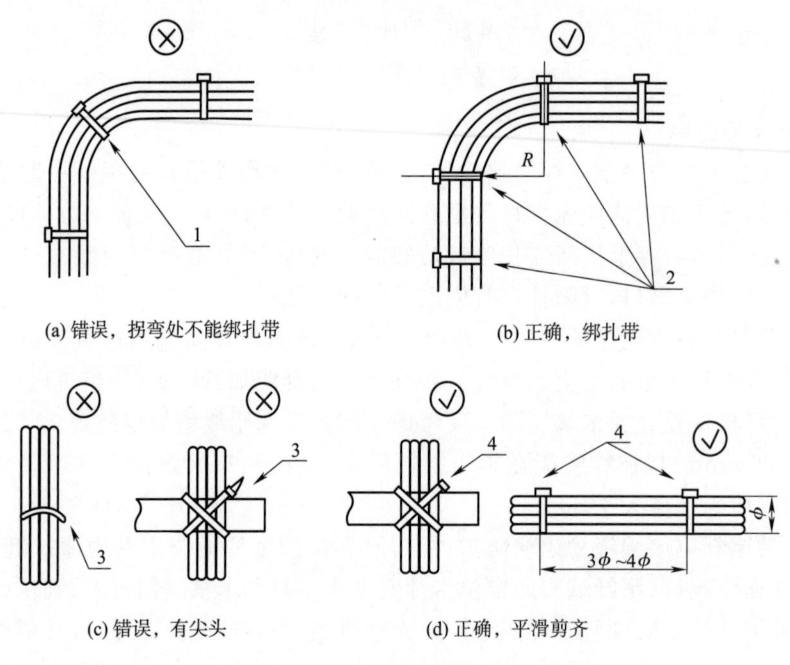

图 2-2-3 线缆绑扎

同轴配线电缆中间不得有接头,内外导体线间绝缘电阻应大于 1 000 MΩ(不带设备端子)。然后编把出线,经对号确认无误后再剪断多余的长度(使每根线的预留长度尽量保持一致),然后按规范要求做头成端,制作端头时一定要注意内外导体开剥尺寸(使做好后的同轴头不得有外导体暴露),内导体在焊接时不得与外导体混线,端头内导体焊点要光滑无毛刺,无虚焊、假焊;外导体压接要牢固可靠。端头全部做好后再经对号、绝缘测试确认一切正常后方可接到相应端子上。

同轴头做好后要在两端贴上标签,DDF 侧应在距同轴头尾部约 30 mm 处粘贴标识标签,标签制作格式及标示方法应清楚、规范,既标明同轴电缆的本端连接位置,又显示同轴电缆的对端位置及用途,避免混淆。

4. 数据与音频电缆布放及成端

数据与音频配线大致分为设备内线侧配线和用户外线侧配线；设备内线侧配线接内线端子板，用户外线侧配线接外线端子板；根据设计图纸及预先编制好的实际应用分配台账、端子跳线表，把内、外线端子板通过跳线跳通。布放前，要对所用线缆进行对号和绝缘电阻测试，芯线应无错线、断线、混线、绝缘等不良现象。电缆外观要完整，无老化损伤，无发霉受潮现象，配线(缆)中间不得有接头。配线电缆其芯线间绝缘电阻应大于 50 MΩ(不带端子)。缆线布放时应先把每条线缆给以编号区分，然后按先后顺序布放，布放路径及位置应合理规范，电缆排列整齐，穿越障碍物或转弯时要有专人负责防护以免损伤电缆外皮，电缆转弯均匀圆滑，外部弯弧切线保持垂直或水平成直线。电缆转弯的最小曲率半径大于 60 mm，63 芯以上电缆的曲率半径不应小于电缆直径的 5 倍。线缆放好后将各条线缆端头按顺序插在设备的相应端口上，然后用绑扎带从设备侧按顺序排列整齐开始绑扎，一直绑扎到音频配线架 VDF 端子板。线缆绑扎间距均匀、顺直、美观、松紧适度，具体可参见同轴电缆的绑扎。然后编把出线，编扎电缆芯线应符合下列要求：电缆剖头长度应符合使用要求，开剥不得损伤芯线绝缘，宜保持电缆芯线的扭绞，分线应按色谱顺序，出线在把子内侧尽量保持在一条线上，线扣间距均匀，顺直美观。预留的芯线长度应满足更换编线最长芯线的要求。线把子编好后经对号确认无误后再剪断芯线多余的长度(使每根线的预留长度尽量保持一致)，然后上线成端。

电缆配线成端连接常用两种方式：(1)焊接：焊接时芯线绝缘应无烫伤、开裂及后缩现象，绝缘层离开端子边缘露铜不得大于 1 mm，焊点饱满圆滑无毛刺，无虚焊假焊现象；(2)卡接：卡接电缆芯线必须使用与卡接模块相适应的专用卡线刀，所卡芯线线径应符合卡接端子的要求。上线时应确保端子与线缆芯线连接良好，上线前后都要做对号检查，保证其上线正确、接触良好，避免因配线与端子接触不良造成故障。

插接架间电缆时应按设计文件进行，走向及路由符合厂家规定，架间电缆及布线两端要有明显标识，不得错接、漏接，插接部位紧密牢靠，接触良好，插接端子不得有折断或弯曲现象，架间电缆及布线插接完毕后应进行整理，保持外观平直整齐，并有适量预留，不得使设备插接端子受到机械应力。

5. 网线布放及成端

布放、绑扎操作同音频线。网线跳接要用网线专用的连接端子模块，卡线要用专用的卡线刀。成端用 8 芯水晶头由专用网线钳压接；网线分平行网线和交叉网线，平行网线是两端所做水晶头的线序一样，其排列顺序是：1：白/橙，2：橙，3：白/绿，4：蓝，5：白/蓝，6：绿，7：白/棕，8：棕；交叉网线是一端的做法同平行网线，另一端的线序是 1、3 对调，2、6 对调，其排列顺序是：1：白/绿，2：绿，3：白/橙，4：蓝，5：白/蓝，6：橙，7：白/棕，8：棕。网线水晶头做好后要用网线测试仪测试确认一切正常方可。网线制作步骤如图 2-2-4 所示。

六、工序流程及操作要点

1. 工序流程

工序流程如图 2-2-5 所示。

2. 操作要点

(1)各种类型的光电缆线在布放时都要提前进行径路走向规划，以减少线缆间无法避免的交叉，并结合现场实际，做好交叉防护。

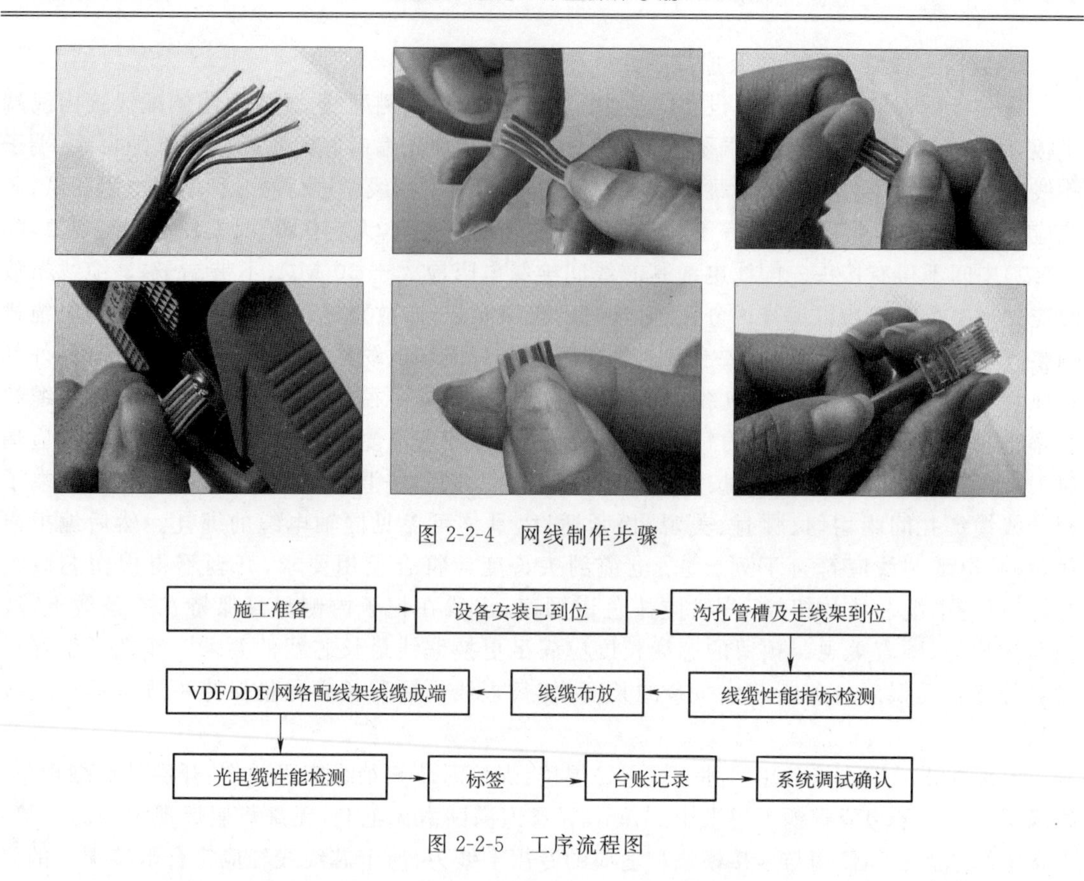

图 2-2-4　网线制作步骤

图 2-2-5　工序流程图

(2)同轴头的成端是否合格,是系统调试中的一个非常关键的因素,一定要对成端质量、线序采取有效的保证措施,万用表测试、误码表测试、系统调试是保证成端质量是否合格的三个阶段。

(3)必须保证光纤布放时的弯曲要求。数据线缆与其他强电线缆和外辐射线缆的有效距离均应达到严格的保证。

(4)光设备尾纤的布放要求:一是弯曲半径符合要求,切不可扭绞;二是尾纤与 ODF 适配器的连接一定要用无水乙醇清理,且适配器槽口方位准确;三是尾纤要有有效的保护,管槽的封堵、设备孔的封堵一定要到位,切防老鼠破坏。光缆及尾纤进入设备机架内须单独布放并用垫衬固定,机架外用塑料槽或蛇皮管进行防护,不得挤压和受扭力,并不得与其他配线交叉捆绑在一起。

(5)线槽内敷设时,不得溢出。

(6)防静电地板下敷设时,应留有净空。

(7)布线应尽量使设备侧整齐,且留一定余量,长度统一。

(8)敷设好的缆线两端应有标签,标明型号、长度及起止设备名称等必要信息,标签采用不易脱落的材料。

(9)室内各种配线不得接头。

七、劳动组织

1. 劳动力组织方式

按现场实际采用架子队模式组织。

2. 人员配置

按照标准化管理要求，结合工程量大小和现场实际情况进行编制，一个作业组作业人员配置见表2-2-1。

表2-2-1　设备布线安装施工作业人员配备表

序号	项目	单位	数量	备注
1	施工负责人	人	1	各组共用
2	技术人员	人	1～3	各组共用
3	安全员	人	1	各组共用
4	测试人	人	1	各组共用
5	材料员	人	1	各组共用
6	工班长	人	1	根据工程量大小调整
7	技术工人	人	3～5	根据工程量大小调整

八、主要仪器仪表及工具配置表

主要仪器仪表及工具配置见表2-2-2。

表2-2-2　主要仪器仪表及工具配置表

序号	名称	数量	备注
1	误码测试仪	1台	
2	光源	2台	
3	光功率计	2台	
4	网线对号器	3个	
5	兆欧表	1台	
6	万用表	若干	
7	同轴头制作专用工具	若干	
8	网线头制作专用工具	若干	
9	音频卡线专有工具	若干	
10	其他通用施工工具	若干	

九、主要物资材料配置

主要物资材料配置见表2-2-3。

表2-2-3　主要物资材料配置表

序号	名称	规格	单位	数量	备注
1	各种所需光电配线		m/条		根据工程需求确定规格及数量
2	PVC硬管		m		根据工程需求确定规格及数量
3	PVC软管		m		根据工程需求确定规格及数量
4	波纹管		m		
5	塑料胶带		卷		根据工程需求确定规格及数量

续上表

序号	名　称	规　格	单　位	数　量	备　注
6	塑料绑扎带		m		根据工程需求确定规格及数量
7	标签		m		根据工程需求确定规格及数量
8	管孔封堵等其他材料		项		根据工程需求确定规格及数量

十、质量控制标准及检验

1. 质量控制标准

(1)通信配线光电缆及其成端配件等物资到达现场后应做进场检验,其型号、规格、质量应符合设计要求及相关技术标准规定。

(2)对所有光电配线缆进行单盘检验,测试方法和测试指标应符合设计要求及相关技术标准的规定。

(3)光电线缆的敷设径路及走向应符合设计文件及相关技术标准要求。

(4)光电线缆敷设质量符合设计及规范要求。

(5)光电线缆成端后要进行有效的测试,指标符合设计及规范要求。

(6)DDF、ODF、VDF、MDF、网络配线架各端口标识明确,通信设备接入端口标识明确,各线缆缆身标识明确。

(7)设备安装配线台账应及时更新,保持准确无误,各图纸之间相互关联应齐全、完整、准确。

2. 检验

(1)根据《铁路运输通信工程施工质量验收标准》(TB 10418—2003)、《高速铁路通信工程施工质量验收标准》(TB 10755—2010)的要求进行检验。

(2)主控项目。

1)通信设备配线用的光纤、电缆,其型号、规格及质量应符合设计要求。

检验数量:全部检查。

检验方法:对照设计文件检查出厂合格证等质量证明文件,并观察检查外观,测试电缆和电线的直流特性。

2)电源端子配线应正确,配线两端的标志应齐全。

检验数量:全部检查。

检验方法:观察检查。

3)机架地线必须连接良好,接地电阻应符合设计要求。

检验数量:全部检查。

检验方法:万用表测量。监理单位见证试验。

4)配线电缆和电线的芯线应无错线或断线、混线,中间不得有接头。电缆芯线间的绝缘电阻不应小于 50 MΩ。

检验数量:监理见证抽验 10%。

检验方法:用万用表检查断线、混线,用 500 V 兆欧表测量绝缘电阻。监理单位见证试验。

5)音频配线电缆近端串音衰减不应小于 78 dB。

检验数量:监理见证抽验 10%。

检验方法：用串音衰减测试器或用振荡器、电平表测量。监理单位见证试验。

6)尾纤型号规格应符合传输要求，在地沟、地槽上布放应设保护管，保护管引入机柜高度不少于30 cm。尾纤应使用软扎丝绑扎和固定。尾纤预留应盘放在ODF架的预留盘中。尾纤的弯曲半径应不小于40 mm。

检验数量：全部检查。

检验方法：直观检查、用光万用表测试光纤。监理单位见证试验。

(3)一般项目。

1)设备配线沿走线架、走线槽、地槽布放应摆放顺直，无交叉。配线电缆的转弯曲率半径不得小于电缆外径的10倍，尾纤的弯曲半径应不小于40 mm。

检验数量：全部检查。

检验方法：直观观察、尺量检查。

2)电缆芯线的编扎应保持电缆芯线的扭绞，分线应按色谱顺序，余留的芯线长度应符合更换编线最长芯线的要求。

检验数量：全部检查。

检验方法：观察检查。

3)设备配线采用的焊接、卡接或绕接质量应符合验标规定。

检验数量：全部检查。

检验方法：观察检查。

4)尾纤插接应紧固、旋紧。

检验数量：全部检查。

检验方法：观察检查。

十一、安全控制措施

(1)针对设备配线的施工特点，制定安全保障措施；开工前进行必要的安全培训，并进行安全考试，考试合格后方可上岗作业。

(2)配备合格的安全员，根据设备安装的特点制定各项安全管理措施，开工前根据当前工作内容，进行重点的安全提示。

(3)进入相关专业机房，必须签定相应的安全协议。并遵照相关专业机房的安全要求进行施工。

(4)机房用电必须确保用电安全，严格按用电操作规程用电，既有机房用电必须保证既有设备的安全运行。使用临电电源接驳操作必须由专业电工持证操作。

(5)终端设备的安装及配线需要进行高处作业，要经过专门培训并考核合格，持证上岗。施工过程中要严格执行相关操作规程及规定。

(6)施工用的高凳、梯子、人字梯等，在使用前必须认真检查其牢固性。梯外端应采取防滑措施，并不得垫高使用。

(7)施工现场必须配备消防器材，机房内及其附近严禁存放有毒、易燃、易爆等危险物品。

十二、环保控制措施

(1)制定机房环境卫生的保障措施，配备必要的工具设施。

(2)机房设备安装，必须采取防尘措施，保持施工现场的清洁。

(3)仪表使用过的废旧电池以及线缆开箱后的包装废弃物应统一收集,集中处理,不能乱丢乱放。

(4)保持施工现场的环境整洁,各种剩余缆线在施工完成后要及时清场。

十三、附　　表

设备配线施工检查记录表见表 2-2-4。

表 2-2-4　设备配线施工检查记录表

工程名称			
施工单位			
项目负责人		技术负责人	
序号	项目名称	检查意见	存在问题
1	配电箱至电源柜电源线检查		
2	电源柜至各机柜电源线检查		
3	光纤保护、弯曲半径及走向检查		
4	机柜间数据缆线弯曲、绑扎情况检查		
5	所有缆线标签标识检查		
6	机柜间配线对号、绝缘检查		
7	机柜配线插接件固定检查		
8	桥架、槽道盖板恢复检查		
检查结论: 检查组组员: 检查组组长: 年　　月　　日			

第三节　传输设备调试

一、适用范围

适用于铁路通信工程传输系统调试作业。

二、作业条件及施工准备

(1)已完成图纸审核、技术交底和安全培训(要求考试合格)。

(2)熟悉系统组网方式,核对各业务点的业务种类、数量、功能及实现方案。

(3)设备硬件安装、配线、测试施工已经完成。

(4)机房设备供电条件、机房环境符合要求。

(5)防护措施已完善,与相关单位签订了施工安全配合协议。

(6)相关人员、物资、施工机械及工器具已经准备到位。

三、引用施工技术标准

(1)《铁路通信工程施工技术指南》(TZ 205—2009);

(2)《铁路运输通信工程施工质量验收标准》(TB 10418—2003);

(3)《高速铁路通信工程施工技术指南》(铁建设〔2010〕241号);

(4)《高速铁路通信工程施工质量验收标准》(TB 10755—2010)。

四、作业内容

设备安装配线检查;电源及数据线配线检查;设备接地检测;设备硬件检查;网管软件检查;单机调试;系统调试;系统功能试验;网管功能试验。

五、施工技术标准

1. 设备安装配线检查

(1)机柜安装位置正确,符合施工图纸的要求。

(2)多个机柜安装应该平齐,每个机柜必须水平、稳固,设备的水平、垂直偏差符合施工技术指南要求。

(3)所有电源、地线、光缆、尾纤、同轴线、网线及音频线、同轴线等缆线规格型号符合图纸要求,连接正确,无错接漏接。

(4)所有线缆敷设、成端满足施工技术指南要求。

(5)各种配线标识清晰明了,尽量采用电脑打印字体制作标签。

(6)机柜内没有其他杂物。

2. 电源接地检测

(1)设备电源线、地线连接完毕。

(2)检查设备的交直流电压、容量、极性、接地指标满足技术要求。

3. 设备硬件检查

(1)子架接地良好,防静电手环已安装。

(2)检查所有单板,型号、数量、槽位正确,单板应插到底且单板拉手条正常扣好,稳固不松动。

(3)子架及所有单板的供电开关置于OFF。

(4)子架内无其他杂物。

4. 网管软件检查

(1)网管服务器及客户端软硬件安装完毕,所有软件为正版软件,版本满足设备要求。

(2)用于调试的便携机软件正常。

(3)厂商授权 license 文件已到位。

5. 单机调试

(1)光接口性能应满足下列要求：

1)光接口的平均发送光功率、接收机灵敏度、过载光功率和反射系数应符合相关技术标准的规定。

2)光输入口接收信号允许频偏不应大于$\pm 20\times 10^{-6}$。

3)SDH 设备输出 AIS 信号的速率偏差对于再生器在范围$\pm 20\times 10^{-6}$内；对于复用器，在保持工作方式下在范围$\pm 0.37\times 10^{-6}$内，在自由振荡工作方式下在范围$\pm 4.6\times 10^{-6}$内。

4)光线路接口—光线路口通道连通性应符合测试标准的规定。

(2)电接口性能应满足下列要求：

1)电接口输出信号(包括 AIS)比特率、输入口允许频偏应满足相关技术标准的规定。

2)支路口—支路口通道连通性应符合测试标准的规定。

3)低阶、高阶通道端到端连通性应符合测试标准的规定。

(3)设备抖动性能应满足下列要求：

1)SDH 设备的网络 STM-N 输入口的抖动容限应符合相关技术标准的规定。

2)PDH 支路输入口抖动容限应符合相关技术标准的规定。

3)再生器抖动传递函数特性应符合相关技术标准的规定。

4)SDH 设备的映射抖动：设备解复用侧接收没有指针活动的 STM-N 信号时，在 PDH 支路输出口所产生的抖动应符合相关技术标准的规定。

5)SDH 设备的结合抖动：支路映射和指针调节结合作用，在设备的解复用侧 PDH 支路口所产生的抖动应符合相关技术标准的规定。

6)光接口输出抖动应符合相关技术标准的规定。

7)指针调节应符合相关技术标准的规定。

(4)基于 SDH 的多业务节点(MSTP)的以太网接口性能应满足下列要求：

1)以太网物理接口各项指标应符合相关技术标准的规定。

2)以太网透传功能的性能指标应符合相关技术标准的规定。

3)以太网二层交换功能的性能指标应符合相关技术标准的规定。

6. 系统调试

(1)光通道性能应符合下列要求：

1)R 点接收光功率为：

$$P_1 \geqslant P_R + M_c + M_e$$

式中 P_1——实际测得光功率(dBm)；

P_R——光接收机灵敏度(dBm)；

M_c——光缆线路余量(dB)；

M_e——光设备余量。

2)STM-1、4、16 系统光缆 S 点回波损耗应符合相关技术标准的规定。

(2)SDH 系统抖动性能应符合下列要求：

1)SDH 网络输出口和数字段输出口的输出抖动性能应符合要求。

2)SDH 网络和数字段 STM-N 输入口的抖动容限应符合相关技术标准的规定。

3)PDH 网络输出口的输出抖动应满足要求。

(3)SDH 系统误码性能参数指标应符合相关技术标准的规定。

(4)基于 SDH 的多业务节点(MSTP)系统以太网透传和交换的以下性能应符合设计要求:系统端口吞吐量;系统丢包率;系统数据传输时延;系统长期丢包率。

7. 系统功能试验

(1)对于 STM-16 及以上高速率的 SDH 设备接收系统未收到光信号时,激光器应能自动关闭。

(2)SDH 设备接收到各种告警信号后,应向上游和下游发出相应的告警响应信号,并应符合要求。

(3)当出现下列情况之一时,系统应进行复用段保护或通道保护倒换,其保护倒换时间小于或等于 50 ms,恢复方式下的等待时间为 5～12 min。信号丢失(LOS);帧丢失(LOF);告替指示信号(AIS);超过门限的误码缺陷;指针丢失(LOP)。

(4)人为插入各种告警,系统应能正确响应及显示提示。

(5)按照组网方式,进行复用段保护、通道保护试验。

(6)各站勤务电话编号符合设计要求,选址方式呼叫正确;声音清晰,无杂音;群呼方式符合设计要求。

(7)基于 SDH 的多业务节点(MSTP)应具有下列以太网透传功能:

1)保证以太网业务的透明性,包括以太网 MAC 帧、VLAN 标记等的透明传送;

2)以太网数据帧的封装采用 PPP 协议、LAPS 协议或 GFP 协议;

3)传输链路带宽可配置;

4)数据帧可采用 ML-PPP 协议封装或采用 VC 的连续级联/虚级联映射来保证数据帧在传输过程的完整性。

(8)基于 SDH 的多业务节点(MSTP)应具有下列以太网二层交换功能:

1)保证以太网业务的透明性,包括以太网 MAC 帧、VLAN 标记等的透明传送;

2)以太网数据帧的封装采用 PPP 协议、LAPS 协议或 GFP 协议;

3)传输链路带宽可配置;

4)数据帧可采用 ML-PPP 协议封装或采用 VC 的连续级联/虚级联映射来保证数据帧在传输过程的完整性;

5)转发/过滤以太网数据帧;

6)根据 VLAN 信息转发/过滤数据帧;

7)提供自学习和静态配置两种可选方式维护 MAC 地址表;

8)支持生成树(STP)协议;

9)支持以太网端口流量控制;

10)支持链路聚合。

8. 网管功能试验

(1)网管系统的基本功能应符合下列要求:

1)用户界面简洁、友好,界面显示为中文或英文。

2)网管能访问所有网元;在工作站的一个窗口上,能监视整个被管理的网络。

3)支持本地接入和远程接入;支持多用户同时操作。

4)能够实时打印、存储。

5)备份软件和数据,当安全受到侵扰、软件差错、电源失效恢复后,能利用备份文件恢复业务。

(2)网管系统应具有下列管理功能:

1)配置管理功能:对网元数据、保护功能、时钟进行配置;检查配置数据的合法性与一致性;查询/打印配置数据。

2)故障管理功能:支持设备告警、服务质量告警、通信告警、环境告警及处理失败等告警类型;支持紧急告警、主要告警、次要告警、提示告警、未确认告警等告警级别;能够实现告警收集与显示、故障定位、告警查询与统计、告警确认与清除、告警过滤、告警同步等。

3)性能管理功能:能在指定的时间段内以指定的监测周期对指定的监测对象进行性能参数测量,包括设定/查询性能监测参数;设置性能参数门限;查询性能数据;存储性能数据生成报表等。能自动存储、报告15MIN和24H两类性能事件参数。

4)安全管理功能:包括用户管理、访问权限控制、操作日志管理、登录日志管理等。

六、工序流程及操作要点

1. 工序流程

工序流程如图2-3-1所示。

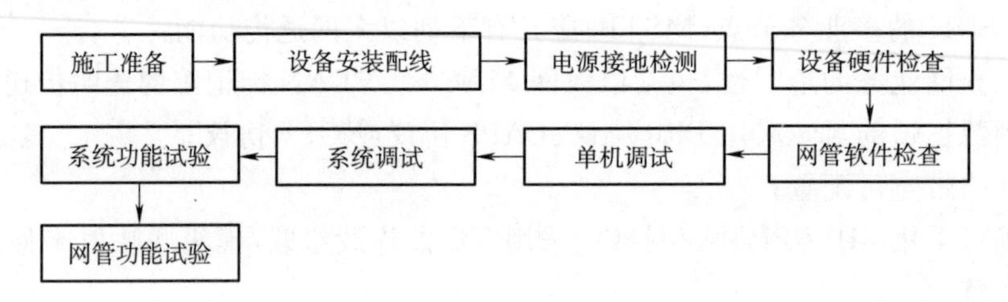

图2-3-1　工序流程图

2. 操作要点

(1)在设备安装配线检查时,应重点检查机柜是否稳固,避免插拔机盘时机柜晃动。

(2)线缆的型号、规格、敷设方式及防护等应符合设计要求和使用要求。

(3)电源接地检测时,应重点检测电源端子的连接位置、极性是否正确,交直流电压值是否正常,接地是否良好。

(4)在既有电源设备内进行电源线连接时,所使用的工具必须做好绝缘处理。

(5)设备硬件检查时确认所有单板的型号、数量、槽位正确,拨码开关设置正确,子架内无其他杂物。

(6)网管软件检查时重点确认操作系统及软件正常,有相应的license文件及权限。

(7)单机调试、系统调试时应重点做好发光功率、接收灵敏度、R点接收光功率及光口电口的通断测试,且100%测试。光口环回时必须加相应的衰耗器,严禁直接环回,严禁眼睛直视光口。操作时必须佩戴防静电手环。不能热插拔的机盘严禁带电插拔。各功能单元板指示灯指示正常,设备散热风扇开启运转正常。测试仪表必须和被测设备共地。

(8)系统功能试验时应重点做好业务保护倒换功能、告警功能、定时基准源倒换功能、勤务电话功能等的试验。

(9)网管功能试验时应重点做好误码性能监测功能、性能管理功能、故障管理功能、配置管理功能、安全管理功能的试验,以及网管声光提示功能的试验。

七、劳动组织

1. 劳动力组织方式

按现场实际采用架子队管理模式。

2. 人员配置：

按照标准化管理要求，结合工程量大小和现场实际情况进行编制，一个作业组作业人员配置见表 2-3-1。

表 2-3-1　传输设备调试施工作业人员配备表

序　号	项　　目	单　位	数　量	备　　注
1	施工负责人	人	1	
2	技术人员	人	1～3	
3	安全员	人	1	
4	质量员	人	1	
5	材料员	人	1	
6	工班长	人	1～3	
7	施工及辅助人员	人	若干	根据工程量大小及施工环境确定
8	厂家技术人员	人	1	

其中施工负责人、技术人员、安全员、质量员、材料员、工班长的任职资格应满足资源配置标准化的要求。

八、主要机械设备及工器具配置

主要机械设备及工器具配置见表 2-3-2。

表 2-3-2　主要机械设备及工器具配置表

序　号	名　　称	规　　格	单　位	数　量	备　　注
1	越野乘用车		辆	1	
2	SDH 测试仪		台	1	
3	笔记本电脑		台	1	
4	光源、光功率计		套	1	
5	规程及误码测试仪		台	1	
6	光万用表		台	2	
7	光可变衰耗器		台	1	
8	光固定衰减器	5 dB	个	10	
9	光回损测试仪		台	1	
10	PCM2Mb/s 测试仪		台	1	
11	接地电阻测试仪		台	1	
12	光时域反射仪		台	1	
13	网线通断器		套	1	
14	万用表		块	2	

续上表

序　号	名　　称	规　　格	单　　位	数　　量	备　　注
15	兆欧表		块	1	
16	梯子		把	1	
17	适用工具		套	3	

注：以上主要设备机具仅作为参考，具体根据工程实际情况来配置。

九、物资材料配置

所用物资材料配置应符合设计要求，具体见表2-3-3。

表2-3-3　物资材料配置表

序　号	名　　称	规　　格	单　　位	数　　量	备　　注
1	尾纤	5 m/条	条	10	
2	同轴跳纤	5 m/条	条	10	
3	网线	5 m/条	条	5	
4	移动式电源插座	交流220 V	个	2	
5	无水乙醇	500 mL/瓶	瓶	5	
6	脱脂棉球		包	2	

十、质量控制标准及检验

1. 质量控制标准

(1)所有设备材料到达现场进行进场检验，其型号、规格及质量符合设计要求和相关技术标准的规定。

(2)设备安装位置、机架及底座的加固方式及安装强度应符合设计要求和相关技术标准的规定；子架安装位置及单元电路板的规格、数量和安装位置应正确、无松动。

(3)设备配线用线缆的型号、规格及质量应符合设计要求，配线前应进行测试，指标达到相关技术标准要求；光缆尾纤应单独布放并用衬垫固定，不得挤压、扭曲、捆绑，弯曲半径不应小于50 mm。电源端子配线应正确，配线两端的标志应齐全。

(4)配线应排列整齐，弯曲半径应满足施工规范规定；电缆芯线绑扎不应破坏扭矩，余留长度应能达到更换编线最长芯线的要求；电源线、音频线、高频线应分开绑扎并不应交叉。

(5)设备配线端子与配线间的连接不论采用焊接、卡接、绕接中哪种方式，都应保证质量，接触良好。

(6)各种测试指标及功能试验都应符合设计要求和施工技术指南、验收标准的相关规定。

2. 检验

会同监理人员对所有项目根据《铁路运输通信工程施工质量验收标准》(TB 10418—2003)、《高速铁路通信工程施工技术指南》(铁建设〔2010〕241号)、《高速铁路通信工程施工质量验收标准》(TB 10755—2010)的要求进行检验。

十一、安全控制措施

(1)针对通信设备的性能和施工特点，制定安全保障措施；开工前进行必要的安全培训，并进行安全考试，考试合格后方可上岗作业。

(2)在开工前务必与相关单位签订施工安全配合协议。

(3)对于既有机房，调查机房内在用设备的使用情况，制定在用设备的安全防护措施。施工过程中严禁乱动与工程无关的在用设备、设施。

(4)施工现场必须配备消防器材，通信机房内及其附近严禁存放剧毒、易燃、易爆等危险物品。

(5)机架地线必须连接良好。安装有防静电要求的单元板时，应穿上防静电服或戴上接地护腕。使用防静电手腕进行定期检查，严禁采用其他电缆替换防静电手腕上的电缆。

(6)在既有通信机房内施工中需要对既有设备进行作业时，应经机房负责人同意，在机房值班人员配合下进行操作。严禁触动与施工无关的运行中的设备。

(7)新旧通信设备割接施工应编制割接方案，经有关部门审批通过后进行实施。施工时应严格按照审批通过的割接方案进行，割接过程中要确保不影响既有通信网络的正常运行。

(8)在通信机房内进行电源割接时，需将使用的工具进行绝缘处理；割接前应检查新设通信设备电源系统，保证其无短路、接地故障。

(9)进行放绑电缆、设备配线施工时，严禁攀爬走线架、走线槽、骨列架等，应使用高櫈、爬梯等进行施工。

(10)在设备加电前，电源极性、电压值、各种熔丝规格以及保护接地应符合要求。

(11)禁止直视光通信设备和光通信仪表上的激光发射端孔和尾纤，以免对眼睛造成伤害。

(12)精密仪器仪表应由专人操作。

(13)工程施工车辆机具都必须经过检查合格，并且定期维护保养，机械操作人员和车辆驾驶人员必须取得相应的资格证。

十二、环保控制措施

(1)制定机房环境卫生的保障措施，配备必要的工具设施。

(2)仪表使用过的废旧电池、测试用的棉签、纸巾等现场垃圾及废弃物应统一收集，集中处理，不能乱丢乱放，做到人走场地清。

(3)通信机房内施工，必须采取防尘措施，保持施工现场的清洁。

(4)测试完毕及时关闭仪表，节约用电。

十三、附　　表

传输设备调试检查记录表见表 2-3-4。

表 2-3-4　传输设备调试检查记录表

工程名称			
施工单位			
项目负责人		技术负责人	
序号	项目名称	检查意见	存在问题
1	设备两路电源配接位置、电压等级检查		
2	传输设备外观及配线完整性检查		
3	光纤及各种配线缆插接件插接质量检查		

续上表

序号	项目名称	检查意见	存在问题
4	所有缆线标签标识检查		
5	设备加电后各单板状态检查		
6	传输系统数据加载正确性检查		
7	传输设备各端口指标测试		
8	机柜告警正确性确认		
9	各种测试仪表合格性检查		
检查结论： 检查组组员： 检查组组长： 年　月　日			

第四节　接入网设备调试

一、适用范围

适用于铁路通信工程接入网系统调试作业。

二、作业条件及施工准备

(1)已完成图纸审核、技术交底和安全培训(要求考试合格)。

(2)熟悉接入网的组网方式,核对各业务点的业务种类、数量和功能及实现方案。

(3)设备硬件施工已经完成,供电条件、机房环境符合要求。

(4)编制防护措施,与相关单位签订施工安全配合协议。

(5)相关人员、物资、施工机械及工器具已经准备到位。

三、引用施工技术标准

(1)《铁路通信工程施工技术指南》(TZ 205—2009);

(2)《铁路运输通信工程施工质量验收标准》(TB 10418—2003);

(3)《铁路通信光纤用户接入网工程施工规范》(TB 10222—2002);

(4)《高速铁路通信工程施工技术指南》(铁建设〔2010〕241号);

(5)《高速铁路通信工程施工质量验收标准》(TB 10755—2010)。

四、作业内容

设备安装配线检查;电源接地检测;设备硬件检查;网管软件检查;单机加电检查;系统调试;系统功能试验;网管功能试验。

五、施工技术标准

1. 设备安装配线检查

(1)机柜安装位置正确,符合施工图纸的要求。

(2)同列多个机柜安装应该平齐,每个机柜必须水平、稳固,且设备的水平、垂直偏差符合施工技术指南要求。

(3)所有电源线、地线、光纤、同轴线、网线及音频线的规格型号应符合图纸要求,连接正确,且无错接、漏接现象。

(4)所有线缆敷设规范到位、终端成端满足施工技术指南要求。

(5)各种配线标识清晰明了,尽量采用机打标签。

(6)机柜内没有其他杂物。

2. 电源接地检测

(1)设备电源线、地线连接完毕。

(2)检查设备的交直流电压、容量、极性、接地电阻值满足技术要求。

3. 设备硬件检查

(1)子架接地良好,防静电手环已安装。

(2)检查所有单板,型号、数量、槽位正确,单板应插到底且单板拉手条正常扣好,稳固不松动。

(3)子架及所有单板的供电开关置于OFF。

(4)子架内无其他杂物。

4. 网管软件检查

(1)网管服务器及客户端软硬件安装完毕,所有软件为正版软件,版本满足设备要求。

(2)用于调试的便携机软件正常。

(3)厂商授权license文件已到位。

5. 单机加电检查

(1)单机加电正常,各机盘指示灯显示正常。

(2)风扇状态正常。

(3)告警指示状态符合当前实际使用情况。

(4)所有配线无误。

6. 系统调试

(1)接入网业务节点接口性能要求:

1)V5接口协议的下列项目应符合设计要求和相关技术标准:物理层检测;系统启动程序检测;公共交换电话网(PSTN)呼叫协议检测;控制协议检测;承载通路连接(BCC)协议检测;保护协议检测;链路控制协议检测。

2)V5.1接口和V5.2接口每个2 048 kbit/s链路的误码性能应符合下列规定：误块秒比(ESR)应小于2.4×10^{-4}；严重误块秒比(SESR)应小于1.2×10^{-5}；背景误块秒比(BBER)应小于1.2×10^{-6}；V5.2接口呼叫应正常。

(2)接入网用户网络接口性能要求：

1)音频二线/四线(2/4W)接口应符合相关技术标准规定。

2)数据终端/终接接口比特误码/块误码检测15 min应无误码。

3)普通电话业务(POTS)接口呼叫检验应正常；呼叫接续故障率不应大于1×10^{-4}。

4)综合业务数字网基本速率(ISDN-BRI)接口通道检测3 min应无误码。

5)综合业务数字网基群速率(ISDN-PRI)接口通道检测3 min应无误码。

6)N×64 kbit/s数字链路的误码性能指标应符合相关技术标准的规定。

7)高比特率通道的误码性能指标应符合相关技术标准的规定。

7. 系统功能试验

(1)应能测量电阻、电容、交流电压、直流电压等用户外线特性。

(2)应能测量环路电流、馈电电压、拨号音、脉冲拨号、双音多频发号等用户内线(电路)。

(3)应能测量多频按键话机的频率、电平和直流脉冲话机的拨号速度、断续比。

(4)人为插入各种告警，系统应能正确响应及显示提示。

(5)按照组网方式，进行业务保护试验。

8. 网管功能试验

(1)网管系统的基本功能应符合下列要求：

1)能显示被管理范围内所有网络单元(NE)的拓扑图，并能访问被管理范围内的所有网元；

2)监视被管理的整个网络功能；

3)实时打印、存储功能；

4)备份软件和数据备份功能，当安全受到侵扰后，能利用备份文件恢复业务。

(2)网管系统应具有下列管理功能：

1)配置管理功能：能从网元(NE)收集配置信息及提供数据给网元；能识别、定义、指配、控制和监视接入网中的管理对象，并能保证在业务正常运行的条件下进行软、硬件配置内容的增加、删除和修改。

2)故障管理功能：能提供对接入网及其环境异常情况处理的支持手段，故障时间和位置的判定，故障修复的处理。管理系统可对接入网系统的各个部分进行持续的或间断的检测、观察。

3)性能管理功能：能对接入网的网元进行性能监视，采集相关的性能统计数据，处理测量数据，分析测量结果，并采取网络管理控制，以改善和优化网络总体性能水平。

4)安全管理功能：包括用户管理、访问控制、安全日志。

5)日志管理功能：包括日志参数、日志操作、日志删除。

6)环境监控功能：能设置环境监控范围或阈值；可以设置响应动作，即当收到有关环境告警信息后应当采取的措施。

六、工序流程及操作要点

1. 工序流程

工序流程如图2-4-1所示。

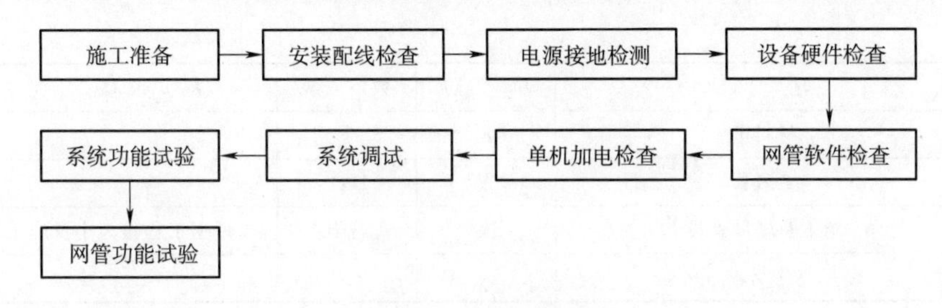

图 2-4-1　工序流程图

2. 操作要点

(1)在设备安装配线检查时,应重点检查机柜是否垂直、稳固,保证插拔机盘时机柜不允许晃动。

(2)配线检查:重点检查本系统线缆的型号、规格、敷设方式及防护等应符合设计要求和使用要求。

(3)电源接地检测时,应重点检测电源端子的连接位置、极性是否正确,交直流电压值是否正常,接地是否良好。涉及在既有电源设备内进行电源线连接时,所使用的工具必须做好绝缘处理,同时严格操作规程施工。

(4)设备硬件检查时,确认所有单板的规格型号、板件数量、插接槽位等应正确,拨码开关应设置正确,子架内无其他杂物。

(5)网管软件检查时重点确认操作系统及软件正常,有相应的 license 文件及权限。

(6)单机检查、系统调试时应重点做好 V5 接口测试、PSTN 接口协议测试、2M 线、用户线的通断测试,且 100%测试。操作时必须佩戴防静电手环。不能热插拔的机盘严禁带电插拔。各功能单元板指示灯指示正常,设备散热风扇开启运转正常。测试仪表必须和被测设备共地。

(7)系统功能试验时应重点做好业务保护倒换功能、告警功能、业务功能(单呼、组呼、全呼、会议电话、强插、外线拨入)、112 测量台测量功能试验,用户电话业务功能试验,接通率测试。

(8)网管功能试验时应重点做好误码性能监测功能、性能管理功能、故障管理功能、配置管理功能、安全管理功能试验,以及网管声光提示功能试验。

七、劳动组织

1. 劳动力组织方式

按现场实际采用架子队管理模式进行组织。

2. 人员配置

按照标准化管理要求,结合工程量大小和现场实际情况进行编制,一个作业组作业人员配置见表 2-4-1。

表 2-4-1　传输接入设备调试施工作业人员配备表

序号	项目	单位	数量	备注
1	施工负责人	人	1	
2	技术人员	人	1～3	
3	安全员	人	1	
4	质量员	人	1	

续上表

序　号	项　　目	单　位	数　量	备　　注
5	材料员	人	1	
6	工班长	人	1～3	
7	施工及辅助人员	人	若干	根据工程量大小及施工环境确定
8	厂家技术人员	人	1	

其中施工负责人、技术人员、安全员、质量员、材料员、工班长的任职资格应满足资源配置标准化的要求。

八、主要机械设备及工器具配置

主要机械设备及工器具配置见表 2-4-2。

表 2-4-2　主要机械设备及工器具配置表

序　号	名　　称	规　　格	单　　位	数　　量	备　　注
1	越野乘用车		辆	1	
2	V5 测试仪		台	1	
3	笔记本电脑		台	1	
4	规程及误码测试仪		台	1	
5	PCM2Mb/s 测试仪		台	1	
6	接地电阻测试仪		台	1	
7	网线通断器		套	1	
8	万用表		块	2	
9	兆欧表		块	1	
10	梯子		把	1	
11	适用工具		套	3	

注：以上主要设备机具仅作为参考，具体规格、数量根据工程实际情况来配置。

九、物资材料配置

所用物资材料配置应符合设计要求，具体见表 2-4-3。

表 2-4-3　物资材料配置表

序　号	名　　称	规　　格	单　　位	数　　量	备　　注
1	同轴跳纤	5 m/条	条	10	
2	网线	5 m/条	条	5	
3	移动式电源插座	交流 220 V	个	2	
4	无水乙醇	500 mL/瓶	瓶	5	
5	脱脂棉球		包	2	

十、质量控制标准及检验

1. 质量控制标准

(1)所有设备材料到达现场应进行进场检验，其规格、型号及产品质量应符合设计要求和相关技术标准的规定。

(2)设备安装位置、机架及底座的加固方式及安装强度应符合设计要求和相关技术标准的规定;子架安装位置及单元电路板的规格、数量和安装位置应正确、无松动。

(3)设备配线用的线缆型号、规格及质量应符合设计要求,配线前应进行测试,其技术指标应达到相关技术标准要求;电源线配接端子正确,配线两端的标志应齐全。

(4)配线应排列整齐,弯曲半径应满足施工规范规定;电缆芯线绑扎不应破坏扭矩,余留长度应能达到更换编把最长芯线长度要求;电源线、音频线、高频线应分开绑扎且不应交叉。

(5)设备配线端子与配线间的连接不论采用焊接、卡接、绕接哪种方式,都应保证质量,接触良好。焊点应光滑无毛刺,裸线不外露。

(6)各种测试指标及功能试验都应符合设计要求和施工技术指南、验收标准的相关规定。

2. 检验

会同监理人员对所有项目根据《铁路运输通信工程施工质量验收标准》(TB 10418—2003)、《高速铁路通信工程施工技术指南》(铁建设〔2010〕241 号)的要求进行检验。

十一、安全控制措施

(1)针对通信设备的性能和施工特点,制定安全保障措施;开工前进行必要的安全培训,并进行安全考试,考试合格后方可上岗作业。

(2)在开工前务必与相关单位签订施工安全配合协议。

(3)对于既有机房,施工前应先调查机房内在用设备的使用情况、端口占用情况、既有设备类型等,并制定完善的作业方案和安全防护措施。施工过程中严格执行既有机房施工规定,严禁乱动与工程无关的在用设备、设施。

(4)施工现场必须配备消防器材,通信机房内及其附近严禁存放剧毒、易燃、易爆等危险物品。

(5)机架地线必须连接良好。安装有防静电要求的单元板时,应穿上防静电服或戴上接地护腕。使用防静电手腕进行定期检查,严禁采用其他电缆替换防静电手腕上的电缆。

(6)在既有通信机房内施工中需要对既有设备进行作业时,应经机房负责人同意,在机房值班人员配合下进行操作。严禁触动与施工无关的运行中的设备。

(7)新旧通信设备割接施工应编制割接方案,且有应急方案,经有关部门审批通过后进行实施。施工时应严格按照审批通过的割接方案进行,割接过程中要确保既有通信网络正常运行。

(8)在通信机房内进行电源割接时,需将使用的工具进行绝缘处理;割接前应检查新设通信设备电源系统,保证其无短路、接地故障。

(9)进行放绑电缆、设备配线施工时,严禁攀爬走线架、走线槽、骨列架等,应使用高櫈、爬梯等进行施工。

(10)在设备加电前,电源极性、电压值、各种熔丝规格以及保护接地应符合要求。

(11)禁止直视光通信设备和光测试仪表上的激光发射端孔和尾纤末端,以免对眼睛造成伤害。

(12)通信测试所用精密仪器仪表应由专人操作。

(13)工程施工车辆机具都必须经过检查合格,并且定期维护保养,机械操作人员和车辆驾驶人员必须取得相应的资格证。

十二、环保控制措施

(1)制定机房环境卫生的保障措施,配备必要的工具设施。

(2)仪表使用过的废旧电池、测试用的棉签、纸巾等现场垃圾及废弃物应统一收集,集中处理,不能乱丢乱放,做到人走场地清。

(3)通信机房内施工,必须采取防尘措施,保持施工现场的清洁。

(4)测试完毕及时关闭仪表,节约用电。

十三、附　　表

接入网设备调试检查记录表见表 2-4-4。

表 2-4-4　接入网设备调试检查记录表

工程名称			
施工单位			
项目负责人		技术负责人	
序号	项目名称	检查意见	存在问题
1	设备两路电源配接位置、电压等级检查		
2	接入网设备外观及配线完整性检查		
3	光纤及各种配线缆插接件插接质量检查		
4	所有缆线标签标识检查		
5	设备加电后各单板状态检查		
6	接入网系统数据加载正确性检查		
7	接入网设备各端口指标测试		
8	接入网设备与交换设备信令一致性检查		
9	机柜告警正确性确认		
10	各种测试仪表合格性检查		
检查结论: 检查组组员: 检查组组长: 年　月　日			

第五节　电话交换设备调试

一、适用范围

适用于铁路电话交换设备调试作业。

二、作业条件及施工准备

(1)熟悉设计文件、施工图纸,熟悉设备技术资料。
(2)对全体施工人员进行技术交底和安全培训,考试合格后上岗。
(3)设备安装到位,机房环境满足条件,供电符合设计要求,接地符合规范要求。
(4)防护措施到位,与相关单位签订施工安全协议。

三、引用施工技术标准

(1)《铁路通信工程施工技术指南》(TZ 205—2009);
(2)《铁路运输通信工程施工质量验收标准》(TB 10418—2003);
(3)《邮电部电话交换设备总技术规范书》(YDN 065—1997)。

四、作业内容

设备硬件检查;设备加电及数据配置;系统的功能测试;计费系统测试;网管功能测试。

五、施工技术标准

1. 设备硬件检查
(1)机架及终端设备安装
1)机房机架设备位置安装正确,机架安装垂直偏差度应不大于 3 mm。
2)机架安装牢靠,螺栓紧固到位,机架上的各种零件不得脱落或碰坏。
3)终端设备应配备完整,安装就位,标志齐全、正确。
(2)电缆布放
1)布放电缆的规格、路由、截面和位置应符合施工图的规定,电缆排列必须整齐,外皮无损伤。
2)交、直流电源的馈电电缆,必须分开布放;电源电缆、信号电缆、用户电缆与中继电缆应分离布放。
3)电缆转弯应均匀圆滑,电缆弯的曲率半径应大于 60 mm。
4)架间电缆的插接、电缆的走向及路由均符合厂家有关规定,外观平直整齐,不得错接、漏接,插接部位应紧密牢靠,接触良好,插接端子无折断或弯曲现象。
(3)电源线敷设
1)机房直流电源线的颜色、安装路由、路数及布放位置应符合规定。电源线的规格、熔丝的容量均应符合设计要求。
2)电源线必须采用整段线料,中间无接头。
3)交换系统用的交流电源线必须有接地保护线。

4)直流电源线的成端接续连接牢靠,接触良好,电压降指标及对地电位符合设计要求。

5)机房的每路直流馈电线连同所接的列内电源线和机架引入线两端腾空时,用500 V兆欧表测试正负线间和负线对地间的绝缘电阻均不得小于1 MΩ。

6)交换系统使用的交流电源线两端腾空时,用500 V兆欧表测试芯线间和芯线对地的绝缘电阻均不得小于1 MΩ。

2. 设备加电及数据配置

(1)通电测试前的检查。

1)电话交换设备的标称直流工作电压为－48 V,电压允许变化范围为－57～－40 V。

2)设备通电前,应对下列内容进行检查:

①各种电路板数量、规格及安装位置与施工文件相符;

②设备标志齐全正确;

③设备的各种选择开关应置于指定位置;

④设备的各级熔丝规格符合要求;

⑤列架、机架及各种配线架接地良好;

⑥设备内部的电源布线无接地现象。

3)交换机通电前,应在机房主电源输入端子上测量电源电压,确定正常后,方可进行通电测试。

(2)加电后硬件检查测试。

1)各级硬件设备按厂家提供的操作程序,逐级加上电源。

2)设备通电后,检查所有变换器的输出电压均应符合规定。

3)各种外围终端应设备齐全,自测正常。设备内风扇装置应运转良好。

4)检查交换机、配线架等各级可闻、可见告警信号装置应工作正常、告警准确。

(3)系统的数据配置。

1)系统的版本检查。

要求各模块运行软件版本一致。

2)数据配置检查。

局容量、交换局、后台告警局数据配置正确;交换机的物理配置是否和实际相符;号码管理数据、号码分析数据是否准确、可靠;用户属性的安排是否合理;有关用户群和话务台的数据是否准确;前台和后台计费数据的配置是否正确。

3)信令和接口检查:中继及路由数据是否正确;ISDN信令和接口数据是否正确;No.7信令数据是否正确;V5信令数据是否正确。

(4)交换机系统配置的时钟同步装置应工作正常。

1)各级交换中心配备的时钟等级和性能参数应符合相关的技术标准和规定要求。

2)装入测试程序,通过人机命令或自检,对设备进行测试检查,确认硬件系统无故障,并提供测试报告。

3. 系统的功能测试

(1)系统检查测试。

1)系统的建立功能。

①系统初始化;

②系统自动/人工再装入;

③系统自动/人工再启动。

2)系统的交换功能。

①市话本局及出入局(包括移动局)呼叫,市话汇接呼叫;

②与各种用户交换机的来去话呼叫;

③国内、国际长途来、去(转)话呼叫(人工、半自动、全自动);

④市—长、长—市局间中继电路呼叫;

⑤计费功能;

⑥非电话业务;

⑦特种业务呼叫;

⑧新业务性能;

⑨智能网功能;

⑩ISDN 功能。

3)系统的维护管理功能。

①软件版本检查,是否符合合同规定;

②人机命令核实;

③告警系统测试;

④话务观察和统计;

⑤例行测试;

⑥中继线和用户线的人工测试;

⑦用户数据、局数据生成规范化检查和管理;

⑧故障诊断;

⑨冗余设备的自动倒换;

⑩输入、输出设备性能测试。

4)系统的信号方式及网络支撑。

①用户的信号方式(模拟、数字);

②局间信号方式(随路、共路);

③系统的网同步功能;

④系统的网管功能;

⑤112 自动受理、自动测试功能。

(2)接续故障率测试应符合下列要求:

1)用模拟呼叫器进行本所呼叫,呼叫接续故障率不应大于 4×10^{-4}。

2)用模拟呼叫器进行地区所间自环呼叫,呼叫接续故障率不应大于 4×10^{-4}。

3)用模拟呼叫器进行长途所间自环呼叫,呼叫接续故障率不应大于 4×10^{-4}。

4)用模拟呼叫器进入公用市话局进行自环呼叫,呼叫接续故障率不应大于 4×10^{-4}。

(3)通话保持功能。

将 12 对用户保持通话状态 48 h,同时将话务量加入交换网,48 h 后通话路由应正常,无断话、单向通话等现象。

(4)BHCA. 测试。

用延伸法或满负载法对交换机进行忙时呼叫尝试次数,测试结果应符合设计要求。

(5)内部过负荷控制应符合下列要求：

1)当出现在交换设备上试呼次数超过它的设计负荷能力的50%时，交换设备处理呼叫能力不应小于设计负荷能力的50%。

2)当出现50%呼叫次数过负荷时，应能以自动逐步微调方式限制普通用户呼叫，限制的用户应均匀分配。

4. 计费系统的安装调试

计费系统功能包括：从主机实时取话单、话单分拣计算、话费结算、打印各种收据报表、话单查询、话单转贮等计费服务。

测试项目包括：

(1)话单传输功能测试

前台话单接收功能测试；话单前台暂存功能测试；前台主备倒换时话单接收测试；后台话单接收功能测试；话单传输准确性测试；局域网中断时话单传输测试。

(2)系统功能测试

计费档案添加、查询、修改和删除；计费类别及计费子项的设置；计费分组设置；计费费率算法的添加、修改、删除及合法性检查；折价时间编辑；长途区号的编辑和转换；特殊计费方式的设置；计费结算和计费汇总功能测试；违例话单转化测试；重结算话单转化测试；计费查询功能测试；计费数据备份和恢复测试；计费数据的清除；增加、删除计费观察用户；显示、删除计费观察用户话单；系统功能测试；显示计费观察用户；显示立即计费用户；增加、删除立即计费用户；显示、删除立即计费用户话单；话单分拣功能测试。

(3)计费报表测试

报表打印条件设置；通用报表打印测试；通用报表修改；自由报表生成；自由报表打印测试。

(4)其他功能测试

新业务计费功能；小交换机、特服群用户计费功能；CENTREX群用户计费功能；M/N制式计费测试；N秒免费、N次免费功能测试；对被叫计费测试；入中继计费测试；各模块单独计费测试；所有模块集中计费测试。

5. 网管系统的调试

网管系统需具备告警、周期和非周期业务量统计、网络管理控制调度指令、统一编号、计费等功能。具体内容如下：

(1)故障管理接口。可向网管系统实时提供各类告警信息，可以二进制或文本报告方式两种方式提供告警信息。

(2)性能分析接口。可向网管系统实时提供各类话务统计信息，提供方式可以二进制或文本报告方式。

(3)集中操作维护接口。主要功能包括：交换机的日常维护操作管理、数据设定、远程测试、远程的话务测量以及告警台等。

(4)计费接口。提供多种计费接口，实现本地网集中计费功能。

六、工序流程及操作要点

1. 工序流程

工序流程如图2-5-1所示。

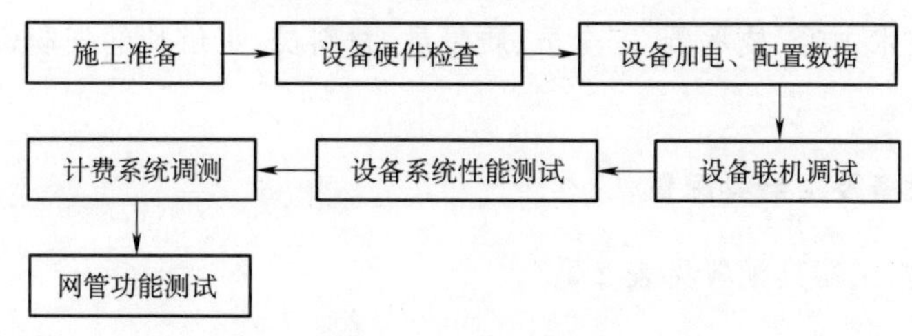

图 2-5-1　工序流程图

2. 操作要点

(1)在设备硬件检查时,应重点检查机柜是否稳固,确认插拔机盘时机柜不晃动。

(2)设备的各种配线缆线型号、规格、敷设方式及防护等应符合设计要求和使用要求。

(3)设备加电检查时,首先检查设备的接地是否满足规范要求,重点检测电源端子的连接位置、极性是否正确,接触是否良好,螺丝无松动现象,交直流电压值应在允许的偏差范围内,然后方可按顺序逐级加电。插拔设备单板需佩戴防静电手腕。

(4)设备硬件检查时确认所有单板的型号、数量、槽位应正确,拨码开关设置正确,子架内应无其他杂物。

(5)网管软件检查时重点确认操作系统及软件正常,有相应的操作权限。

(6)单机检查要求各功能单元板指示灯指示正常,设备散热风扇开启运转正常。

(7)系统测试时重点需对话务系统进行测试,主要包括全局话务的测量、对承载相关设备对象的测量、信令和接口的测量、呼叫记录的测量、计费的统计等。

(8)系统功能试验时应对系统告警功能进行检测,要求能够对系统运行故障、环境、电源、风扇、远端模块等进行集中监控和告警。

(9)网管功能试验时应重点做好性能管理功能、故障管理功能、配置管理功能、安全管理功能的试验,以及网管声光提示功能的试验。

七、劳动组织

1. 劳动力组织方式

采用架子队组织模式。

2. 人员配置

按照标准化管理要求,结合工程量大小和现场实际情况进行编制,一个作业组作业人员配置见表 2-5-1。

表 2-5-1　电话交换设备施工作业人员配备表

序　号	项　　目	单　位	数　量	备　注
1	施工负责人	人	1	
2	技术人员	人	1～3	
3	安全员	人	1	
4	质量员	人	1	
5	材料员	人	1	
6	工班长	人	1～3	
7	施工及辅助人员	人	若干	根据工程量大小及施工环境确定
8	厂家技术人员	人	1～3	

其中负责人、技术主管、技术员、安全员、质量员、材料员、工班长的任职资格应满足资源配置标准化的要求。

八、主要机械设备及工器具配置

主要机械设备及工器具配置见表 2-5-2。

表 2-5-2 主要机械设备及工器具配置表

序　号	名　　称	单　　位	数　　量	备　　注
1	笔记本电脑	台	1	
2	光源、光功率计	套	1	
3	误码测试仪	台	1	
4	PCM 测试仪	台	1	
5	信令规程测试仪	台	1	
6	大话务量模拟呼叫器	台	1	
7	音频测试仪	台	1	
8	兆欧表	块	2	
9	万用表	块	3	
10	数字式接地电阻测试仪	块	1	
11	电锤	把	2	
12	吸尘器	台	1	
13	电钻	把	2	
14	适用工具	套	3	

注:以上主要设备机具仅作为参考,具体工程根据实际情况配置主要机具仪表。

九、物资材料配置

(1)自购材料的要求。

自购物资控制措施按照甲方要求,除甲方供应的设备物资外,对其他本工程所需物资负责采购、运输和保管;对自购的材料和工程设备负责。

将各项材料和工程设备的供货人及品种、规格、数量和供货时间等报送监理单位审批。同时向监理单位提交材料和工程设备的质量证明文件,并满足合同约定的质量标准。

会同监理单位进行检验和交货验收,查验材料合格证明和产品合格证书,并按合同约定和监理单位指示,进行材料的抽样检验和工程设备的检验测试,如果监理单位发现使用了不合格的材料和工程设备,应立即依照监理单位发出的要求进行改正,并禁止在工程中继续使用不合格的材料和工程设备。

(2)甲供材料的要求。

依据进度计划的安排,提前向监理单位报送要求甲方供应材料交货的日期计划。详细列明甲供材料和工程设备的名称、规格、数量、交货方式、交货地点和计划交货日期。

接到甲方的收货通知后,会同监理单位在约定的时间内,赴交货地点共同进行验收。验收合格签认后,对甲方提供的材料和工程设备负责接收、运输和保管。如要求更改交货日期和地点的,事先报请监理单位批准后实施。

运入施工场地的材料、工程设备,包括备品备件、安装专用工器具与随机资料,专用于本工程,不挪作他用。

(3)所用物资材料配置应符合设计要求,具体见表2-5-3。

表2-5-3　物资材料配置表

序　号	名　称	规　格	单　位	数　量	备　注
1	同轴跳纤	5 m/条	条	10	
2	网线	5 m/条	条	5	
3	移动式电源插座	交流220 V	个	2	
4	无水乙醇	500 mL/瓶	瓶	5	
5	脱脂棉球		包	2	

十、质量控制标准及检验

1. 质量控制

(1)施工前要认真做好各项施工准备工作,包括人员、材料、设备、工具的准备,施工计划的安排,并进行施工前的技术交底,施工安全、质量教育等。

(2)所有设备材料到达现场进行进场检验,其型号、规格及质量符合设计要求和施工技术指南的规定,不符合设计规定的材料严禁使用。

(3)设备安装位置、机架及底座的加固方式及安装强度应符合设计要求和施工技术指南的规定;子架安装位置及单元电路板的规格、数量和安装位置应正确、无松动。

(4)各种配线要求走向合理、美观,各种电缆配线在布放前要擦清干净,配线、焊接要准确无误,焊点美观、牢固,配线余留标准一致。设备配线用线缆的型号、规格及质量应符合设计要求,配线前应进行测试,指标达到施工规范要求;光缆尾纤应单独布放并用衬垫固定,不得挤压、扭曲、捆绑,弯曲半径不应小于50 mm。电源端子配线应正确,配线两端的标志应齐全。

(5)电缆芯线绑扎不应破坏扭矩,余留长度应能达到更换编线最长芯线长度的要求;电源线、音频线、高频线应分开绑扎并不应交叉。

(6)设备安装完成后对设备进行仔细检查,按照操作程序逐级加电,检查硬件加电状态是否正常、电缆布线有无错误、配置有无错误等。

(7)加电调试期间,应严格按防静电操作规程操作,戴防静电手环,防止人为违反操作规范等因素造成电路板及其他设备的损坏事故。

(8)各种测试指标都应符合设计要求和施工技术指南、验收标准的相关规定。

2. 检验

会同监理人员对所有项目根据《邮电部电话交换设备总技术规范书》(YDN 065—1997)、《铁路运输通信工程施工质量验收标准》(TB 10418—2003)的要求进行检验。

十一、安全控制措施

(1)针对通信设备的性能和施工特点,制定安全保障措施,进行安全技术交底;开工前进行必要的安全培训,并进行安全考试,考试合格后方可上岗作业。

(2)对于既有机房,调查机房内在用设备的使用情况,制定在用设备的安全防护措施。

(3)施工作业要严格执行安全规范的各顶规定,对使用的工具、器材、电动工具进行严格检查,不合格不准使用,临时用电源必须符合安全规定,施工作业完毕后,应立即拉下电源开关,拆除临时线路。

(4)离开机房时要关好门窗,做好防盗工作。施工现场必须配备消防器材、工具,制定防火制度。机房内及其附近严禁存放剧毒、易燃、易爆等危险物品。

(5)施工时,严禁在室内吸烟,每天工作完毕后应进行卫生清理,保持室内的卫生,指定专门区域放置材料、工具等。

(6)在既有通信机房内施工中需要对既有设备进行作业时,应提报施工计划,批准后在机房值班人员配合下进行操作。严禁触动与施工无关的运行中的设备。

(7)新旧电话交换设备割接施工应编制割接方案和应急通信预案,经有关部门审批通过后进行实施。施工时应严格按照审批通过的割接方案进行,割接过程中要确保不影响既有通信网络的正常运行。

(8)机架地线必须连接良好。安装有防静电要求的单元板时,应穿上防静电服或戴上接地护腕。

(9)进行放绑电缆、设备配线施工时,严禁攀爬走线架、走线槽、骨列架等,应使用安全牢固的高櫈、爬梯等进行施工。

(10)物资设备、工具、材料堆码整齐、美观,设备包装箱拆除后,应立即拨下钉子,堆放整齐,防止扎伤手脚。

十二、环保控制措施

(1)制定机房环境卫生的保障措施,配备必要的工具设施。

(2)设备器材开箱后包装废弃物应统一收集,集中处理,不能乱丢乱放。

(3)通信机房设备安装,必须采取防尘措施,保持施工现场的清洁。

(4)设备安装时需使用充气钻等工具对墙壁、楼板打眼时,应采取措施,保证墙壁、楼板主体不被破坏,外观不受影响。

(5)设备安装、配线的下脚料、废弃物,加工件刷漆剩余油漆等要统一收集,集中进行处理。每日施工结束后要进行施工现场打扫,做到人走场地清。

(6)仪表使用过的废旧电池、测试用的棉签、纸巾等废弃物要统一收集,集中处理。

十三、附　　表

电话交换设备调试检查记录表见表 2-5-4。

表 2-5-4　电话交换设备调试检查记录表

工程名称			
施工单位			
项目负责人		技术负责人	
序号	项目名称	检查意见	存在问题
1	设备两路电源配接位置、电压等级检查		
2	电话交换设备外观及配线完整性检查		

续上表

序号	项目名称	检查意见	存在问题
3	光纤及各种配线缆插接件插接质量检查		
4	所有缆线标签标识检查		
5	设备加电后各单板状态检查		
6	电话交换系统数据加载正确性检查		
7	电话交换设备各端口指标测试		
8	交换设备与接入网设备信令一致性检查		
9	机柜告警正确性确认		
10	各种测试仪表合格性检查		
检查结论： 检查组组员： 检查组组长： 年　月　日			

第六节　数据通信设备调试

一、适用范围

适用于铁路数据通信设备调试作业。

二、作业条件及施工准备

(1)已完成图纸审核、技术交底和安全培训(要求考试合格)。

(2)熟悉该系统的组网方式,核对各业务点的业务种类、数量和功能及实现方案。

(3)设备硬件施工已经完成,供电条件、机房环境符合要求。

(4)编制防护措施,与相关单位签订施工安全配合协议。

(5)相关人员、物资、施工机械及工器具已经准备到位。

三、引用施工技术标准

(1)铁路通信工程施工技术指南(TZ 205—2009);

(2)铁路运输通信工程施工质量验收标准(TB 10418—2003);

(3)高速铁路通信工程施工技术指南(铁建设〔2010〕241 号);

(4)《高速铁路通信工程施工质量验收标准》(TB 10755—2010)。

四、作业内容

设备安装配线检查;电源接地检测;设备硬件检查;网管软件检查;单机加电调试;系统调试;网管调试。

五、施工技术标准

1. 设备安装配线检查

(1)机柜安装位置正确,符合施工图纸的要求。

(2)同列多个机柜安装应该平齐,每个机柜必须水平、稳固,设备的水平、垂直偏差符合施工技术指南要求。

(3)所有电源线、地线、同轴线、网线及音频线规格型号符合图纸要求,连接正确,无错接漏接。

(4)所有线缆的敷设、成端满足施工技术指南要求。

(5)各种配线标识清晰明了,尽量采用机打标签。

(6)机柜内没有其他杂物。

2. 电源接地检测

(1)设备电源线、地线连接完毕。

(2)检查设备的交直流电压、容量、极性、接地满足技术要求。

3. 设备硬件检查

(1)子架接地良好,防静电手环已安装。

(2)检查所有单板,型号、数量、槽位正确,单板应插到底且单板拉手条正常扣好,稳固不松动。

(3)子架及所有单板的供电开关置于 OFF。

(4)子架内无其他杂物。

4. 网管软件检查

(1)网管服务器及客户端软硬件安装完毕,所有软件为正版软件,版本满足设备要求。

(2)用于调试的便携机软件正常。

(3)厂商授权 license 文件已到位。

5. 单机加电调试

设备单机加电后,应根据设计文件,参照设备技术文件,对数据通信设备进行 IP 地址、路由协议等相关参数进行配置。

(1)参照相关测试规范或设备技术文件,对路由器单机设备下列性能和功能进行调试,结果应符合设计要求和相关技术标准规定。

接口:

①1000 Base-LX/SX 接口的平均发送光功率、接收灵敏度、过载功率;

②1000 Base-T 接口通过五类非屏蔽线传输的最大距离;

③POS 接口的平均发送光功率、接收灵敏度;

④ATM 接口的平均发送光功率、接收灵敏度;

⑤V. 24 接口的性能；

⑥V. 35 接口的性能；

⑦E1 接口的性能。

单机状态：终端登录（通过 Console 口登录），检查版本信息，检查设备状态，检查当前配置信息，查询接口信息，设置环回（Loop-back）接口的 IP 地址。

性能：端口吞吐量，丢包率，包转发时延，背对背缓冲能力，路由表容量，混合包转发时延。

按照实际业务需求进行路由协议的功能试验。QoS 测试，包括优先级数目的验证，各级优先级的丢包率等。

可靠性：整机加电启动、主备电源切换，主备系统处理器切换，热插拔功能，现场软件版本更新测试。

(2)参照《以太网交换机测试方法》(YD/T 1141—2007)，《具有路由功能的以太网交换机测试方法》(YD/T 1287—2013)及设备技术文件，对以太网交换机单机设备下列性能进行测试，结果应符合《以太网交换机技术要求》(YD/T 1099—2013)、《具有路由功能的以太网交换机技术要求》(YD/T 1255—2013)相关规定：

接口：

①1 000 Base-LX/SX 接口的平均发送光功率。

②10/100/1 000 Base-T 以太网接口通过五类非屏蔽线传输的最大距离。

二层性能：吞吐量、突发长度、时延、丢包率、帧长度、异常包、流量控制、自协商、以太网帧格式，VLAN，单播帧处理，多播帧处理，广播帧处理，MAC 动态地址学习，MAC 地址老化时间，MAC 地址容量表，MAC 静态地址配置。

三层性能：吞吐量、QoS 策略、时延、丢包率、帧长度、路由表容量。

可靠性：主备电源切换、主备系统处理器切换、热插拔功能。

(3)参照相关测试规范或设备技术文件，对防火墙单机设备下列功能进行试验，结果应符合设计要求和相关技术标准的规定：

双机冗余配置，具有负载均衡功能；包过滤功能；信息内容过滤；防范扫描窥探功能；支持 VPN；基于代理技术的安全认证；网格地址转化(NAT)；流量检测抗攻击；系统管理功能；时延；吞吐量；丢包率；并发连接数。

6. 系统调试

(1)数据通信系统调试前应进行相关检查，并符合下列要求：

1)用误码测试仪测试传输通道的误码率，符合设计要求。

2)数据通信设备与传输设备连接后，设备连接状态正确。

(2)参照相关测试规范或设备技术文件，对系统进行下列性能调试，结果应符合设计要求：数据保存；时间设置；软件加载；IP 数据包端到端的转化丢包率、时延、吞吐量测试等网络性能；路由收敛时间。

(3)参照相关测试规范或设备技术文件，对系统进行下列性能调试，结果应符合设计要求：主控板冗余；路由模块热插拔能力；电源模块冗余；系统复位时间；路由软件升级能力；VRRP 协议基本功能。VPN 网络端到端的转发丢包率、时延、吞吐量测试、VPN 网络收敛时间，主备路由反射器冗余切换。

(4)参照相关测试规范或设备技术文件，对下列系统功能进行试验，结果应符合设计要求：VLAN 功能；Eth-Trunk 逻辑端口功能；MPLS VPN 功能，其中包括三层 VPN 建立，二层

VPN 建立，地址复用，跨自治域 VPN 互联；GRE 的基本功能，其中括 GRE tunnel 建立，GRE tunnel 识别关键字；QoS 策略；安全功能；NAT 基一功能。

(5)参照相关测试规范或设备技术文件，对下列路由策略功能进行试验，结果应符合设计要求：路由协议选用；路由路径验证；流量均衡检查。

(6)参照相关测试规范或设备技术文件，对下列网络安全措施进行试验，结果应符合设计要求：网络设备安全，包括设备访问安全机制，对口令字串的加密，网络设备管理日志功能；路由安全，包括 IGP 路由处理和信息交换的加密传输，BGP 路由处理和信息交换的加密传输。

7. 网管调试

(1)参照设备技术文件，对数据通信系统网管的下列资源管理功能进行试验，结果应符合设计要求和相关技术标准规定：设备管理；电路管理；路径管理；IP 地址管理；软件版本管理；MPLA VPN 管理；资源报表统计；资源预警等。

(2)参照设备技术文件，对数据通信系统网管的下列拓扑管理功能进行试验，结果应符合设计要求和相关技术标准规定：拓扑管理；拓扑自动发现、监视与浏览；基于拓扑的流量显示，资源显示，配置显示和故障显示。

(3)参照设备技术文件，对数据通信系统网管的下列配置管理功能进行试验，结果应符合设计要求和相关技术标准规定：网元设备配置；历史配置信息保存；对不同配置进行比较。

(4)参照设备技术文件，对数据通信系统网管的下列故障管理功能进行试验，结果应符合设计要求和相关技术标准规定：实时告警及历史告警信息查询；各种告警指示；告警过滤、告警转发、告警确认和告警升级、告警清除；故障关联分析。

(5)参照设备技术文件，对数据通信系统网管的下列性能监测与分析功能进行试验，结果应符合设计要求和相关技术标准规定：网络性能监测；网络性能分析；性能数据监视及前期预警。

(6)参照设备技术文件，对数据通信系统网管的下列路由管理功能进行试验，结果应符合设计要求和相关技术标准规定：路由实体监视；路由信息及变化分析。

(7)参照设备技术文件，对数据通信系统网管的下列 QoS 管理功能进行试验，结果应符合设计要求和相关技术标准规定：网络层 QoS 参数配置；基于 QoS 的性能监测；基于 QoS 的流量分析。

(8)参照设备技术文件，对数据通信系统网管的 Web 信息发布和统计功能进行试验，结果应符合设计要求和相关技术标准规定。

(9)参照设备技术文件，对数据通信系统网管的下列报表统计功能进行试验，结果应符合设计要求和相关技术标准规定：网络业务、资源、故障以及性能等信息统计；提供多种形式的报告和图表。

(10)参照设备技术文件，对数据通信系统网管的下列 VPN 管理功能进行试验，结果应符合设计要求和相关技术标准规定：VPN 配置；VPN 监控；VPN 图形化管理。

(11)参照设备技术文件，对数据通信系统网管的下列流量采集与分析功能进行试验，结果应符合设计要求和相关技术标准规定：通过采集网络流量，实现对各个网络层次的链路负载和链路拥塞的分析；通过采集网络流量，实现对网络流量流向进行分析；通过采集网络流量，实现对网络业务类型分布进行分析。

(12)参照设备技术文件，对数据通信系统网管的操作维护终端安全登录等安全管理功能进行试验，结果应符合设计要求和相关技术标准规定。

六、工序流程及操作要点

1. 工序流程

工序流程如图 2-6-1 所示。

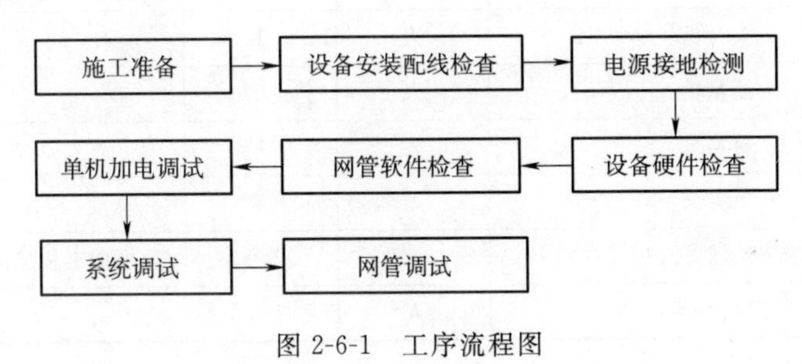

图 2-6-1　工序流程图

2. 操作要点

(1)在设备安装配线检查时,应重点检查机柜是否稳固,保证插拔机盘时机柜不晃动。线缆的型号、规格、敷设方式及防护等应符合设计要求和使用要求。

(2)电源接地检测时,应重点检测电源端子的连接位置、极性是否正确,交直流电压值是否正常,接地是否良好。在既有电源设备内进行电源线连接时,所使用的工具必须做好绝缘处理。

(3)设备硬件检查时确认所有单板的型号、数量、槽位正确,拨码开关设置正确,子架内无其他杂物。

(4)网管软件检查时重点确认操作系统及软件正常,有相应的操作权限。

(5)单机加电调试前必须检查单机加电正常,各机盘指示灯显示正常,风扇状态正常,告警指示状态符合当前实际使用情况。操作时必须佩戴防静电手环。不能热插拔的机盘严禁带电插拔。测试仪表必须和被测设备共地。

(6)系统功能试验时应重点做好拓扑自愈功能、主要设备冗余倒换功能、告警功能等试验。

(7)网管功能试验时应重点做好性能管理功能、故障管理功能、配置管理功能、安全管理功能的试验,以及网管声光提示功能的试验。

(8)施工前宜参与数据通信设备的厂验,施工技术人员应熟悉数据通信设备性能,了解光纤配线架、数据综合配线架的端子分配。

(9)单机和系统调试前,设备单机性能调试宜在设备开机通电 30 min 后进行。

(10)系统调试前,确认传输通道正常 ,系统网管已经安装完毕,软件加载正常。

(11)网管调试加载数据过程中严禁断电,应有数据配置应及时进行备份。

七、劳动组织

1. 劳动力组织方式

按架子队模式组织。

2. 人员配置

按照标准化管理要求,结合工程量大小和现场实际情况进行编制,一个作业组作业人员配置见表 2-6-1。

表 2-6-1 数据设备调试施工作业人员配备表

序号	项目	单位	数量	备注
1	施工负责人	人	1	
2	技术人员	人	1	
3	安全员	人	1	
4	质量员	人	1	
5	材料员	人	1	
6	工班长	人	1	
7	施工及辅助人员	人	若干	根据工程量大小及施工环境确定
8	厂家技术人员	人	2～3	

其中施工负责人、技术人员、安全员、质量员、材料员、工班长的任职资格应满足资源配置标准化的要求。

八、主要机械设备及工器具配置

主要机械设备及工器具配置见表 2-6-2。

表 2-6-2 主要机械设备及工器具配置表

序号	名称	规格	单位	数量	备注
1	越野乘用车		辆	1	
2	网络分析仪		台	1	
3	笔记本电脑		台	1	
4	误码测试仪		台	1	
5	电话机		部	2	
6	万用表		块	2	
7	兆欧表		块	2	
8	梯子		把	1	
9	适用工具		套	3	

注：以上主要设备机具仅作为参考，具体规格、数量根据工程实际情况来配置。

九、物资材料配置

所用物资材料配置应符合设计要求，主要物资材见表 2-6-3。

表 2-6-3 物资材料配置表

序号	名称	规格	单位	数量	备注
1	光纤跳纤	5 m/条	条	10	
2	网线	5 m/条	条	5	
3	移动式电源插座	交流 220 V	个	2	
4	无水乙醇		瓶	5	

十、质量控制标准及检验

1. 质量控制标准

(1)所有设备材料到达现场后都应进行进场检验，其型号、规格及质量符合设计要求和相关技术标准的规定。

(2)设备安装位置、机架及底座的加固方式及安装强度应符合设计要求和相关技术标准的规定；子架安装位置及单元电路板的规格、数量和安装位置应正确、无松动。

(3)设备配线选用的线缆型号、规格及质量应符合设计要求、配线前应进行测试，性能指标达到相关技术标准要求。

(4)配线应排列整齐，弯曲半径应满足施工规范规定；电缆芯线绑扎不应破坏扭矩，余留长度应能达到更换编线最长芯线的长度要求。

(5)设备配线端子与配线间的连接不论采用焊接、卡接、绕接哪种方式，都应保证质量，接触良好。

(6)数据设备的下列系统功能必须正常：丢包率、时延、吞吐量、拓扑自愈功能、主要设备冗余倒换功能、告警功能等。

(7)维护台对数据设备应进行下列集中维护管理的功能试验：

1)数据设置和修改功能应正常；

2)自动检测通路和各种设备的故障情况，将故障定位到电路板级，并提供故障统计报表的功能应正常；

3)应具有与上层网络管理设备的接口，接口类型应符合设计要求。

(8)一般管理功能应正常：能真实显示系统的网络拓扑结构，实时反映其物理连接状态及各点设备运行条件和状态。

(9)故障管理功能应正常：能设定告警等级、报警方式(声光、打印)；屏蔽/打开某类告警；清楚告警；分时间段、告警类型及所属管理区段查询、打印告警；生成告警信息的统计分析报表等。

(10)配置管理功能应正常：能对系统网络进行配置，数据设定在用户数据更新时不应影响交换系统的正常运行，正在进行的通话不应受影响。

(11)安全管理功能应正常：系统应具有在线维护管理功能；应具有安全保护措施，应能设置三级以上权限分级别进行系统管理。所有的错误和告警信息、任何的系统数据变更、修改和命令引用等操作均应可以存盘、打印，存盘文件应有严禁修改、严禁删除的功能附属。存入硬盘的各种信息应优先以文本格式而非编码格式进行屏幕显示、打印。

2. 检验

会同监理人员对所有项目根据《铁路运输通信工程施工质量验收标准》(TB 10418—2003)、《高速铁路通信工程施工技术指南》(铁建设〔2010〕241 号)、《高速铁路通信工程施工质量验收标准》(TB 10755—2010)的要求进行检验。

十一、安全控制措施

(1)针对通信设备的性能和施工特点，制定安全保障措施；开工前进行必要的安全培训，并进行安全考试，考试合格后方可上岗作业。

(2)在开工前务必与相关单位签订施工安全配合协议。

(3)对于既有机房,应调查机房内在用设备的使用情况,制定相应的安全防护措施。施工过程中严禁乱动与工程无关的在用设备和设施。

(4)施工现场必须配备消防器材,通信机房内及其附近严禁存放易燃、易爆等危险物品。

(5)机架地线必须连接良好。安装有防静电要求的单元板时,应穿上防静电服或戴上接地护腕。使用防静电手腕进行定期检查,严禁采用其他电缆替换防静电手腕上的电缆。

(6)在既有通信机房内施工中需要对既有设备进行作业时,应经机房负责人同意,在机房值班人员配合下进行操作。严禁触动与施工无关的在用设备。

(7)新旧通信设备割接施工应编制割接方案,经有关部门审批通过后实施。施工时应严格按照审批通过的割接方案进行,割接过程中要确保不影响既有通信网络的正常运行。

(8)在通信机房内进行电源割接时,需将使用的工具进行绝缘处理;割接前应先检查新设通信设备的电源系统、配线系统,保证其无短路、接地故障。

(9)进行放绑电缆、设备配线施工时,严禁攀爬走线架、走线槽、骨列架等,应使用结构稳固的高櫈、爬梯等进行施工。

(10)在设备加电前,电源极性、电压值、各种熔丝规格以及保护接地应符合要求。

(11)系统测试所用的精密仪器仪表应由专人操作。

(12)工程施工车辆机具都必须经过检查合格,并且定期维护保养,机械操作人员和车辆驾驶人员必须持证上岗。

十二、环保控制措施

(1)制定机房环境卫生的保障措施,配备必要的工具设施。

(2)仪表使用过的废旧电池、测试用的棉签、纸巾等现场垃圾及废弃物应统一收集,集中处理,不能乱丢乱放,做到人走场地清。

(3)通信机房内施工,必须采取防尘措施,保持施工现场的清洁。

(4)测试完毕及时关闭仪表,节约用电。

十三、附　　表

数据通信设备调试检查记录表见表 2-6-4。

表 2-6-4　数据通信设备调试检查记录表

工程名称			
施工单位			
项目负责人		技术负责人	
序号	项目名称	检查意见	存在问题
1	设备两路电源配接位置、电压等级检查		
2	数据通信设备外观及配线完整性检查		
3	光纤及各种配线缆插接件插接质量检查		
4	所有缆线标签标识检查		
5	设备加电后各单板状态检查		
6	数据通信系统配置数据加载正确性检查		
7	数据通信设备各端口指标测试		

续上表

序号	项目名称	检查意见	存在问题
8	数据通信设备间信令一致性检查		
9	机柜告警正确性确认		
10	各种测试仪表合格性检查		
检查结论： 检查组组员： 检查组组长： 年　月　日			

第七节　数字调度通信设备调试

一、适用范围

适用于铁路数字调度通信系统施工作业。

二、作业条件及施工准备

(1)已完成图纸审核、技术交底和安全培训(要求考试合格)。

(2)熟悉数调系统工程组网方式,核对各业务点的业务种类、数量和功能及实现方案。

(3)设备硬件施工已经完成,供电条件、机房环境符合要求。

(4)编制相应的施工安全防护措施,与相关单位签订施工安全配合协议。

(5)相关人员、物资、施工机械及工器具已经准备到位。

三、引用施工技术标准

(1)《铁路通信工程施工技术指南》(TZ 205—2009);

(2)《铁路运输通信工程施工质量验收标准》(TB 10418—2003);

(3)《高速铁路通信工程施工技术指南》(铁建设〔2010〕241 号);

(4)《高速铁路通信工程施工质量验收标准》(TB 10755—2010)。

四、作业内容

设备安装配线检查;电源接地检测;设备硬件检查;网管软件检查;单机加电检查;系统调试;系统功能试验;网管功能试验。

五、施工技术标准

1. 设备安装配线检查

(1)机柜安装位置正确,符合施工图纸的要求。

(2)同排多个机柜安装应该平齐,每个机柜必须水平、稳固,设备的水平、垂直偏差符合施工技术指南要求。

(3)所有电源线、地线、同轴线、网线及音频线规格型号符合图纸要求,连接正确,无错接漏接。

(4)所有线缆敷设工艺、路由及成端满足施工技术指南要求。

(5)各种配线标识清晰明了,尽量采用电脑打印标签。

(6)机柜内没有其他杂物。

2. 电源接地检测

(1)设备电源线、地线连接完毕。

(2)检查设备的交直流电压、容量、极性、接地满足技术要求。

3. 设备硬件检查

(1)子架接地良好,防静电手环已安装。

(2)检查所有单板,型号、数量、槽位正确,单板应插到底且单板拉手条正常扣好,稳固不松动。

(3)子架及所有单板的供电开关置于 OFF。

(4)子架内无其他杂物。

4. 网管软件检查

(1)网管服务器及客户端软硬件安装完毕,所有软件为正版软件,版本满足设备要求。

(2)用于调试的便携机软件正常。

(3)厂商授权 license 文件已到位。

5. 单机加电检查

(1)单机加电正常,各机盘指示灯显示正常。

(2)风扇状态正常。

(3)告警指示状态符合当前实际使用情况。

(4)所有配线无误。

6. 系统调试

(1)2 Mbit/s 数字接口应符合下列要求:

1)物理/电气特性应符合《系列数字接口的物理/电气特性》(ITU-T G. 703)的规定。

2)帧结构和复帧结构应符合《基群和二次群系列级别所用的同步帧结构》(ITU-T G. 704)的规定。

3)速率:2 048 kbit/s±102. 4 bit/s。

4)码型:HDB3。

5)阻抗:75 Ω(不平衡)/120 Ω(平衡)。

(2)2B+D 接口应符合下列要求:

1)速率:160 kbit/s。

2)码型:2B1Q。

3)最大脉冲的标称峰值:2.5 V。

4)阻抗:135 Ω。

(3)音频接口应符合下列要求:

1)工作频率:300～3 400 Hz。

2)相对电平:二线发送 0 dBr。

二线接收－3.5 dBr。

四线发送－14 dBr。

四线接收＋4 dBr。

3)特性阻抗:600 Ω(平衡)。

(4)模拟调度总机接口应符合下列要求:

1)特性阻抗:600 Ω、1 400 Ω。

2)选号信号电平值:5 dB±2 dB。

3)频率准确度:≤±0.4%。

4)第一选号信号持续时间:2 s±0.2 s。

5)第二选号信号持续时间:2 s±0.2 s。

(5)共总电话接口应符合下列要求:

1)环路电阻:≤2 kΩ 时(包括话机直流电阻),保证识别摘机。

2)发送铃流频率:25 Hz±3 Hz。

3)输出铃流电压:75 V±15 V。

4)发送铃流时间:连续。

(6)共分电话接口应符合下列要求:

铃流接收灵敏度:≥30 V,保证动作。

(7)磁石电话接口应符合下列要求:

1)特性阻抗:600 Ω。

2)输出铃流:75 V±15 V,25 Hz±3 Hz,振铃时间为 3 s。

3)铃流接收灵敏度:≥30 V,保证动作。

(8)选号电话接口应符合下列要求:

1)阻抗:高阻≥15 kΩ。

2)发送电平:2.6 dB＋2.6 dB。

3)发送信号时长:2 s±0.2 s。

(9)下行区间电话接口应符合下列要求:

1)直流环阻:≤2 kΩ(包括话机直流电阻)。

2)抗干扰能力:摘机时线间交流干扰 50 Hz,1 V 不误动。

3)铃流:25 Hz,2 kΩ 负载时输出电压大于 60 V。

4)拨号脉冲:每秒(10±1)个。

5)5 000 Hz 信号频率稳定度:＜100H z。

6)5 000 Hz 信号输出电平:5.2 dB±0.9 dB。

(10)上行区间电话接口应符合下列要求:

1)接收频率范围:5 000 Hz＋100 Hz。

2)接收电平:－10 dB 以上保证接收。

(11)用户线条件要求：

1)用户环路电阻不大于 1 800 Ω,馈电电流不小于 18 mA；

2)用户线线间绝缘电阻不小于 20 kΩ；

3)用户线线间电容不大于 0.5 μF。

(12)用户信号方式要求：

1)直流脉冲接收：

脉冲速度 8～14 脉冲/s；

脉冲断续比(1.3～2.5)∶1；

脉冲串间隔不小于 350 ms。

2)双音多频接收用户信号技术指标见表 2-7-1。

表 2-7-1　双音多频接收用户信号技术指标

序　号	项　　目	指标要求
1	频偏	±2.0%以内可靠接收；±3.0%以上保证不接收；±2.0%～±3.0%之间不保证接收
2	电平	双频工作时单频接收电平范围：−4～−23 dBm； 双频工作时单频不动作电平：−31 dBm,双频电平差不大于 6 dBm
3	信号极限时长	30～40 ms/位
4	信号间隔时长	30～40 ms

(13)信号音和铃流指标应符合表 2-7-2 的要求。

表 2-7-2　信号音和铃流指标

项　　目	拨 号 音	回 铃 音	忙　　音	空 号 音	铃　　流
频率	450 Hz±25 Hz	450 Hz±25 Hz	450 Hz±25 Hz	450 Hz±25 Hz	25 Hz±3 Hz
电平	−10 dBm0±3 dBm0	−10 dBm0±3 dBm0	−10 dBm0±3 dBm0	−10 dBm0±3 dBm0	电压：75 V±15 V
谐波失真	≤10%	≤10%	≤10%	≤10%	≤10%
断续时间	连续信号	1 s 送,4 s 断	0.35 s 送,0.35 s 断	0.1 s 送,0.1 s 断, 共 0.6 s;0.45 s 送, 0.45 s 断	1 s 送,4 s 断

(14)呼叫接续故障率应符合下列要求：

1)本局呼叫接续故障率不大于 1×10^{-4}；

2)出局呼叫接续故障率不大于 1×10^{-4}。

(15)数字调度通信系统一般应具备下列功能：

1)基本功能。

能完成 64kbit/s 电路交换；为用户提供直接呼入和呼出；为用户提供承载业务；为用户提供各种 ISDN 补充服务和新业务；采用 DSS1 信令与 GSM-R 交换机进行互联；送出主叫号码和呼出优先级；接收、存储和向局端转发号码；根据 ISDN 地址码进行寻址，完成电路接续。

2)能向用户提供实时、双向的基本电话业务。

3)电话补充业务。

主叫线识别提供(CLIP)；主叫线识别限制(CLIR)；被接线识别提供(COLP)；被接线识别限制(COLR)；无条件呼叫前转(WFU)；呼叫等待(CW)；呼叫保持(CH)；会议呼叫(CONF)。

4)调度业务。

具有呼叫优先级划分功能；具有组呼业务；具有强插、强拆功能；调度呼叫接续无阻塞；具有区别振铃的功能；支持呼叫转接业务。

5)提供电路型承载业务，提供低速率的透明传送数据业务。

6)GSM-R 固定用户接入功能。

以 ISDN 号码呼叫移动用户；以功能号码呼叫移动用户；组呼移动用户；语音广播；接受移动用户呼叫。

7. 系统功能试验

(1)2M 数字环自愈。

(2)分系统断电直通。

(3)主要设备或板卡冗余配置。

(4)FAS 系统保护切换。

(5)值班台及用户呼叫试验。

8. 网管功能试验

(1)配置管理功能

局数据、用户数据等数据的输入和修改，数据输入和修改不应影响系统的正常运行；数据库文件自动备份，出现故障能迅速恢复到备份数据库；查阅局数据、用户数据、话务统计数据等各种数据。

(2)性能管理功能

查看设备运行状态、程序数据版本；性能数据的采集、诊断、分析；自动/人工控制主、备用设备的启用、转换和停用。

(3)故障管理功能

硬件和软件故障自动监测和诊断；硬件故障定位和隔离；自动或人工控制主、备用设备的启用、转换和停用。

(4)安全管理功能

用户鉴权、操作权限的管理；日志管理，包括登录日志管理和操作日志管理。

六、工序流程及操作要点

1. 工序流程

工序流程如图 2-7-1 所示。

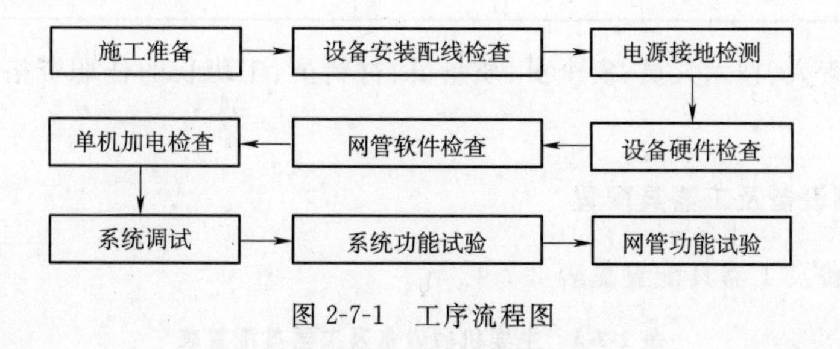

图 2-7-1　工序流程图

2. 操作要点

(1)在设备安装配线检查时，应重点检查机柜是否稳固，保证在插拔机盘时机柜不晃动。线缆的型号、规格、敷设方式及防护等应符合设计要求和使用要求。

(2)电源接地检测时，应重点检测电源端子的连接位置、极性是否正确，交直流电压值是否正常，接地是否良好。在既有电源设备内进行电源线连接时，所使用的工具必须做好绝缘处理。

(3)设备硬件检查时，确认所有单板的型号、数量、槽位正确，拨码开关设置正确，子架内无其他杂物。

(4)网管软件检查时，重点确认操作系统及软件正常，有相应的操作权限。

(5)单机检查、系统调试时，应重点做好 2 M 接口测试、用户线的通断测试，且 100%测试。操作时必须佩戴防静电手环。不能热插拔的机盘严禁带电插拔。各功能单元板指示灯指示正常，设备散热风扇开启运转正常。测试仪表必须和被测设备共地。

(6)系统功能试验时，应重点做好 2 M 数字环自愈功能、分系统掉电直通功能、主要设备冗余倒换功能、告警功能、业务功能(单呼、组呼、全呼、会议、显示)、数模兼容等试验。

(7)网管功能试验时，应重点做好性能管理功能、故障管理功能、配置管理功能、安全管理功能的试验，以及网管声光提示功能的试验。

七、劳动组织

1. 劳动力组织方式

按架子队模式组织。

2. 人员配置

按照标准化管理要求，结合工程量大小和现场实际情况进行编制，一个作业组作业人员配置见表 2-7-3。

表 2-7-3　数字调度设备调试施工作业人员配备表

序　号	项　　目	单　　位	数　　量	备　　注
1	施工负责人	人	1	
2	技术人员	人	1	
3	安全员	人	1	
4	质量员	人	1	
5	材料员	人	1	
6	工班长	人	1	
7	施工及辅助人员	人	若干	根据工程量大小及施工环境确定
8	厂家技术人员	人	2～3	

其中施工负责人、技术人员、安全员、质量员、材料员、工班长的任职资格应满足资源配置标准化的要求。

八、主要机械设备及工器具配置

主要机械设备及工器具配置见表 2-7-4。

表 2-7-4　主要机械设备及工器具配置表

序　号	名　　称	规　　格	单　　位	数　　量	备　　注
1	越野乘用车		辆	1	
2	话路分析仪		台	1	

续上表

序　号	名　　称	规　　格	单　位	数　量	备　　注
3	笔记本电脑		台	1	
4	误码测试仪		台	1	
5	振荡器		台	1	
6	直流电桥		台	1	
7	电话机		部	2	
8	万用表		块	2	
9	兆欧表		块	2	
10	电平表		台	1	
11	梯子		把	1	
12	适用工具		套	3	

注：以上主要设备机具仅作为参考，具体根据工程实际情况来配置。

九、物资材料配置

所用物资材料配置应符合设计要求，具体见表 2-7-5。

表 2-7-5　物资材料配置表

序　号	名　　称	规　　格	单　位	数　量	备　　注
1	同轴跳纤	5 m/条	条	10	
2	网线	5 m/条	条	5	
3	移动式电源插座	交流 220 V	个	2	

十、质量控制标准及检验

1. 质量控制标准

(1)所有设备材料到达现场后都应进行进场检验，其型号、规格及质量符合设计要求和相关技术标准的规定。

(2)设备安装位置、机架及底座的加固方式及安装强度应符合设计要求和相关技术标准的规定；子架安装位置及单元电路板的规格、数量和安装位置应正确、无松动。

(3)设备配线用各种线缆的型号、规格及质量应符合设计要求，配线前应进行测试，性能指标达到相关技术标准要求。

(4)配线应排列整齐，弯曲半径应满足施工技术指南规定；电缆芯线绑扎不应破坏扭矩，余留长度应能达到更换编线最长芯线的要求。

(5)设备配线端子与配线间的连接不论采用焊接、卡接、绕接哪种方式，都应保证质量，接触良好。

(6)数字调度设备的下列功能试验应正常：

站间行车电话接入功能；区间(应急)电话接入功能；站场内部用户分群接入功能；模拟调度设备接入功能；站场无线/有线接入功能；区间应急自动电话、行调分机、人工电话接入功能；录音功能。

(7)值班台下列功能试验应正常：

值班台录音功能；值班台紧急呼叫功能；值班台故障自动倒向备用自动话机功能；应具有

液晶显示功能。

(8)铁路运输调度通信的下列系统功能试验应正常：

热备份部件自动切换功能；数字通道迂回(自愈)功能；数字通道故障时按设计要求自动倒换到实回线功能；调度分设备断电时 2 M 直通功能；瞬间断电自复功能。

(9)维护台对数字调度通信系统应进行下列集中维护管理的功能试验：

数据设置和修改功能应正常；自动检测通路和各种设备的故障情况，将故障定位到电路板级，并提供故障统计报表的功能应正常；应具有与上层网络管理设备的接口，接口类型应符合设计要求。

(10)一般管理功能应正常：能真实显示系统的网络拓扑结构，实时反映其物理连接状态及各点设备运行条件和状态。

(11)故障管理功能应正常：能设定告警等级、报警方式(声光、打印)；屏蔽/打开某类告警；清楚告警；分时间段、告警类型及所属管理区段查询、打印告警；生成告警信息的统计分析报表等。

(12)配置管理功能应正常：能对系统网络进行配置和数据设定，在用户数据更新时不应影响交换系统的正常运行，正在进行的通话不应受影响。

(13)安全管理功能应正常：系统应具有在线维护管理功能；应具有安全保护措施，应能设置三级以上权限分级别进行系统管理。所有的错误和告警信息，任何的系统数据变更、修改和命令引用等操作均应可以存盘、打印，存盘文件应有严禁修改、严禁删除的功能附属。存入硬盘的各种信息应优先以文本格式而非编码格式进行屏幕显示、打印。

2. 检验

会同监理人员对所有项目根据《铁路运输通信工程施工质量验收标准》(TB 10418—2003)、《高速铁路通信工程施工技术指南》(铁建设〔2010〕241 号)、《高速铁路通信工程施工质量验收标准》(TB 10755—2010)的要求进行检验。

十一、安全控制措施

(1)针对通信设备的性能和施工特点，制定安全保障措施；开工前进行必要的安全技术培训，并进行安全考试，考试合格后方可上岗作业。

(2)在开工前务必与相关单位签订施工安全配合协议。

(3)对于既有机房，应调查机房内在用设备的使用情况，制定相应的安全防护措施。施工过程中严禁乱动与工程无关的在用设备、设施。

(4)施工现场必须配备消防器材，通信机房内及其附近严禁存放易燃、易爆等危险物品。

(5)机架地线必须连接良好。安装有防静电要求的单元板时，应穿上防静电服或戴上接地护腕。使用防静电手腕进行定期检查，严禁采用其他电缆替换防静电手腕上的电缆。

(6)在既有通信机房内施工中需要对既有设备进行作业时，应经机房负责人同意，在机房值班人员配合下进行操作。严禁触动与施工无关的运行中的设备。

(7)新旧通信设备割接施工应编制割接方案，经有关部门审批通过后进行实施。施工时应严格按照审批通过的割接方案进行，割接过程中要确保不影响既有通信网络的正常运行。

(8)在通信机房内进行电源割接时，需将使用的工具进行绝缘处理；割接前应检查新设通信设备电源系统，保证其无短路、接地故障。

(9)进行放绑电缆、设备配线施工时，严禁攀爬走线架、走线槽、骨列架等，应使用高櫈、爬梯等进行施工。

(10)在设备加电前，电源极性、电压值、各种熔丝规格以及保护接地应符合要求。

(11)精密仪器仪表应由专人操作。

(12)工程施工车辆机具都必须经过检查合格，并且定期维护保养，机械操作人员和车辆驾驶人员必须是取得相应的资格证。

十二、环保控制措施

(1)制定机房环境卫生的保障措施，配备必要的工具设施。

(2)仪表使用过的废旧电池、测试用的棉签、纸巾等现场垃圾及废弃物应统一收集，集中处理，不能乱丢乱放，做到人走场地清。

(3)通信机房内施工，必须采取防尘措施，保持施工现场的清洁。

(4)测试完毕及时关闭仪表，节约用电。

十三、附　　表

数字调度通信设备调试检查记录表见表 2-7-6。

表 2-7-6　数字调度通信设备调试检查记录表

工程名称			
施工单位			
项目负责人		技术负责人	
序号	项目名称	检查意见	存在问题
1	设备两路电源配接位置、电压等级检查		
2	数调通信设备外观及配线完整性检查		
3	各种配线缆插接件插接质量检查		
4	所有缆线标签标识检查		
5	设备加电后各单板状态检查		
6	数调通信系统配置数据加载正确性检查		
7	调度通信设备各端口指标测试		
8	数字调度通信设备间信令一致性检查		
9	机柜告警正确性确认		
10	各种测试仪表合格性检查		
检查结论：			
检查组组员：			
检查组组长：			年　月　日

第八节 综合视频监控系统

一、适用范围

适用于新建、改扩建铁路通信综合视频监控系统施工。

二、作业条件及施工准备

(1)完成图纸审核、技术交底和安全培训考核工作。

(2)完成视频监控点和视频监控接入点的径路调查,做好各项施工安全防护物品准备,制定相应的安全技术保障措施。

(3)已与相关单位签订施工安全配合协议。

(4)相关人员、物资、施工机械及工器具已经准备到位。

三、引用施工技术标准

(1)《综合布线系统工程验收规范》(GB 50312—2007);

(2)《铁路工程基本作业施工安全技术规程》(TB 10431—2009);

(3)《铁路通信工程施工技术指南》(TZ 205—2009);

(4)《铁路运输通信工程施工质量验收标准》(TB 10418—2003);

(5)《高速铁路通信工程施工技术指南》(铁建设〔2010〕241 号);

(6)《高速铁路通信工程施工质量验收标准》(TB 10755—2010)。

四、作业内容

施工准备;机房调查;设备开箱检查;制作设备安装连接件;设备安装、线缆布放与接地;设备加电试验;系统功能测试。

五、施工技术标准

(1)设备到达现场应进行检查,其型号、规格、质量应符合设计要求及相关技术标准的规定。

(2)线缆到达现场应进行检查,其型号、规格、质量应符合设计要求及相关技术标准的规定。

(3)综合视频监控系统室内外光电缆的敷设应符合下列要求:

1)电缆布放应符合设计图纸规定;设备数据线与电源线宜分道布放,同一走线架敷设时其间距应大于 50 mm。

2)光缆尾纤应按标定的纤序连接设备,光缆尾纤在机柜内应单独布放固定,且不得挤压、扭曲、用扎带捆绑。其弯曲半径不应小于 40 mm。

3)所有配线在电缆槽道或走线架上应按机架的排列顺序布放、理顺出线。电缆的转弯曲率半径不小于电缆外径的 10 倍;所有电缆配线中间不得有接头。

4)室外设备的连接电缆应从设备的下部进线,并将进线孔密封。

5)电缆沿墙敷设宜采用线卡直接固定或设置吊线吊挂方式。沿墙敷设电缆在墙角转弯处两侧应设转角线卡或墙担。电缆线卡水平间距不大于 0.6 m,垂直间距不大于 1 m。

6)室外光电缆敷设应符合本书第一章相关技术标准。

(4)室内设备安装与配线要求：

1)控制台安装位置应符合设计要求。控制台应竖直，台面应水平清洁无划痕、固定螺丝应紧固；控制台的附件应齐全、无损伤；台内各插件和设备接触应可靠，内部接线应符合设计要求，无扭绞、无损伤。

2)监视器安装位置应符合设计要求。当监视器装在柜内时，应按设计要求设置良好的通风散热措施；监视器屏幕不应受外来光源直射，当有不可避免的光源时，应设遮光罩遮挡；监视器的外部可调节部分，应暴露在便于操作的位置，方便使用，可加保护盖保护。

3)视频机柜应安装固定牢固，垂直偏差不应大于1.0‰。同一列机架的设备面板应成一直线，相邻机架的缝隙不应大于3 mm。设备上的各种零件、部件等标志应正确、清晰、齐全。

4)监控室接地电阻应不大于1 Ω。监控室接地装置与发电、变电站的接地体间的距离不应小于200 m。

5)出、入机房的交流电力线路应选用具有金属恺装层的电力电缆，且埋设于地下，其金属护套两端应就近接地，缆内两端的芯线应加装避雷器。

6)出、入机房的通信线缆，其金属护层应做保护接地，电缆芯线在引入设备前应分别对地加装保安装置。由楼顶引入的金属护套电缆，应采取相应的防雷措施后，方可引入机房。直流电源工作地应从地线排上引接。交、直流配电设备的机壳应从地线排上引接保护地。交、直流配电设备内应有相应的分级防雷及浪涌保护装置。配线架应从地线排上引接保护地，同时配线架与机房机架间不应通过走线架形成电气连通。通信设备机壳应接到保护地。机房内活动地板下方应设金属网格，供活动地板支架作接地使用，该地网至少有两根从地线排引接的地线。

(5)视频监视系统前端采集设备(摄像机)安装与配线应符合下列要求：

1)搬动、架设摄像机过程中，不得打开镜头盖。

2)检查摄像机机座与支架或云台的安装尺寸。

3)摄像机应逐个通电进行检测和粗调，在摄像机处于正常工作状态后，方可安装。

4)检查云台的水平、垂直转动角度是否满足设计要求，合格后安装、调整。

5)检查摄像机防护罩的雨刷动作。

6)检查摄像机防护罩内紧固情况。

7)摄像机的安装应牢靠、紧固。

8)从摄像机引出的电缆宜留有1 m的余量，不得影响摄像机的转动。摄像机的电缆和电源线应固定，不得用插头承受电缆的自重，外部出线部分需做防护处理。

9)对摄像机进行初步安装，经通电试看、细调、检查各项功能，观察监视区域的覆盖范围和图像质量，符合要求后方可固定。

10)室外摄像机立杆，应做防雷接地；立杆高度一般应保证摄像机离地面高度不低于5 m，或符合设计要求；立杆表面应进行防腐处理；立杆基础的深度应不小于1.5 m，基础直径应大于1 m；基础可采用混凝土灌注。

11)室外露天机箱应具有防雨通风功能，机箱体积需满足设计要求，箱体应达到IP54防护等级；机箱内应可安装电源、视频光端机等设备，配线需整齐规范；机箱内安装牢固，表面喷涂明显的警示标志；机箱离地面高度应不小于3 m；应将机箱和立杆进行统一防雷接地。

12)设有监控设备的铁路建筑物应采取包含外部防雷措施和内部防雷措施的综合防护系统。新建监控设备应远离牵引变电所、高大建筑物。

13)在高压带电设备附近架设摄像机时，应根据带电设备的要求，确定安全距离。

14)距离接触网带电体 5 m 范围内的监控设备有条件时应接入综合接地系统。

15)接地装置的焊接应采用搭接焊,搭接长度符合设计要求,搭接处应做防腐处理。

监控杆塔防雷装置、接地引下线和接地电阻应符合设计要求;避雷针地线的接地电阻应不大于 10 Ω,高土壤电阻率地区应符合设计要求,但不得大于 50 Ω。

六、工序流程及操作要点

1. 工序流程

工序流程如图 2-8-1 所示。

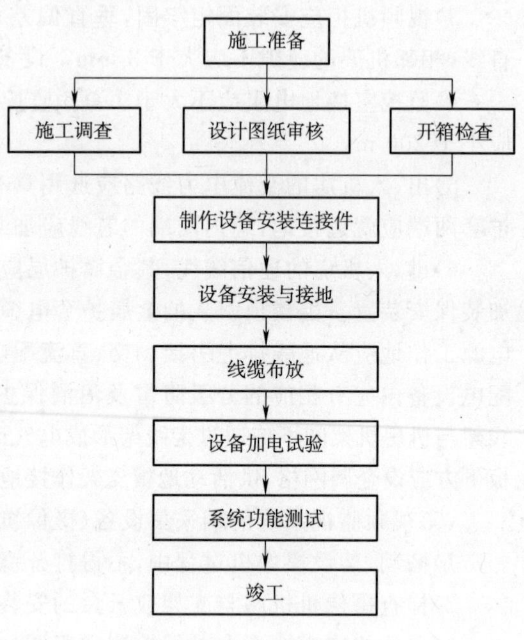

图 2-8-1 工序流程图

2. 操作要点

(1)设备安装条件调查。

监控中心、中间站监控机房的建筑装饰、暗配管道、预留孔、预埋件的技术条件与施工设计图纸一致。

室内、外摄像机的安装地点、环境条件等应满足设计要求。

(2)设备开箱。

根据设备到货清单检查设备到货是否齐全无遗漏并做好记录,检查设备的型号、规格及质量必须符合设计技术要求及相关产品标准的规定,设备开箱后及时签认材料设备开箱检查记录。

(3)制作设备安装连接件。

根据设备安装条件调查、测量数据,按照设备安装要求加工相应连接固定件。

(4)摄像机安装。

1)摄像机安装前要进行编码和测试,正确无误后再进行安装。

2)摄像机安装前检查:

①将摄像机逐个通电进行检测和粗调,在摄像机处于正常工作状态后,方可安装;

②检查云台的水平、垂直转动角度,并根据设计要求定准云台转动起点方向;

③检查摄像机防护罩的雨刷动作,检查摄像机在防护罩内紧固情况;

④检查摄像机机座与支架或云台的安装尺寸。

3)摄像机编码测试流程如图 2-8-2 所示。

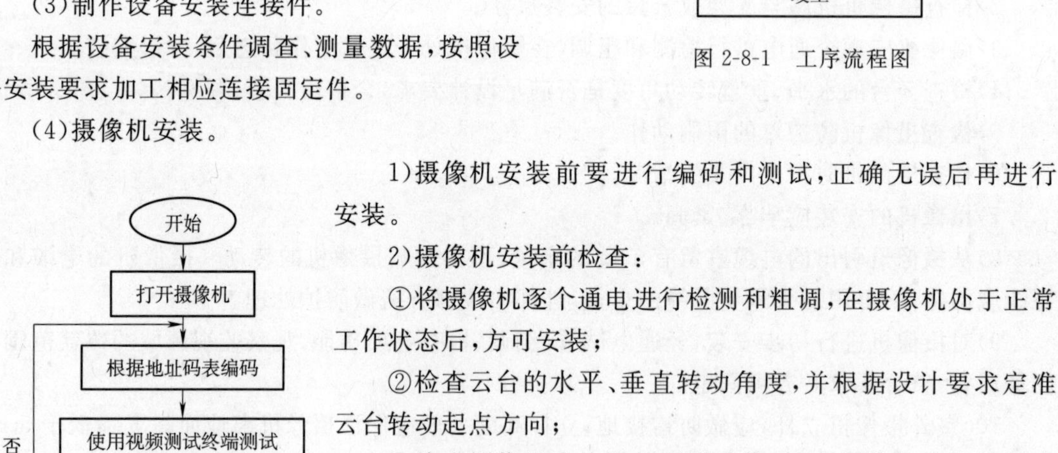

图 2-8-2 摄像机编码测试流程图

4)摄像机安装时,不要用手或其他工具敲击或摇动摄像机,不要在潮湿环境中放置或操作摄像机。不管摄像机电源是否接通,不要将摄像机瞄准太阳或极光亮的物体,不要将摄像机长时间瞄准或监视光亮的静止物体,否则会导致摄像机 CCD

不可恢复性的损坏。

5)摄像机安装分专用支架安装和摄像机安装。专用支架一般安装高度在2.5～3.5 m之间,室外应距地面3.5～10 m,并不得低于3.5 m,应安装牢固平直,支架固定螺丝外露部位用金属圆头螺丝进行防护处理。站台摄像机安装要平衡,根据需要镜头向下倾斜5°～12°,以保证最佳图像效果。监视器安装时应轻拿轻放,安装完成后必须做好临时性保护措施和醒目标志。

6)摄像机应安装牢靠、稳固,带有防掉落钢丝的摄像机要将防掉落钢丝固定在安装支架上。镜头覆盖区域不得有遮挡监视目标物,室内摄像机应能监视室内的设备全景。满足设计要求的监视范围。

7)摄像机宜安装在监视目标附近不易受外界损伤的地方,安装位置不应影响现场设备运行和人员正常活动。

8)在摄像机安装配线过程中,不得打开镜头盖。

9)从摄像机引出的电缆宜留有1 m的余量,不得影响摄像机的转动。摄像机的视频线和电源线均应固定牢固,绑扎美观。

10)电梯轿厢内的半球摄像机应安装在电梯轿厢顶部的内侧边角附近。摄像机的光轴与电梯的两截面及天花板成45°角,实现监视范围最大。

11)球机应按其监视范围来决定云台的旋转方位,其旋转死角应处在支、吊架和缆线引接一侧。安装时应考虑电动云台的转动惯性,要求其旋转过程中不应发生抖动现象。

12)摄像机的吊杆、支架固定方式应符合设计要求。

(5)摄像机常见的四种安装方式如图2-8-3所示。

(6)摄像机调整。

1)每个摄像机安装后,应借助临时电源和视频宝进行简单的调试,确认设备是否工作正常,然后根据设计要求,观察其监视区域是否满足监控需要,细调后锁紧固定。

2)摄像机镜头应避免强光直射,保证摄像管靶面不受损伤,镜头视场内,不得有遮挡监视目标物体。

3)摄像机镜头应从光源方向对准监视目标,并应避免逆光安装,当需要逆光安装时,应降低监视区域的对比度。

4)同一区域内的摄像机标高应具有一致性,偏差控制在规定范围内。

(7)设备加电试验。

1)设备加电测试前,应确认设备带电部分与金属外壳间的绝缘,要求其绝缘电阻大于5 MΩ;配线的芯线间和芯线对地的绝缘电阻应大于1 MΩ。

2)监控设备的接地电阻不得大于4 Ω。

3)网络接口模块的通信协议、数据传输格式、速率应符合设计要求。

4)设备加电后先在配线间试验,检查图像是否清晰,控制功能是否正常。正常后接入视频编码器,通过网络上传至控制室。然后在控制室观察图像质量,并通过控制键盘观察是否能进行正确控制。

5)监控系统主要包括对摄像机的控制,DLP大屏显示、多屏拼接和RGB矩阵功能等的调试,其主要内容包括:前端摄像机的功能;DLP大屏功能;视频解码器视频信号解压缩转换功能;视频图像质量性能;系统联动响应时间;单画面显示像素数量,显示基本帧数等。

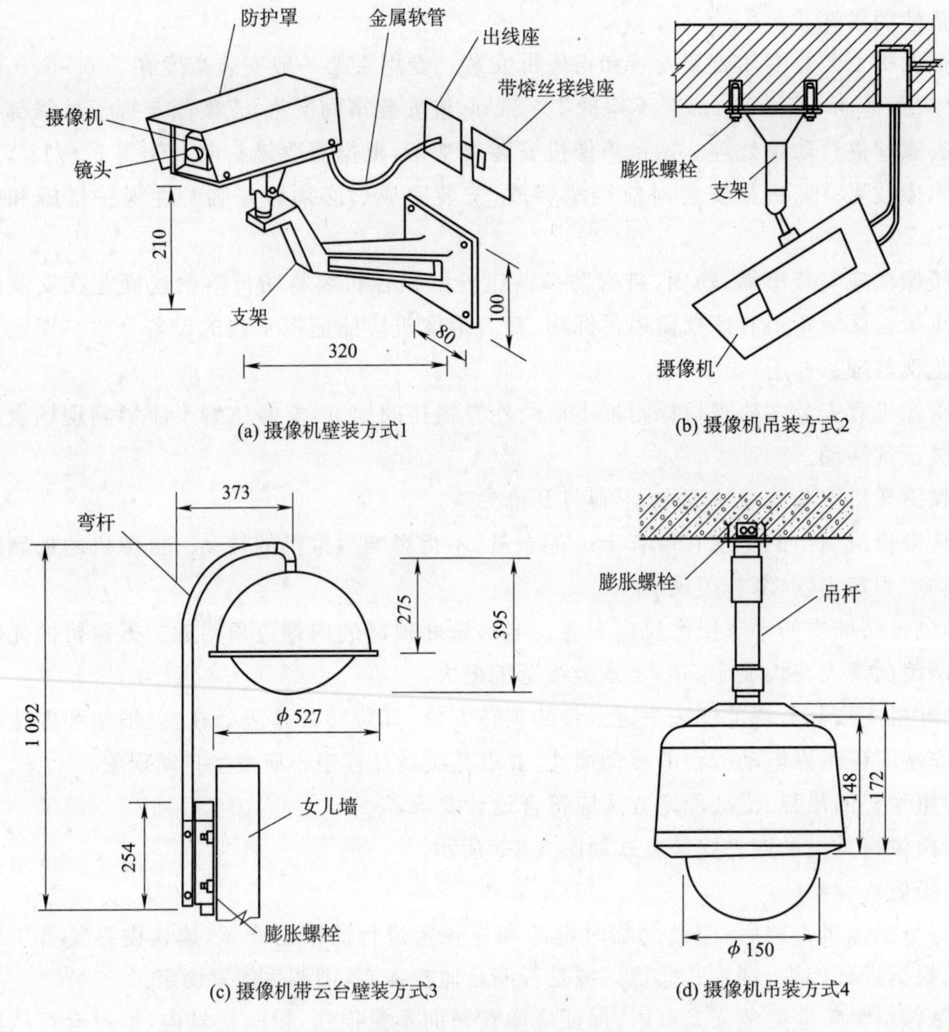

图 2-8-3　摄像机常见的安装方式(单位:mm)

(8)系统功能试验。

1)综合视频监控系统的接入不应改变终端监控设备的功能和正常工作性能。

2)中间站综合视频监控系统应满足设计文件要求,通过有效的通信传输网络实现对所有被监控目标的信息传送、实时监测和控制。

3)任意移动维护终端,应能从中间站视频监视检测口进入综合视频监控管理平台,根据相应的权限进行操作、维护。

4)中间站的环境及电源监控系统与电源、空调等系统等的联动功能应符合设计和系统集成功能的要求。

5)综合视频监控系统的故障管理功能、性能管理功能、配置管理功能、安全管理功能均应满足设计要求。

七、劳动组织

1. 劳动力组织方式

采用架子队组织模式。

2. 人员配置

人员配置应结合工程量大小和现场实际情况进行编制，同时应满足资源配置标准化的要求。表 2-8-1 仅作为参考。

表 2-8-1　视频综合监控系统施工作业人员配备表

序　号	项　　目	单　　位	数　　量	备　　注
1	施工负责人	人	1	
2	技术人员	人	1～3	
3	安全员	人	1	
4	质量员	人	1	
5	材料员	人	1	
6	工班长	人	4～6	
7	施工及辅助人员	人	若干	根据工程量大小及施工环境确定

其中负责人、技术主管、技术员、安全员、质量员、材料员、工班长的任职资格应满足资源配置标准化的要求。

八、主要机械设备及工器具配置

主要机械设备及工器具配置见表 2-8-2。

表 2-8-2　主要机械设备及工器具配置表

序　号	仪器设备名称	规格型号	单　　位	数　　量	备　　注
1	发电机		台	1	
2	电锤		把	2	
3	钢钎		套	2	
4	钢锯		套	2	
5	喷灯		把	2	
6	万用表		把	2	
7	电烙铁		副	5	
8	对讲机		套	10	
9	弯管机		台	1	
10	光电缆盘支架		套	1	
11	组合工具		套	3	
12	熔接机		套	1	
13	光时域反射仪		套	1	
14	振动棒		套	1	

注：以上主要设备机具仅作为参考，具体根据工程实际情况来配置。

九、物资材料配置

(1)各种原材料的质量要符合设计要求，到达施工现场后要进行进场检验。

(2)各种设备配线的规格、型号、数量、质量等要符合设计要求，使用前对所有配线进行测试，测试合格才能使用。具体见表 2-8-3。

表 2-8-3　物资材料表

序号	名称	规格	单位	数量	备注
1	光缆		m		工程所需
2	电力电缆		m		工程所需
3	视频电缆		m		工程所需
4	同轴电缆		m		工程所需
5	网线		m		工程所需
6	钢筋		m		工程所需
7	防护槽		m		工程所需
8	防护钢管		t		工程所需
9	防护角钢		t		工程所需
10	标石		个		工程所需

十、质量控制标准及检验

1. 质量控制标准

所有设备材料到达现场进行进场检验，其型号、规格及质量符合设计要求和相关技术标准规定。

监控中心设备安装位置、安装方式及稳定度应符合设计要求和相关技术标准规定。

(1)设备配线所用线缆的型号、规格及质量应符合设计要求，配线前应进行测试，指标达到相关技术标准要求。

(2)监控中心、中间站监控设备机房建筑装饰、暗配管道、预留孔、预埋件的技术条件与施工设计图纸一致。中间站室内、外各监控终端(摄像机)安装的地点、工作环境应满足设计和设备自身要求。

(3)各类监控摄像机及其他自动开关在手动操作状态下运行正常，并能接收中间站综合视频监控系统的指令。

(4)监控前端设备安装应牢靠、稳固，垂直偏差度不大于 1‰，摄像机镜头有效视场内不应有遮挡监视目标的物体，镜头应沿光源方向对准监视目标；设备、线缆、管线、接地及接地电阻应符合设计要求。室外独立杆安装的监视设备应设避雷针，避雷针接地电阻不应大于 10 Ω，室外设备箱应安装固定牢靠。

(5)监控系统功能应符合设计要求。

(6)监控设备调试前应对硬件设备进行全面检查，检查正常后方可通电。系统调试时应保证各单机、传输通道、设备供电正常。

(7)所用仪表经过计量检验合格，且在有效期内使用。

2. 检验

(1)根据《铁路运输通信工程施工质量验收标准》(TB 10418—2003)、《高速铁路通信工程施工质量验收标准》(TB 10755—2010)、《综合布线系统工程验收规范》(GB 50312—2007)的要求进行检验。

(2)主控项目。

1)设备、缆线到达现场应进行检查,其型号、规格、质量应符合设计要求及相关技术标准的规定。

检验数量:全部检查。

检验方法:对照设计文件检查出厂合格证等质量证明文件,并观察检查设备、缆线外观,检测线缆的交直流电特性。

2)综合视频监控系统室内外光电缆的敷设应符合下列要求:

①电缆布放应符合设计图纸规定;设备数据线与电源线宜分道布放,同一走线架敷设时其间距应大于50 mm。

②光缆尾纤应按标定的纤序连接设备,光缆尾纤在机柜内应单独布放固定,且不得挤压、扭曲、用扎带捆绑。其弯曲半径不应小于40 mm。

③所有配线在电缆槽道或走线架上应按机架的排列顺序布放、理顺出线。电缆的转弯曲率半径不小于电缆外径的10倍;所有电缆配线中间不得有接头。

④室外设备的连接电缆应从设备的下部进线,并将进线孔密封。

⑤电缆沿墙敷设宜采用线卡直接固定或设置吊线吊挂方式。沿墙敷设电缆在墙角转弯处两侧应设转角线卡或墙担。电缆线卡水平间距不大于0.6 m,垂直间距不大于1 m。

检验数量:全部检查。

检验方法:对照设计文件直观检查、尺量。

3)室内设备安装与配线要求:

①控制台安装位置应符合设计要求。控制台应竖直,台面应水平清洁无划痕,固定螺丝应紧固;控制台的附件应齐全、无损伤;台内各插件和设备接触应可靠,内部接线应符合设计要求,无扭绞、无损伤。

②监视器安装位置应符合设计要求。当监视器装在柜内时,应按设计要求设置良好的通风散热措施;监视器屏幕不应受外来光源直射,当有不可避免的光源时,应设遮光罩遮挡;监视器的外部可调节部分,应暴露在便于操作的位置,方便使用,可加保护盖保护。

③监控室接地电阻应不大于1 Ω。监控室接地装置与发电、变电站的接地体间的距离不应小于200 m。

④出、入机房的交流电力线路应选用具有金属恺装层的电力电缆,且埋设于地下,其金属护套两端应就近接地,缆内两端的芯线应加装避雷器。

检验数量:全部检查。

检验方法:外观直观检查,接地电阻使用地线电阻测试仪测试。

4)视频监视系统前端采集设备(摄像机)安装与配线应符合下列要求:

①搬动、架设摄像机过程中,不得打开镜头盖。

②摄像机应逐个通电进行检测和粗调,在摄像机处于正常工作状态后,方可安装。安装后再通电细调。

③检查云台的水平、垂直转动角度是否满足设计要求,合格后安装、调整。

④检查摄像机防护罩的内部固定情况和雨刷动作情况。

⑤室外摄像机立(柱)杆,应做防雷接地;摄像机安装高度、朝向符合设计要求;立杆基础的深度应不小于1.5 m,基础直径应大于1 m;基础可采用混凝土灌注。

⑥室外露天机箱应具有防雨通风功能,机箱体积需满足设计要求,箱体应达到IP54防护等级;机箱离地面高度应不小于3 m;应将机箱和立杆进行统一防雷接地。

⑦设有监控设备的铁路建筑物应采取包含外部防雷措施和内部防雷措施的综合防护系统。新建监控设备应远离牵引变电所、高大建筑物。距离接触网带电体 5 m 范围内的监控设备有条件时应接入综合接地系统。

⑧接地装置接地电阻符合设计要求(一般地带应不大于 10 Ω,高土壤电阻率地区应符合设计要求,但不得大于 50 Ω),地线焊接处应采用搭接焊,搭接长度符合设计要求,搭接处应做防腐处理。

检验数量:全部检查。

检验方法:外观直观检查,用地线电阻测试仪测试地线电阻,用视电宝检查摄像机,尺量长度和间距。

(3)一般项目。

①视频机柜应安装固定牢固,垂直偏差不应大于 1.0‰。同一列机架的设备面板应成一直线,相邻机架的缝隙不应大于 3 mm。设备上的各种零件、部件等标志应正确、清晰、齐全。

②从摄像机引出的电缆宜留有 1 m 的余量,且不得影响摄像机的转动。缆线插头不得承受电缆的自重,外部出线部分需做防护处理。

③出、入机房的通信线缆,其金属护层应做保护接地,电缆芯线在引入设备前应分别对地加装保安装置。

检验数量:全部检查。

检验方法:对照设计文件直观检查,使用水平尺、磁性线坠、直尺测量。

十一、安全控制措施

(1)开工前,应针对施工特点,制定安全保障措施,进行安全培训和技术交底,考试合格方可上岗作业。

(2)在敷设光电缆时,光电缆支架要选在平稳的地势摆放,在敷设过程中,需专人负责控制缆盘转动。

(3)光电缆路径应避开低洼、易塌方等危险地带。

(4)使用机械施工时,应设专人防护,避免机械设备使用时误伤操控区的其他作业人员。

(5)既有线施工时,所有人员必须穿防护服,戴安全帽,听从防护员和安全监护员的现场安全管理。

(6)所有作业人员禁止在站台边、轨道上休息,严禁施工机具侵入铁路限界,危及行车安全。

(7)既有机房施工前,应先对既有机房在用设备运行情况进行调查,做好记录,编写施工方案和安全保证措施,批准后在运维人员配合下施工,确保既有机房在用设备安全。

(8)在设备上插拔板件,应戴上防静电手腕。

(9)严格遵守通信机房的管理规定,施工中严禁乱动与施工无关的既有设备。

(10)设备加电前,应确认电源极性、电压值、各种熔丝规格以及保护接地符合要求。

(11)施工时所用的高凳、梯子等应安全牢固,且有防滑措施。

十二、环保控制措施

(1)开挖光电缆沟时,应设彩条布遮挡、覆盖,减少对道床及周边环境污染,避开植被保护生态。

(2)光电缆接头完成后,应及时清理接头产生的垃圾,集中处理。

(3)光电缆径路包封剩余的混凝土等杂物应及时清运出场,禁止随意抛弃。

(4)设备包装废弃物应统一收集,集中处理,禁止乱丢乱放。

(5)机房内施工应采取防尘措施,保持施工现场清洁、保证设备卫生。

(6)墙壁、楼板打孔作业时,不得破坏建筑物主体安全,不得影响其美观。

(7)设备安装、配线的下脚料、废弃物,加工件刷所用的漆剩余油漆,测试仪表用过的废旧电池等要统一收集,集中进行处理。每日施工结束后要进行施工现场打扫,做到人走场地清。

十三、附　　表

综合视频监控系统施工检查记录表见表 2-8-4。

表 2-8-4　综合视频监控系统施工检查记录表

<table>
<tr><td colspan="2">工程名称</td><td colspan="2"></td></tr>
<tr><td colspan="2">施工单位</td><td colspan="2"></td></tr>
<tr><td colspan="2">项目负责人</td><td>技术负责人</td><td></td></tr>
<tr><td>序号</td><td>项目名称</td><td>检查意见</td><td>存在问题</td></tr>
<tr><td>1</td><td>机房施工条件</td><td></td><td></td></tr>
<tr><td>2</td><td>外场终端安装情况</td><td></td><td></td></tr>
<tr><td>3</td><td>外场缆线布放情况</td><td></td><td></td></tr>
<tr><td>4</td><td>设备开箱情况</td><td></td><td></td></tr>
<tr><td>5</td><td>设备安装预制件</td><td></td><td></td></tr>
<tr><td>6</td><td>机房缆线布放及终端情况</td><td></td><td></td></tr>
<tr><td>7</td><td>机房外供交流电源情况</td><td></td><td></td></tr>
<tr><td>8</td><td>机房地线情况</td><td></td><td></td></tr>
<tr><td>9</td><td>机房设备安装情况</td><td></td><td></td></tr>
<tr><td>10</td><td>机房配线电气性能测试情况</td><td></td><td></td></tr>
<tr><td>11</td><td>外场设备单机检查情况</td><td></td><td></td></tr>
<tr><td>12</td><td>机房加电后设备单机性能测试情况</td><td></td><td></td></tr>
<tr><td></td><td></td><td></td><td></td></tr>
<tr><td colspan="4">检查结论:

检查组组员:

检查组组长:
年　　月　　日</td></tr>
</table>

第九节 综合布线系统施工

一、适用范围

适用于铁路通信工程综合布线系统施工。

二、作业条件及施工准备

(1)已完成图纸审核、技术交底和安全培训,坚持合格上岗。

(2)已完成施工条件调查(主要是设备间预埋管线、平面预留孔洞、竖井等的位置、大小、数量应符合设计要求)。

(3)核对综合布线所用缆线的规格型号、数量、预配路由是否满足施工需要。

(4)已与相关单位签订施工安全配合协议。

(5)相关人员、物资、施工机械及工器具已经准备到位。

三、引用施工技术标准

(1)《综合布线系统工程验收规范》(GB 50312—2007);

(2)《铁路通信工程施工技术指南》(TZ 205—2009);

(3)《高速铁路通信工程施工技术指南》(铁建设〔2010〕241 号);

(4)《铁路运输通信工程施工质量验收标准》(TB 10418—2003);

(5)《高速铁路运输通信工程施工质量验收标准》(TB 10755—2010)。

四、作业内容

施工准备,保护管及金属线槽安装,缆线敷设,综合布线设备安装,信息面板安装,缆线终接测试,综合布线系统调试。

五、施工技术标准

(1)综合布线系统的管线到达现场后应进行检查,其型号、规格、质量应符合设计要求及相关技术标准的规定。

(2)金属电缆桥架、管线的安装位置与走向应符合设计要求。

(3)对绞电缆芯线终接时,应保持原有的扭绞状态,与模块式通用插座的连接,在同一布线工程中 T568A 和 T568B 两种连接方式不应混合使用。

(4)屏蔽对绞线的屏蔽层与接插件终接处屏蔽罩应可靠接触。

(5)各种插座面板应有标识,应以颜色、图形或文字区分终端设备的类型。

(6)模块式通用插座安装在活动地板或地面时,应固定在接线盒内;接线盒应与地面齐平,盖板可开启。

(7)预埋暗管的转弯角度不应小于 90°,在路径上每根暗管的转弯角不得多于 2 个,并不应有 S 弯。暗管转弯的曲率半径不应小于该管外径的 6 倍,当暗管外径大于 50 mm 时,不应小于 10 倍。

(8)水平金属线槽在接头处、每间隔 3 m 处、离开线槽两端出口 0.5 m 处及转弯处应有支架或吊架；垂直金属线槽固定在建筑物构体上的间距宜小于 2 m，距地 1.8 m 以下部分应有金属盖板保护。

(9)线槽在缆线通道两端出口处宜有填充材料进行封堵，线槽盖板应可开启。

(10)在公用立柱中布放缆线时，立柱支撑应牢固，立柱中电力线和综合布线缆线合一布放时，中间应用金属板隔开，无隔板时其间隔应符合设计要求。

(11)非屏蔽 4 对对绞电缆的弯曲半径不应小于电缆外径的 4 倍；屏蔽 4 对对绞电缆的弯曲半径不应小于电缆外径的 8 倍；主干对绞电缆的弯曲半径不应小于电缆外径的 10 倍；2 芯或 4 芯水平光缆的弯曲半径应大于 25 mm；其他芯数的水平光缆、主干光缆和室外光缆的弯曲半径应至少为光缆外径的 10 倍。

(12)机柜、机架安装位置应符合设计要求，垂直偏差度不应大于 3 mm。机柜、机架上的各种零件不得脱落或碰坏，漆面不应有脱落及划痕，各种标志应完整、清晰。

(13)机柜、机架、配线设备箱体、电缆桥架及线槽等设备的安装应牢固，如有抗震要求，应按抗震设计进行加固。

(14)安装机柜、机架、配线设备屏蔽层及金属管、线槽、桥架使用的接地体应符合设计要求，就近接地，并应保持良好的电气连接。

(15)综合布线系统电缆特性检验。

3 类、5 类线信道衰减量应符合表 2-9-1 的要求。

表 2-9-1　3 类、5 类线信道衰减量(20 ℃)

频率(MHz)	1.00	4.00	8.00	10.00	16.00	20.00	25.00	31.25	62.50	100.00
3 类(dB)	4.2	7.3	10.2	11.5	14.9	—	—	—	—	—
5 类(dB)	2.5	4.5	6.3	7.0	9.2	10.3	11.4	12.8	18.5	24.0

注：总长度为 100 m 以内。对 3 类对绞电缆，每增加 1 ℃则衰减量增加 1.5%；对 5 类对绞电缆，则每增加 1 ℃会有 0.4%的变化。

3 类、5 类线基本链路衰减量应符合表 2-9-2 的要求。

表 2-9-2　3 类、5 类线基本链路衰减量(20 ℃)

频率(MHz)	1.00	4.00	8.00	10.00	16.00	20.00	25.00	31.25	62.50	100.00
3 类(dB)	3.2	6.1	8.8	10.0	13.2	—	—	—	—	—
5 类(dB)	2.1	4.0	5.7	6.3	8.2	9.2	10.3	11.5	16.7	21.6

注：总长度为 94 m 以内。对 3 类对绞电缆，每增加 1 ℃则衰减量增加 1.5%；对 5 类对绞电缆，则每增加 1 ℃会有 0.4%的变化。

3 类、5 类线线对间信道近端串音应符合表 2-9-3 的要求。

表 2-9-3　3 类、5 类线线对间信道近端串音(最差线间)

频率(MHz)	1.00	4.00	8.00	10.00	16.00	20.00	25.00	31.25	62.50	100.00
3 类(dB)	39.1	29.3	24.3	22.7	19.3	—	—	—	—	—
5 类(dB)	60.0	50.6	45.6	44.0	40.6	39.0	37.4	35.7	30.6	27.1

注：最差值限于 60 dB。

3 类、5 类线线对间基本链路近端串音应符合表 2-9-4 的要求。

表 2-9-4　3 类、5 类线线对间基本链路近端串音(最差线间)

频率(MHz)	1.00	4.00	8.00	10.00	16.00	20.00	25.00	31.25	62.50	100.00
3 类(dB)	40.1	30.7	25.9	24.3	21.0	—	—	—	—	—
5 类(dB)	60.0	51.8	47.1	45.5	42.3	40.7	39.1	37.6	32.7	29.3

注:最差值限于 60 dB。

六、工艺流程及操作要点

1. 工序流程

工序流程如图 2-9-1 所示。

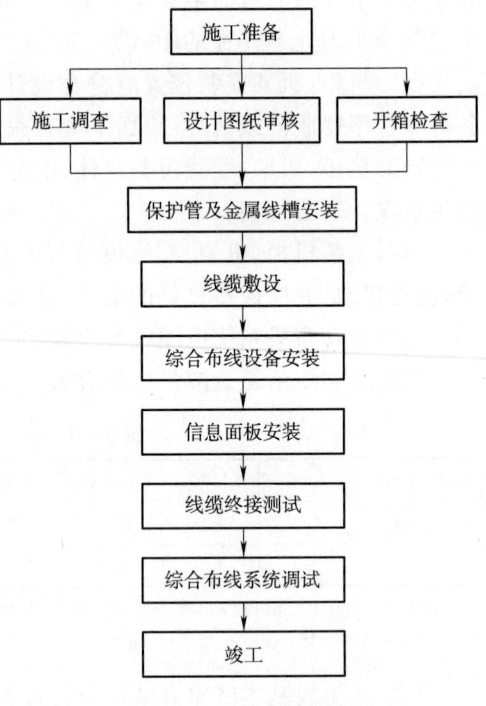

图 2-9-1　工序流程图

2. 操作要点

(1)线管线盒安装

1)根据设计图纸选购合格的的保护管、转线盒等物资材料。

2)为施工准备的工器具(竹梯、电锤、铁锤、钢锯、钢管弯管器、钢钎、切割机等)应安全可靠。

3)按照设计图进行施工现场调查,详细掌握管线的预埋和出线盒安装位置,详细核对布线路由及缆线数量。

4)了解站前相关专业施工进度。并根据综合管线分布情况,确认管线相互间位置有无冲突,对具备条件的各区域可以划线标注、同步施工。

5)使用汽车将所有钢管、线盒和施工机具等运输到车站,再由施工人员负责搬运到作业区域。

6)±0 区域及墙面暗埋管线应配合房建同步施工,暗管接头应使用同规格管接头连接,螺丝紧固。墙面暗埋采用水泥钉和扎丝组合固定,底面采用管卡固定在地面。

7)预埋管转弯时应使用弯管器弯弯,使用切割机切管时,应使用钢锉打磨,使管口平滑、无毛刺。

8)沿墙壁预埋管线时,可使用专用切槽机、电锤等开槽,开槽深度视预埋管直径而定,要求管面距墙面不少于 20 mm。

9)墙面采用水泥砂浆恢复,由土建装修专业配合实施,使恢复质量得到见证确认。

10)所有暗埋管内均应预穿铁线,且端口应进行封堵。

11)钢管与电缆桥架、外围设备出线盒之间采用闭塞连接。钢管固定时,不能损伤周围的网架;借用其他系统的管线支架时,应取得相关施工单位允许。

12)从金属线槽至信息插座接线盒间,或金属线槽与金属线管连接时,应使用闭塞连接保护缆线。

13)预埋管线宜按单层设置,同一路由进出同一接线盒的预埋线管不应超过 3 根。

14)直线布管每 30 m 处应设置过线盒;有转弯的管段长度超过 20 m 时,应设置管线过线盒装置;有 2 个弯时,不超过 15 m 应设置过线盒。过线盒盖应能正常开启,且与墙面(地面)齐平。

15)预埋在墙体中的暗管外径不宜超过50 mm,楼板中暗管外径不宜超过25 mm,室外管道进入建筑物的最大管径不宜超过100 mm。

16)预埋暗管的转弯角度应大于90°,在路径上每根暗管的转弯角不得多于2个,并不应有S弯;暗管转弯的曲率半径不应小于该管外径的6倍,若暗管外径大于50 mm时,不应小于10倍。

(2)桥架(金属线槽)安装

1)使用红外墨线仪和直尺配合画线、定位。

2)使用冲击电锤在天花板或墙面垂直钻孔。然后将敲击式内胀锚栓塞入孔洞,并用冲子、榔头将锚栓胀开,使其强度满足要求。

3)安装吊丝、托板:根据桥架走向及标高要求,截取相应长度的丝杆,根据桥架宽度预配托板。托板安装时应根据标高要求进行调平,用双螺母固定紧固。

4)支架安装:沿墙安装支架前,应核对桥架走向、标高与支架规格,然后用红外墨线仪和直尺配合画线定位,再使用木梯、脚手架、垂直升降等高空作业设施进行打孔、放置膨胀螺栓、装支架、支架水平度调整、螺丝紧固等安装工序。要求固定螺栓采用力矩扳手紧固,保证螺丝紧固。支架水平间距1.5 m,垂直间距2 m,支架安装中的实际间距应以设计文件要求为准。

5)组装桥架:为方便组装,一般采用2～3节为一个单元,在地面先连接好,并把出线孔在吊装前进行预配和开孔,以减少高空作业时间和作业难度,提高工作效率。组装桥架时,应同步将地线连接线一并连接好。组装中用到的各类弯头有标准件的使用标准件,特殊弯头现场预制。

6)桥架固定:同时搭建2～3组脚手架,以方便桥架吊装;当多单元桥架放到托架或托板后,应先将单元间使用专用连接板连接好,并将连接地线同步加装好;再用墨线仪进行水平度和直线度调整,调好后,将桥架和支架或托板用螺丝紧固,使其形成整体,提高整体安全度。

7)桥架末端利用桥架自身做堵头封堵;桥架盖板一般在缆线布放后安装;桥架穿越预留墙洞时用防火胶泥封堵。桥架进入设备房后,应根据设备进线位置要求,设壁槽加地槽,或采用吊槽加垂直弯头与设备连接。

8)电缆桥架的底面标高应大于2.2 m,顶部距建筑物楼板不小于300 mm。桥架安装实际高度以设计图为准。

9)金属线槽转弯处、标高调整处应增加支架或吊架支撑。

10)桥架和线槽穿过防火墙体或楼板时,应采取防火措施。

(3)线缆敷设

1)缆线布放前应核对型号规格、程式、路由及位置是否与设计相符。对电缆型号、规格应进行进货检验,确认具备合格证或质量检验合格报告。

2)敷设前应根据线缆走向编制电缆敷设顺序排列图和管线表,优化缆线布放顺序,避免缆线交叉。

3)缆线在布放时两端应先贴标签,标明起始和终端位置,且标签正确清晰。再进行敷设,每放一条在台账上标注一条,确保缆线不漏放、不重放。

4)缆线在走线架上、地槽中布放后应分系统,且信号线与电源线分开进行绑扎,缆线绑扎间距一般不大于400 mm,且顺直、不交叉、不扭绞、不打圈。要求每天收工前将盖板盖上,保证缆线安全。

5)缆线在高空桥架内一般不绑扎,但要求缆线应顺直、不交叉、不外逸。缆线敷设完毕,核对无误后,及时安装桥架盖板,并将盖板螺丝拧紧。

6)缆线在配线间、设备房做余留,一般为3～6 m;工作区为0.3～0.6 m;光缆在设备端余留长度一般为5～10 m;有特殊要求的应按设计要求余留长度。

7)缆线的弯曲半径应符合下列规定:

①非屏蔽4对对绞电缆的弯曲半径不小于电缆外径的4倍;

②屏蔽4对对绞电缆的弯曲半径不小于电缆外径的6～10倍;

③水平光缆、主干光缆和室外光缆的弯曲半径应不小于光缆外径的10倍;

④同轴电缆SYV-75-5的弯曲半径应大于10 cm;

⑤多芯信号线的弯曲半径应大于其外径的6倍。

8)综合布线系统4对对绞线实际长度一般限制在90 m范围内;跳线长度小于3 m,信息连接线长度小于5 m。

9)电源线、综合布线系统缆线应分开布放,对绞电缆与电力电缆最小净距应符合表2-9-5的规定。

表2-9-5 对绞电缆与电力电缆最小净距表

条　件	最小净距(mm)		
	380 V <2 kV·A	380 V 2.5～5 kV·A	380 V >5 kV·A
对绞电缆与电力电缆平行敷设	130	300	600
有一方在接地的金属槽道或钢管中	70	150	300
双方均在接地的金属槽道或钢管中②	10①	80	150

注:①当380 V电力电缆负荷容量小于2 kV·A,双方都在接地的线槽中,且平行长度小于或等于10 m时,最小间距可为10 mm。

②双方都在接地的线槽中,是指两个不同的线槽,也可在同一线槽中用金属板隔开。

10)综合布线与配电箱、变电室、电梯机房、空调机房之间最小净距宜符合表2-9-6的规定。

表2-9-6 综合布线与配电箱、变电室、电梯机房、空调机房之间最小净距

名　称	配电箱	变电室	名称电梯机房	空调机房
最小净距(m)	1	2	2	2

11)建筑物内光、电缆暗管敷设与其他管线最小净距应符合表2-9-7的规定。

表2-9-7 建筑物内光、电缆暗管敷设与其他管线最小净距

管线种类	避雷引下线	保护地线	热力管(不包封)	热力管(包封)	给水管	煤气管	压缩空气管
平行净距(mm)	1 000	50	500	300	150	300	150
垂直交叉净距(mm)	300	20	500	300	20	20	20

12)敷设双绞电缆,在牵引过程中吊挂电缆的支点间隔不应大于1.5 m。敷设双绞电缆的牵引力,应小于电缆允许张力的80%。

13)预埋线槽和暗管敷设缆线应符合下列要求:

①预埋或密封线槽的截面利用率应为30%～50%。

②布放大对数主干电缆及4芯以上的光缆时,直线管道的管径利用率应为50%～60%,弯管道应为40%～50%。暗管布放4对绞电缆或4芯及以下光缆时,管道的截面利用率应为

25%～30%。

(4)信息插座安装

1)网络信息插座为铜缆插座，一般采用 RJ45 六类非屏蔽信息插座。

2)信息模块安装高度应符合设计要求，安装在活动地板上的地插与地面齐平；安装在墙上的信息插座应高出地面 300 mm，如地面采用活动地板，应在活动地板上 300 mm。

3)信息插座坚固，有标签，以颜色、图形、文字表示终端设备的类型。接线时注意接线方式，根据不同的终端设备接线有不同标准接线方式，接线要符合设计图纸要求。

4)信息插座应和电源插座保持安全距离。

5)工作区内终接光缆的光纤连接器及适配器的安装底盒应具有足够的空间，符合设计要求。

6)RJ45 信息模块内配线分 T586A 和 T586B 两种线序。目前多用 T586B 格式。

7)信息模块打线步骤：

①将双绞线从暗盒里抽出，预留 40 cm，剪去多余缆线。用剥线工具在距端头 10 cm 处将缆线外皮剥去。

②将剥开的缆线按线对分开，依次用打线刀对应打到信息模块上。

③信息模块配线打好后，装上面板，扣好防尘罩。

④缆线在 110 配线单元上，打线顺序和信息模块一致。预留弯应一致。

(5)综合布线设备安装

1)综合布线设备(包括机柜、机架、配线部件、信息插座模块等)到达施工现场开箱后，应认真核对名称、规格和数量，检查设备外观质量和外包装，核对零配件数量和其他随机附件。根据设备出厂质量合格证和测试记录并对照实物检查设备功能和性能是否符合设计文件及相关技术标准的规定。

2)机柜、机架的安装应符合下列要求：

①机柜、机架安装位置应符合设计要求。

②机柜、机架应排列整齐，垂直偏差不应大于 3 mm。

③机柜、机架上的各种零件不得脱落或损坏，漆饰完好，铭牌、标记清楚准确。

④机柜、机架、配线设备箱体、电缆桥架及线槽等设备的安装应牢固。如有抗震要求，应按抗震设计进行加固。

⑤各类配线部件安装应完整、就位，标志齐全。

3)施工步骤：

①底座打孔：按照施工图摆放设备底座，在底座四个对地安装孔位做出标记，然后移开底座，开始打孔。打孔时，应先用簪子在标定位置凿印，以便打孔时锤头不漂移、定位准确。孔眼应垂直，一次打够深度，且不得打成喇叭状。

②底座固定：将膨胀螺栓放入打好螺丝孔内，用橡皮锤轻轻打入，并将膨胀螺栓套管全部打入，并紧固螺栓，使其胀开。将设备底座螺丝孔对准膨胀螺栓放下，依次套上平垫片、弹簧垫片、螺母，并在紧固中调平旋紧螺帽。相邻底座要排列整齐，同一列内底座的机柜正面一侧应平直成一条直线，每米偏差不大于 3 mm。

③机柜安装：将设备搬至底座上，使机柜安装孔与底座安装孔对准。用预配的成套螺栓连接、调平、紧固。调平应借助磁性吊坠、电子水平尺等工具进行，有偏差时可加平垫片调整。

4)配线架安装示意图如图 2-9-2 所示。

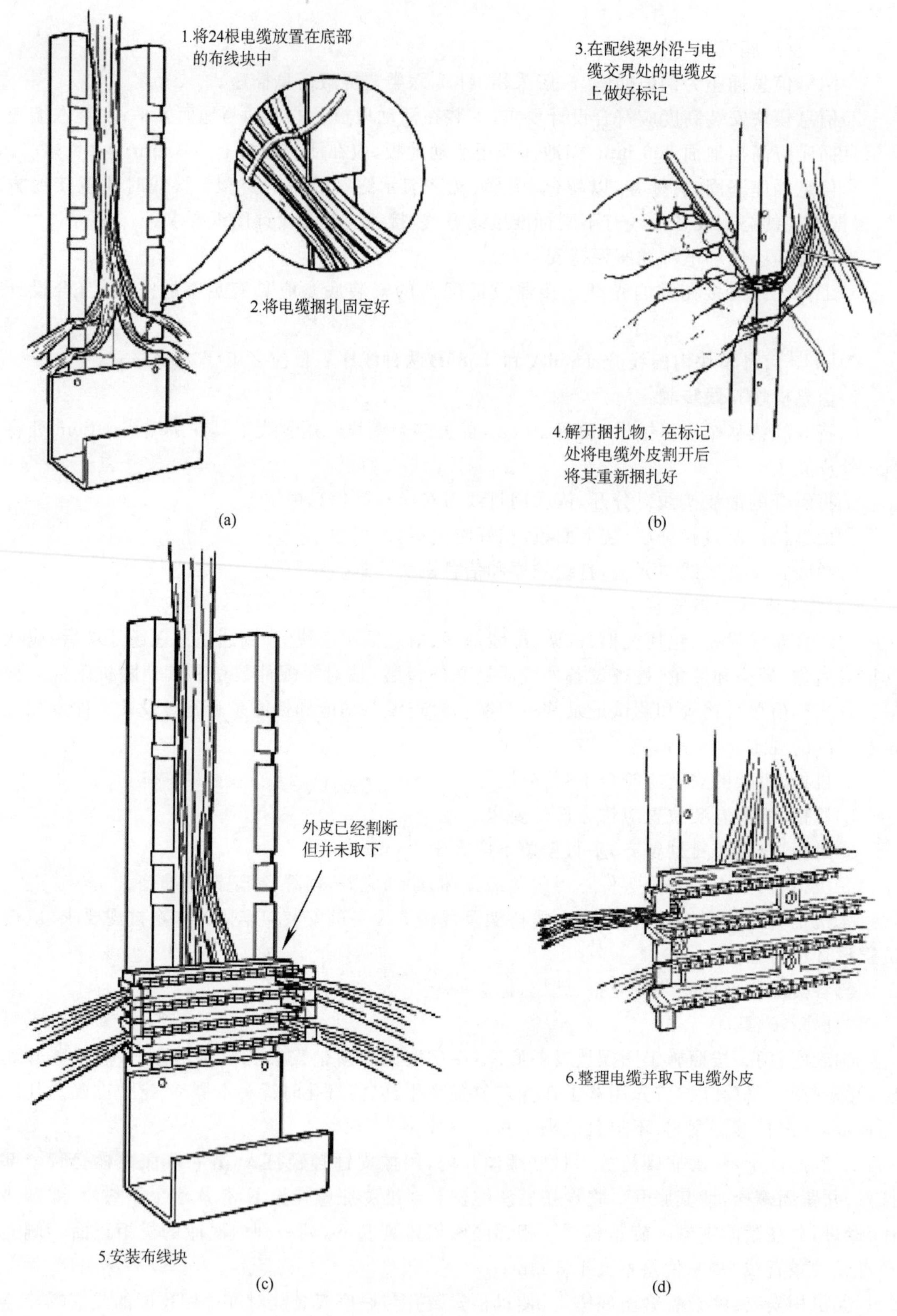
1.将24根电缆放置在底部的布线块中
2.将电缆捆扎固定好
(a)
3.在配线架外沿与电缆交界处的电缆皮上做好标记
4.解开捆扎物，在标记处将电缆外皮割开后将其重新捆扎好
(b)
外皮已经割断但并未取下
5.安装布线块
(c)
6.整理电缆并取下电缆外皮
(d)

图 2-9-2

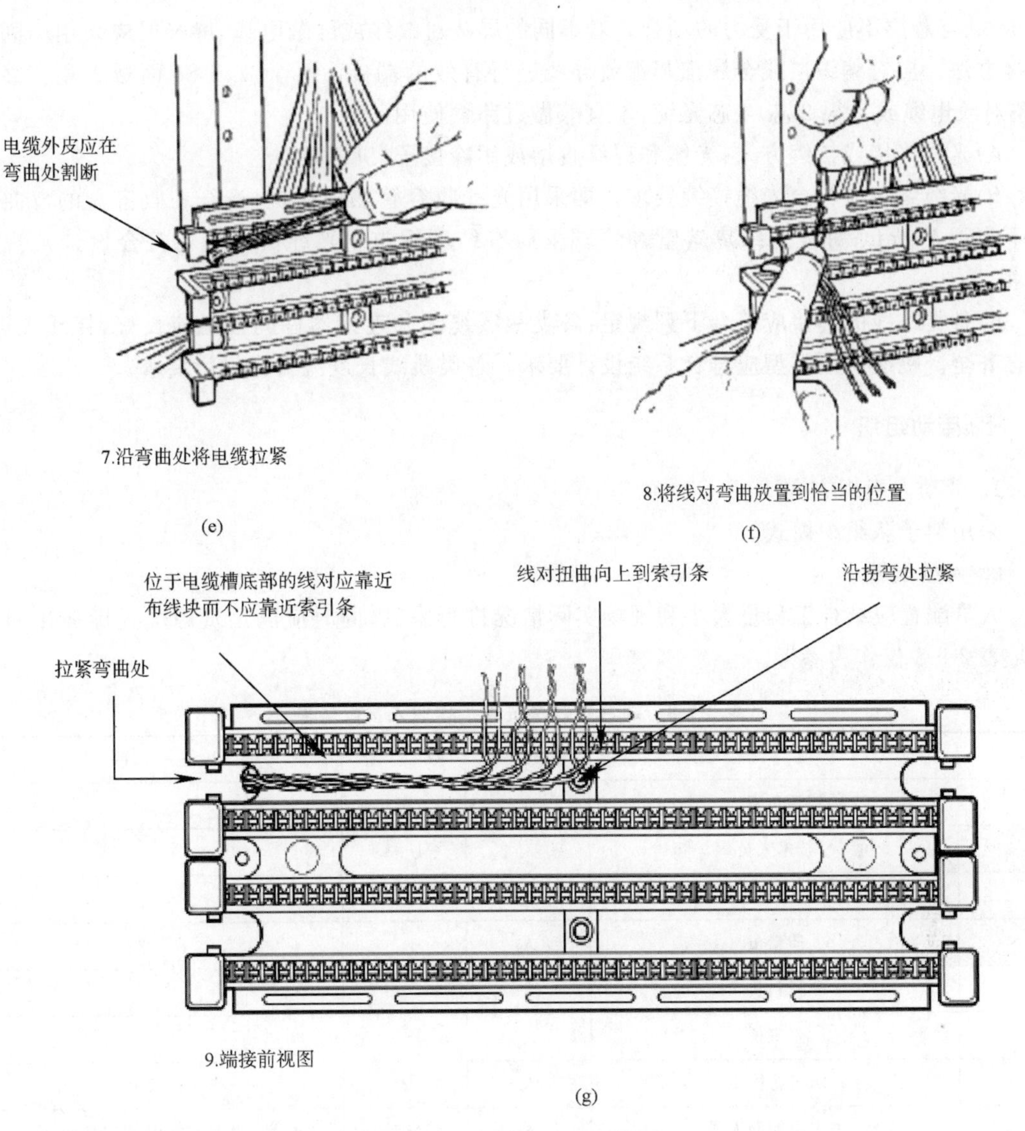

图 2-9-2　配线架安装示意图

(6)线缆终接

1)缆线终接应符合下列要求:缆线在终接前,必须核对缆线标识内容是否正确。缆线中间不应有接头。缆线终接处必须牢固、接触良好。4 对绞电缆与连接器件连接应认准线号、线位色标,不得颠倒和错接。

2)缆线绑扎时,应保持其平直、整齐,绑扎间隔均匀,松紧合适,塑料带扎头应剪齐并放在隐蔽处。

3)对绞电缆终接时,每对对绞线应保持扭绞状态,扭绞松开长度对于 3 类电缆不应大于 75 mm,对于 5 类电缆不应大于 13 mm;对于 6 类电缆应尽量保持扭绞状态,减小扭绞松开长度。对绞线与 8 位模块式通用插座相连时,必须按色标和线对顺序进行卡接。两种连接方式均可采用,但在同一布线工程中两种连接方式不应混合使用。布线系统采用非 RJ45 方式终接时,连接图应符合相关标准规定。屏蔽对绞电缆的屏蔽层与连接器件终接处屏蔽罩应通过紧固器件可靠接触,缆线屏蔽层应与连接器件屏蔽罩 360°圆周接触,接触长度不宜小于

10 mm。屏蔽层不应用于受力的场合。对不同的屏蔽对绞线或屏蔽电缆，屏蔽层应采用不同的端接方法。应对编织层或金属箔与汇流导线进行有效的端接。每个2口86面板底盒宜终接2条对绞电缆或1根2芯/4芯光缆，不宜兼做过路盒使用。

4)光缆终接或接续方式：光缆和尾纤直熔或用冷接子(机械)连接。

5)光缆终接应符合光缆接续要求。即采用光纤收容管热熔保护；光纤在收容盘的弯曲半径不小于40 mm；每根光纤热熔管和终端上应有纤序标志。光纤接续损耗符合设计及规范要求。

6)各类跳线的终接应符合下列规定：各类跳线缆线和连接器件间接触应良好，接线无误，标志齐全。跳线选用类型应符合系统设计要求。各类跳线长度应符合设计要求。

七、劳动组织

1. 劳动力组织方式

采用架子队组织模式。

2. 人员配置

人员配置应结合工程量大小和现场实际情况进行编制，同时应满足资源配置标准化的要求。表2-9-8仅作为参考。

表2-9-8　综合布线系统施工作业人员配备表

序号	项目	单位	数量	备注
1	施工负责人	人	1	
2	技术人员	人	1～3	
3	安全员	人	1	
4	质量员	人	1	
5	材料员	人	1	
6	工班长	人	2～4	
7	施工防护员	人	2	
8	施工及辅助人员	人	若干	根据工程量大小及施工环境确定

八、主要机械设备及工器具配置

主要机械设备及工器具配置见表2-9-9。

表2-9-9　主要机械设备及工器具配置表

序号	仪器设备名称	规格型号	单位	数量	备注
1	发电机		台	1	
2	电锤		把	2	
3	钢钎		套	2	
4	钢锯		套	2	
5	喷灯		把	2	
6	万用表		把	2	

续上表

序　号	仪器设备名称	规格型号	单　　位	数　　量	备　　注
7	电烙铁		副	5	
8	对讲机		套	10	
9	弯管机		台	1	
10	光电缆盘支架		套	1	
11	组合工具		套	3	
12	熔接机		套	1	
13	光时域反射仪		套	1	
14	网络电缆测试仪		套	1	
15	电桥		套	1	
16	电阻测试仪		套	1	
17	500 V兆欧表		套	1	
18	光源、光功率计		套	1	

注:以上主要设备机具仅作为参考,具体根据工程实际情况来配置。

九、物资材料配置

(1)各种原材料的质量要符合设计要求,到达施工现场要进行进场检验。

(2)各种设备配线的规格、型号、数量、质量等要符合设计要求,使用前对所有配线进行测试,测试合格才能使用。所用物资材料应符合设计要求,具体见表2-9-10。

表2-9-10　物资材料配置表

序　号	名　　称	规　　格	单　　位	数　　量	备　　注
1	光缆		m		工程所需
2	电力电缆		m		工程所需
3	视频电缆		m		工程所需
4	同轴电缆		m		工程所需
5	网线		m		工程所需
6	各类配线架		套		工程所需
7	镀锌线槽		m		工程所需
8	钢管		t		工程所需
9	金属软管		t		工程所需
10	交接箱		个		工程所需
11	配线模块		个		工程所需
12	跳线		m		工程所需
13	信息插座		个		工程所需
14	机柜		个		工程所需

十、质量控制标准及检验

1. 质量控制标准

(1)各种型材的材质、规格、型号应符合设计文件的规定,表面应光滑、平整,不得变形、断裂。预埋金属线槽、过线盒、接线盒及桥架表面涂覆或镀层均匀、完整,不得变形、损坏。

(2)工程使用的对绞电缆和光缆型式、规格应符合设计规定和合同要求。

(3)综合布线系统工程采用光缆时,应检查光缆合格证及检验测试记录。

(4)光缆开盘后应先检查光缆外表有无损伤,光缆端头封装是否良好。

(5)配线模块和信息插座及其他接插件的部件应完整,检查塑料材质是否满足设计要求。

(6)光、电缆交接设备的型式、规格应符合设计要求。光、电缆交接设备的编排及标志名称应与设计相符。

(7)有关对绞电缆电气性能、机械特性、光缆传输性能及接插件的具体技术指标和要求,应符合设计要求。

(8)机柜、机架安装位置应符合设计要求。机柜、机架的安装应牢固,如有抗震要求时,应按施工图的抗震设计进行加固。

(9)各部件应完整,安装就位,标志齐全;安装螺丝必须拧紧,面板应保持在一个平面上。

(10)信息插座面板可开启,具有防水、防尘、抗压功能。接线盒盖面应与地面或墙面齐平。

(11)各种插座面板应有标识,以颜色、图形、文字表示所接终端设备类型。

2. 检验

(1)根据《铁路运输通信工程施工质量验收标准》(TB 10418—2003)、《高速铁路通信工程施工质量验收标准》(TB 10755—2010)的要求进行检验。

(2)主控项目。

1)车站综合布线系统接口设备、预埋管线、桥架、线槽、布线光电缆到达现场应进行检查,其型号、规格及质量应符合设计要求及相关产品标准的规定。

检验数量:全部检查。

检验方法:对照设计文件检查出厂合格证等质量证明文件,并观察检查设备、管线、桥架、缆线外观,检测桥架壁厚、镀锌层,检查线缆的交直流电特性。

2)综合布线机柜、机架、桥架的安装应牢固,如有抗震要求时,应按施工图的抗震设计进行加固。

检验数量:全部检查。

检验方法:观察检查。

3)金属电缆桥架、管线的安装位置、高度与走向应符合设计要求,支管引出闭塞紧固,预埋线槽的截面利用率不应超过50%。

检验数量:全部检查。

检验方法:观察检查。

4)各类缆线中间不得有接头,电源线与综合布线系统缆线应分开布放。

检验数量:全部检查。

检验方法:观察检查。

5)对绞电缆芯线终接时,应保持原有的扭绞状态,与8位模块式通用插座的连接,在同一布线工程中T568A和T568B两种连接方式不应混合使用。

检验数量:全部检查。

检验方法:观察检查。

6)屏蔽对绞线的屏蔽层与接插件终接处屏蔽罩必须可靠接触。

检验数量:施工全部检查。

检验方法:观察检查,用万用表测试。监理单位见证试验抽验30%。

7)电缆连接应正确,不得出现反向线对、交叉线对或串对。

检验数量:全部检查。

检验方法:观察检查,用网络电缆测试仪测试。监理单位见证试验。

8)光、电缆布放路由应优化,长度应符合设计要求,网线不得超过信息传送安全长度。

检验数量:全部检查。

检验方法:用网络电缆测试仪测试。监理单位见证试验。

9)金属电缆桥架及线槽管道的构件应电气连通,接地电阻应符合设计要求。

检验数量:全部检查。

检验方法:用万用表、接地电阻测试仪测量。监理单位见证检测。

10)车站综合布线系统光电缆特性测试应符合以下要求:

①信道衰减量不应大于表2-9-1的要求;

②3类、5类线基本链路衰减量应符合表2-9-2的要求;

③3类、5类线线对间信道近端串音应符合表2-9-3的要求(最差线间);

④3类、5类线线对间基本链路近端串音应符合表2-9-4的要求(最差线间)。

检验数量:全部检查。

检验方法:用网络电缆测试仪测试。监理单位见证试验。

⑤光缆布线链路的衰减(介入损耗),在规定的传输窗口不应超过表2-9-11的规定。

表2-9-11 光缆布线链路的衰减

布 线	链路长度(m)	衰减(dB)			
		单模光纤		多模光纤	
		1 310 nm	1 550 nm	850 nm	1 300 nm
水平	100	2.2	2.2	2.5	2.5
配线(水平)子系统	500	2.7	2.7	3.9	2.6
配线(垂直)子系统	1 500	3.6	3.6	7.4	3.6

检验数量:全部检查。

检验方法:用网络分析仪测试。监理单位见证试验。

⑥光缆布线链路的最小光回波损耗应大于表2-9-12规定的值。

表2-9-12 光缆布线链路的最小光回波损耗

类 别	单模光纤		多模光纤	
波长(nm)	1 310 nm	1 550 nm	850 nm	1 300 nm
光回波损耗(dB)	26	26	20	20

检验数量:施工单位、监理单位均全部检查。

检验方法:施工单位用网络分析仪测试。监理单位见证试验。

(3)一般项目。

1)布线机柜、机架安装位置应符合设计要求;机柜、机架安装完毕后,垂直偏差度不应大于3 mm。

检验数量:全部检查。

检验方法:观察、吊线、尺量检查。

2)8 位模块式通用插座、多用户信息插座或集合点配线模块的安装位置应符合设计要求。

检验数量:全部检查。

检验方法:观察检查。

3)各种插座面板应有标志,应以颜色、图形或文字表示所接终端设备的类型。

检验数量:全部检查。

检验方法:观察检查。

4)8 位模块式通用插座安装在活动地板或地面时,应固定在接线盒内;接线盒盖应与地面齐平并可开启,并应具有防水、防尘、抗压功能。

检验数量:全部检查。

检验方法:观察检查。

5)光电缆的敷设路径应符合设计要求。

检验数量:全部检查。

检验方法:观察检查。

6)光缆接续后应做好接续保护,并在光缆的接续点和终端做永久性标志。

检验数量:全部检查。

检验方法:观察检查。

7)预埋暗管的转弯角度应大于 90°,在路径上每根暗管的转弯角不得多于 2 个,并不应有 S 弯。暗管转弯的曲率半径不应小于该管外径的 6 倍,若暗管外径大于 50 mm 时,不应小于 10 倍。

检验数量:全部检查。

检验方法:观察、尺量检查。

8)水平金属线槽在接头处、每间隔 3 m 处、离开线槽两端出口 0.5 m 处及转弯处应有支架或吊架;垂直金属线槽固定在建筑物构体上的间距宜小于 2 m,距地 1.8 m 以下部分应有金属盖板保护。

检验数量:全部检查。

检验方法:观察、尺量检查。

9)线槽在缆线通道两端出口处宜有填充材料进行封堵,线槽盖板应可开启。

检验数量:全部检查。

检验方法:观察检查。

10)过线盒盖应能开启,并与地面齐平,盒盖处应具有防水功能。

检验数量:全部检查。

检验方法:观察检查。

11)缆线的布放应自然平直,不得产生扭绞、打圈、接头等现象,不应受到外力的挤压和损伤。在缆线进出线槽部位、转弯处应绑扎固定,对绞电缆、光缆及其他信号电缆应分束绑扎。垂直线槽布放缆线应每间隔 1.5 m 固定在缆线支架上。

检验数量：全部检查。

检验方法：观察检查。

12)非屏蔽4对对绞电缆的弯曲半径应大于电缆外径的4倍；屏蔽4对对绞电缆的弯曲半径应大于电缆外径的6～10倍；主干对绞电缆的弯曲半径应大于电缆外径的10倍；光缆的弯曲半径应大于光缆外径的15倍。

检验数量：全部检查。

检验方法：观察、尺量检查。

13)在公用立柱中布放缆线时，立柱支撑应牢固，立柱中电力线和综合布线缆线一起布放时，中间应有金属板隔开，间隔应符合设计要求。

检验数量：全部检查。

检验方法：观察检查。

14)缆线间及通信线路与其他设施之间的最小净距应符合设计要求。

检验数量：全部检查。

检验方法：观察、尺量检查。

十一、安全控制措施

(1)进入施工现场，必须穿防护服、戴安全帽，禁止吸烟，禁止酒后作业。

(2)施工时应严格执行交底规定的安全技术措施，未经交底严禁作业。

(3)从事特种作业人员必须持有特种作业操作证，无证人员禁止操作。

(4)施工人员必须服从现场管理人员的指挥和管理。

(5)进入现场的作业人员必须先参加安全教育培训，考试合格后方可上岗作业，未经培训或考试不合格者，不得上岗作业。

(6)施工期间，严禁非电工私接电源。

(7)在布线过程中，使用扳手必须单侧用绝缘胶带包裹，防止因工具使用时导通不同电极。

(8)使用的电源电压稳定，接入电源按操作规程进行。

(9)各类仪表仪器使用前经过性能检验合格，使用操作规范。

(10)电烙铁长时间不适用时，必须切断电源；加热后严禁朝向他人或自己。

(11)设备加电前必须严格检查各类电路的正确连接。

(12)检查各类接地点连接牢固，接触良好。

(13)使用刀具开拨光电缆方法得当，避免伤害自己或他人。

(14)尾纤接入后，严禁进入光源发射时对准眼睛观看。

(15)开剥后的截断电缆铜线摆放规范，严禁遗留在设备中。

(16)各类芯线捆扎有序，避免串线发生。

(17)人员撤离时，施工中引入的电源或导线也必须撤出，恢复进场时的电源状态。

十二、环保控制措施

(1)进入施工场地严禁随便丢弃生活垃圾和施工废料。

(2)机房作业每天下班前应进行清扫，垃圾集中收集处理。

(3)做好已完工项目的成品保护工作。

(4)现场强噪声施工机具，应采取相应措施，最大限度降低噪声。

十三、附　　表

综合布线系统施工检查记录表见表2-9-13。

表 2-9-13　综合布线系统施工检查记录表

工程名称			
施工单位			
项目负责人		技术负责人	
序号	项目名称	检查意见	存在问题
1	综合布线施工条件		
2	防护线管的材料规格型号检查		
3	综合布线用缆线型号规格检查		
4	综合布线机柜、设备开箱情况		
5	防护管隐蔽情况		
6	综合布线完成及信息点设置情况		
7	布线机柜电源供电情况		
8	布线机柜、设备地线情况		
9	机房配线电气性能测试情况		
10	终端信息点安装情况		
检查结论： 检查组组员： 检查组组长： 年　月　日			

第十节　环境及电源监控系统施工

一、适用范围

适用于铁路通信机房内电源及环境监控系统施工，其他机房的动环监控终端施工。

二、作业条件及施工准备

(1)已完成图纸审核和施工技术交底。

(2)已组织安全培训,坚持考试合格后上岗。

(3)已完成施工机房条件调查,重点是对监控中心、中间站及区间站点内被监控机房的建筑装饰、暗配管道、预留孔、预埋件的安装情况核对检查,与施工设计图纸一致。

(4)监控设备安装位置以及各类传感器/变送器、探测器的安装地点、环境应满足设计要求。

(5)相关人员、物资、施工机械及工器具已经准备到位。

三、引用施工技术标准

(1)《铁路通信工程施工技术指南》(TZ 205—2009);

(2)《高速铁路通信工程施工技术指南》(铁建设〔2010〕241号);

(3)《铁路运输通信工程施工质量验收标准》(TB 10418—2003);

(4)《高速铁路运输通信工程施工质量验收标准》(TB 10755—2010)。

四、作业内容

机房条件调查;设备开箱检验;设备安装;设备配线;设备单机性能检验;系统功能检验;网管功能检验。

五、施工技术标准

1. 机房条件调查

(1)监控中心、中间站及区间站点被监控机房的建筑装饰、暗配管道、预留孔、预埋件的技术条件与施工设计图纸一致,或具备能够按照施工设计图纸进行预埋管线和明设安装线槽的条件。

(2)现场监控设备安装位置(柜内安装或壁挂式安装)以及各类传感器/变送器、探测器的安装位置、机房环境应满足设计要求。

(3)检查机房内设备安装环境和门窗条件,检查被监控的电源设备、空调设备及其他自动开关设施的情况。

2. 设备开箱检验

(1)检查设备及缆线的型号、规格及质量必须符合设计技术要求及相关产品标准的规定。

(2)根据设备到货清单检查设备到货是否齐全无遗漏,并做好记录。

(3)收集设备合格证、出厂检测报告、安装图纸和技术说明书等。

(4)设备开箱检查应有业主、监理单位和厂方人员在场,检验结束后做出设备开箱检查证、设备材料报验单,报监理签字确认。

3. 设备安装

(1)监控设备单独机柜安装时,与其他通信设备机柜排列整齐,机柜和设备漆饰完好,铭牌、标记清楚准确。

(2)监控中心机柜设备安装时,有防静电地板的要加固机柜底座;机柜(架)应垂直,倾斜度偏差应小于机柜(架)高度的1‰;当相邻机柜(架)相互靠拢时,其间隙不应大于3 mm;相邻机柜(架)正立面应平齐。

(3)网管中心设备应布局合理,便于操作、观察及维护。

(4)现场监控设备在其他机柜内安装时,其安装位置和方式符合设计要求,柜内盘面布局合理，便于操作、观察和维护。

(5)现场监控设备或其扩展设备采用壁挂式安装时，其安装位置和高度符合设计要求，并固定牢靠。

(6)在机柜内安装现场监控设备时应垂直、平整、牢固；监控设备应有良好的接地，接地线的规格型号及接地电阻值符合设计要求。

(7)现场监控设备的前端监测箱壁挂安装时需牢固，封闭良好；成列安装时，排列整齐。

(8)各种传感器、变送器和采集器的安装位置应符合监测要求，安装质量、数量及安装方式符合设计和厂家技术要求。

(9)电量传感器安装时严禁电压传感器输入端短路和电流传感器输出端开路，烟雾探测器至空调送风口边的水平距离不应小于 1.5 m。

(10)现场监控单元、采集器、网络传输及接口设备尽量利用机柜(架)集中安放，并保证柜内布局合理；插接件、连接器的组装应符合厂家相应的工艺要求。

(11)并列安装的同类传感器、变送器、探测器距地面高度一致，同一区域内安装的同类传感器、变送器、探测器高度允许偏差不大于 5 mm。外形尺寸与其他开关不一样时，以底边高度为准。

4. 设备配线

(1)设备附带的线缆外皮应无破损、挤压变形情况。

(2)预埋金属管或塑料管、过线盒、接线盒及桥架等表面涂覆层或镀层均匀、完整、光滑、无伤痕，管孔无变形、损坏；明设安装的塑料线槽应横平竖直，接缝美观，不得污染墙面。

(3)电量传感器裸导线之间或者与其他裸导体之间的距离不应小于 4 mm，当无法满足时，相互间必须绝缘。

(4)电源线、信号缆线的布放弯曲半径符合相关技术标准的规定。

(5)设备电源端子接线正确，电源线中间不得有接头。

(6)各种线缆在防静电地板下、走线架或槽道内应均匀绑扎固定、松紧适度，软细缆线应加套管或放入线槽进行保护；信号线、电源线分类布置，一般要求分槽、分管敷设；若在同一线槽内宜用隔板隔开。

(7)信号电缆(线)与电力电缆(线)交叉敷设时宜成直角，平行敷设时间距应符合设计要求。

(8)线缆接入设备后应留有余量，且长度一致；线缆两端应设标签，注明缆线型号、起止设备名称、端口等信息，且准确、清晰、可辨。

(9)各类传感器、变送器、探测器及直接数字控制器(数据采集与控制装置)的信号输入接线应正确可靠。

5. 监控设备单机性能调试

(1)调测前准备

1)设备加电测试前，应检查设备带电部分与金属外壳间的绝缘，要求绝缘电阻应大于 5 MΩ；配线的芯线间和芯线对地的绝缘电阻应大于 1 MΩ。

2)监控设备的接地电阻不得大于 4 Ω，采用联合接地时，接地电阻小于 1 Ω。

3)网络接口模块的通信协议、数据传输格式、速率应符合设计要求。

4)系统直接数字控制器(数据采集与控制装置)和电源与空调设备、环境、安全、火灾状况信息进行点对点测试应符合设计要求。

(2)电源检测要求

1)交流输入/输出电压、输入/输出电流、输出频率的测量相对误差不大于2%。

2)直流输出电压测量相对误差不大于0.5%。

3)直流电流测量相对不差不大于2%。

(3)蓄电池检测要求

1)2 V单体电池端电压误差不大于5 mV。

2)6 V单体电池端电压误差不大于10 mV。

3)12 V单体电池端电压误差不大于20 mV。

4)总体电压相对误差不大于0.5%。

5)电池温度允许误差±1 ℃。

6)模拟实际负载进行充放电检验,电池容量与实际相符。

(4)空调、环境的检测要求

1)相对温度误差不大于5%。

2)绝对湿度误差不大于10%RH。

6. 监控系统功能检验

(1)告警发生并反映到监控中心(站)的时间不应大于4 s。

(2)环境告警的下列检测项目应符合设计要求,并在各监控终端实时正确显示:温湿度;烟雾;水浸;移动物体(通过红外双鉴);门禁状态;玻璃破碎。

(3)监控系统的遥测、遥信、遥控操作反应时间符合相关技术标准的规定,用秒表计时,观察检查。

(4)监控中心与监控点网络接口模块的传输方式符合设计要求和相关技术标准的规定。

(5)监控系统能检测通信传输质量,当系统由备用通信路由选择时,应能根据命令正常倒换。

(6)监控系统故障时不应影响监控对象的正常工作和控制功能。

(7)监控系统的加入不应改变被监控设备原有的控制功能,并应以被监控设备自身控制功能为优先。

(8)监控系统应具有自诊断和自恢复功能,对数据紊乱、通信干扰等可自动恢复;对软、硬件故障及通信终端等应能诊断出故障并及时告警。

(9)监控系统对各监测对象的遥测、遥信、遥控功能应符合相关技术标准的规定。

(10)监控系统与照明系统、综合视频监控系统的联动功能应符合设计要求。

7. 系统网管检验

(1)监控系统的以下配置管理功能应符合设计要求和相关技术标准规定:状态配置;物理设备配置;软件配置;配置数据同步;配置数据统计。

(2)监控系统的下列故障管理功能应符合设计要求和相关技术标准的规定:故障告警等级;告警记录状态;告警分类表管理;事件上报控制管理;故障信息处理故障信息显示;故障反应时间。

(3)监控系统的下列性能管理功能应符合设计要求和相关技术标准的规定:数据采集;数据存储;数据统计分析;性能门限管理。

(4)监控系统的下列安全管理功能应符合设计要求和相关技术标准的规定:接入安全管理;系统自身安全管理;用户管理;系统日志管理。

(5)监控系统的下列系统支持功能应符合设计要求和相关技术标准的规定:操作界面;数据备份与恢复;系统校时;系统智能行;系统组态功能;档案管理功能。

(6)监控系统接入综合网管系统的功能应符合设计要求。

(7)在任何一个中间站配置的移动维护终端,应能接入现场维护操作的便携式计算机,对中间站电源和空调设备、环境、安全及火灾等状况进行集中自动监控。

六、工序流程及操作要点

1. 工序流程

工序流程如图 2-10-1 所示。

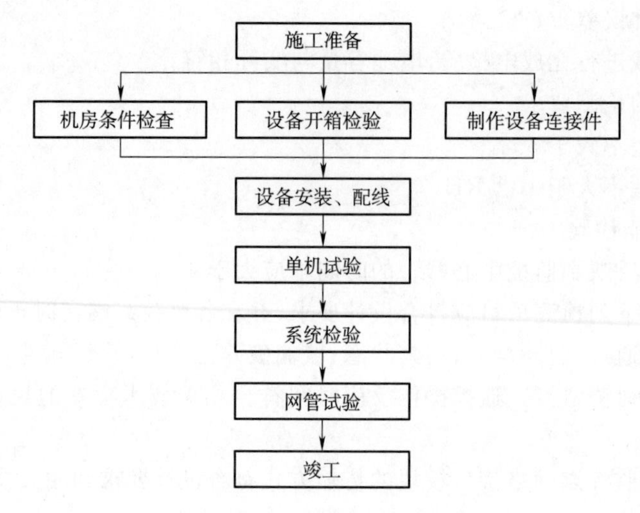

图 2-10-1 工序流程图

2. 操作要点

(1)机房环境调查

检查监控中心、中间站被监控机房的建筑装饰、暗配管道、预留孔、预埋件的技术条件与施工设计图纸是否一致,并做好相关记录。

检查监控分站 RTU 设备在其他机柜内的安装位置是否预留,各类传感器/变送器、探测器的安装地点、环境是否具备施工条件。

(2)被监控区域及设备检查

检查被监控的电源设备、空调设备及其他自动开关在手动操作状态下是否运行正常。

(3)设备开箱

根据设备到货清单检查设备到货是否齐全无遗漏并做好记录,检查设备的型号、规格及质量,收集设备合格证和出厂检测报告,收集设备随机附带的图纸和说明书等技术资料。设备开箱检查应有监理单位和厂方人员共同在场,检验结束及时做出设备材料报验单、设备开箱检查证报监理签字确认,并存档备查。

(4)制作安装设备连接件

根据机房设备安装要求,测量、加工连接件。连接件加工应做到尺寸准确、工艺美观、材质符合设计要求。

(5)设备安装

1)监控分站 RTU 设备安装在机柜内,应布局合理,连接螺丝齐全无遗漏,固定稳固。设备机壳按要求连接地线。

2)设备的各类传感器安装位置、数量和方式布置应按照设计图纸来确定。

3)电量传感器安装时严禁电压传感器输入端短路和电流传感器输出端开路。

4)门磁安装在进室门框开合处,当门关闭时门磁吻合良好;蜂鸣器安装在内门的上方。

5)水浸探头原则上安装在门口、馈线窗处地板下或光电缆引入孔处地板下,及时监视机房进水情况。

6)烟雾探测器至空调送风口边的水平距离不应小于 1.5 m,根据铁路局接管单位相关意见可选择安装在室内电源设备机柜上方(弯杆安装)或室内天花板上。

7)温湿度传感器安装在设备前方 0.4 m 处,距离地板高度 1.5 m 的合适位置。

8)红外感应器安装在门内侧墙,对室内门口区域活动情况进行监测。

9)玻璃破碎感应器安装在有玻璃窗户的内侧墙壁或房顶天花板上,监视窗户玻璃情况。

10)空调遥控传感器应能控制空调的开启,与工业级空调的智能接口对接良好,能够及时采集空调的运行信息。

11)电池模块传感器安装整齐,维护方便,接线牢固。

12)动环 RTU 设备与高频开关电源、UPS 设备互联协议电接口匹配对接良好,能够及时采集电源设备的运行信息。

(6)设备配线

1)根据设备安装位置、终端传感器安装位置,做好线缆的走向、绑扎、防护等敷设工作。

2)配线电缆和传感器线缆整段敷设,中间不得有接头。

3)中间站各类传感器、变送器、探测器及直接数字控制器(数据采集与控制装置)的信号输入接线应正确可靠。

4)电源端子配线正确,配线两端的标志齐全。

5)不同信号、不同电压等级的电缆应分类布置,分别单独设槽、管敷设;在同一线槽内宜用隔板隔开。

6)信号电缆(线)与电力电缆(线)交叉敷设时宜成直角,平行敷设时间距应符合设计要求。

7)监控设备的各种接地线方式应符合设计要求,并连接牢固,接触良好。

8)各类缆线保护线槽和线管安装美观、不松动。

(7)设备加电试验

1)设备加电前确认设备带电部分与金属外壳间的绝缘电阻应大于 5 MΩ;配线的芯线间和芯线对地绝缘电阻应大于 1 MΩ。

2)柜内开关均处在“断开”位置,柜内板件无松动,柜内清洁,无施工残留线头及焊渣等异物。

3)监控设备的接地电阻不得大于 4 Ω,设联合地线时接地电阻不大于 1 Ω。

4)网络接口模块的通信协议、数据传输格式、速率应符合设计要求。

5)加电过程中密切关注是否有异常情况,若有异味、冒烟、打火等异常情况,及时排除故障。

6)系统监控软件应能准确可靠运行。

(8)系统功能和网管功能检验

1)任一中间站配置的移动维护终端,应能接入便携式计算机,以便对中间站电源和空调设备、环境、安全及防灾等系统设备运行状况进行集中自动监控。

2)按照设计要求,网管能正常显示被监控系统的自动监测信息,以便现场人员和中心机房人员配合试验。

3)中间站环境及电源监控系统与电源、空调等系统的联动功能应符合设计和系统集成功能的要求。

七、劳动组织

1. 劳动力组织方式

采用架子队组织模式。

2. 人员配置

人员配置应结合工程量大小和现场实际情况进行编制,同时应满足资源配置标准化的要求。表 2-10-1 仅作为参考。

表 2-10-1 环境及电源监控系统施工作业人员配备表

序 号	项 目	单 位	数 量	备 注
1	施工负责人	人	1	
2	技术人员	人	1	
3	安全员	人	1	
4	质量员	人	1	
5	材料员	人	1	
6	工班长	人	1～3	
7	施工及辅助人员	人	若干	根据工程量大小及施工环境确定

其中负责人、技术主管、技术员、安全员、质量员、材料员、工班长的任职资格应满足资源配置标准化的要求。

八、主要机械设备及工器具配置

主要机械设备及工器具配置见表 2-10-2。

表 2-10-2 主要机械设备及工器具配置表

序 号	仪器设备名称	规格型号	单 位	数 量	备 注
1	万用表		台	2	
2	兆欧表		台	1	
3	地线电阻测试仪		台	1	
4	网络分析仪		台	1	
5	电锤		把	1	
6	电钻		把	1	
7	压接钳		把	1	
8	梯子		把	1	
9	适用组合工具包		套	2	
9.1	尖嘴钳	J-050	把	1	包内工具子项

续上表

序　号	仪器设备名称	规格型号	单　位	数　量	备　注
9.2	斜咀钳	X-051	把	1	
9.3	老虎钳	K-060	把	1	
9.4	镊子	TS-12	把	1	
9.5	40 W 烙铁	KV-40	把	1	
9.6	吸锡器	HY-018	把	1	
9.7	焊锡		卷	1	
9.8	螺丝刀	大、小、十、一	套	1	
9.9	钢卷尺	5 m	把	1	
9.10	剥线钳		把	1	
9.11	卡线钳		把	1	
9.12	试电笔		把	1	
9.13	锉刀		把	1	包内工具子项

注：以上主要设备机具仅作为参考，具体根据工程实际情况来配置。

九、物资材料配置

(1)各种原材料的质量要符合设计要求，到达施工现场要进行进场检验。

(2)各种设备配线的规格、型号、数量、质量等要符合设计要求，使用前对所有配线进行测试，测试合格才能使用。具体见表 2-10-3。

表 2-10-3　物资材料配置表

序　号	仪器设备名称	规格型号	单　位	数　量	备　注
1	监控中心设备		套		厂家配置
2	现场监控单元(RTU)		套	1	厂家配置
3	现场组网设备		套	1	厂家配置
4	终端监控器件及线缆		项	1	厂家配置
5	设备接地线、电源线		m	若干	工程所需
6	线缆防护槽、管		m	若干	工程所需
7	大小扎带		包	若干	工程所需
8	膨胀管及木螺丝		个	若干	工程所需

十、质量控制标准及检验

1. 质量控制标准

(1)所有设备材料到达现场后都应进行进场检验，其型号、规格及质量符合设计要求和相关技术标准的规定。

(2)监控中心设备安装位置、方式及安装强度应符合设计要求和相关技术标准的规定。

(3)设备配线用线缆的型号、规格及质量应符合设计要求，配线前应进行测试，指标达到相关技术标准要求。

(4)所用仪表经过计量检验合格,在有效期内使用。

(5)监控中心、中间站被监控机房的建筑装饰、暗配管道、预留孔、预埋件的技术条件与施工设计图纸一致。中间站各类传感器/变送器、探测器的安装地点、环境应满足设计要求。

(6)被监控的电源设备、空调设备及其他自动开关在手动操作状态下运行正常,并能接收中间站环境及电源监控系统的指令。

(7)电量传感器安装时严禁电压传感器输入端短路和电流传感器输出端开路;烟雾探测器至空调送风口边的水平距离不应小于 1.5 m。

(8)监控系统功能应符合设计要求,适应于铁路运输通信提供的多种通信通道。

(9)设备调试前应对硬件设备进行全面检查,检查正常后方可通电。系统调试应在保证传输通道、供电以及单机设备正常的情况下进行。

2. 检验

(1)施工质检员根据《铁路运输通信工程施工质量验收标准》(TB 10418—2003)、《高速铁路通信工程施工质量验收标准》(TB 10755—2010)的要求进行检验,并及时会签各种施工资料,包括检查证、检验批、测试记录等。同时根据现场实际情况完善施工图纸的改动整理,保证图纸的准确性。

(2)主控项目。

1)监控中心、中间站监控设备到达现场后应进行检查,其型号、规格及质量必须符合设计要求及相关产品标准的规定。

检验数量:全部检查。

检验方法:对照设计文件检查质量证明文件,并观察检查外观及形状。

2)监控中心、中间站监控设备的安装位置、数量和方式应符合设计要求。

检验数量:全部检查。

检验方法:对照设计文件核查。

3)监控中心、中间站监控设备之间的接线连接,并应正确可靠。

检验数量:全部检查。

检验方法:观察检查。

4)监控中心的监控设备应通过网络接口模块与通信通道、中间站监控设备连接,并应接触可靠。

检验数量:全部检查。

检验方法:观察检查。

5)电源监控模块裸露导体之间或者与其他裸导体之间的距离不应小于 4 mm,当无法满足时,相互间必须绝缘。

检验数量:全部检查。

检验方法:观察、尺量检查。

6)中间站各类传感器、变送器、探测器及直接数字控制器(数据采集与控制装置)的信号输入接线应正确可靠。

检验数量:全部检查。

检验方法:对照设计文件核查。

7)各类传感器、变送器、探测器应通过输出或接口模块与直接数字控制器(数据采集与控制装置)连接应接触可靠。

检验数量：全部检查。

检验方法：观察检查，用万用表测量。监理单位见证试验。

8)电量传感器裸导体之间或者与其他裸导体之间的距离不应小于 4 mm，当无法满足时，相互间必须绝缘。

检验数量：全部检查。

检验方法：观察、尺量检查。

(3)一般项目。

1)监控中心、中间站监控设备安装应垂直、平整、牢固。

检验数量：全部检查。

检验方法：观察检查，水平尺、磁性线坠、直尺测量。

2)监控中心、中间站监控设备及设备内各构件间应连接紧密、牢固，安装用的紧固件应有防锈层。

检验数量：施工全部检查，监理单位现场抽检 30%。

检验方法：观察检查。

3)中间站各类传感器、变送器、探测器安装应符合下列规定：

①并列安装的同类传感器、变送器、探测器距地面高度一致，同一区域内安装的同类传感器、变送器、探测器高度允许偏差为±5 mm。

②外形尺寸与其他开关不一样时，以底边高度为准。

检验数量：施工全部检查，监理单位现场抽检 30%。

检验方法：观察、尺量检查。

十一、安全控制措施

(1)针对施工特点，制定安全保障措施；开工前进行安全培训和技术交底，坚持合格上岗制度。

(2)设备安装前，应对机房情况进行调查，确保电源及环境监控系统设备的安装不影响需要监控的通信设备。

(3)设备地线必须连接良好。安装有防静电要求的单元板时，应戴防静电接地护腕。

(4)严格遵守通信机房的管理规定，施工过程中严禁乱动与施工无关的既有通信设备。

(5)设备加电前，电源极性、电压值、各种熔丝规格以及保护接地应符合要求。

(6)施工用的高凳、梯子等，在使用前必须认真检查其牢固性。梯外端应采取防滑措施，并不得垫高使用。

(7)积极辨识本项工作中的危险源及危险因素，制定可行的安全保证措施，并加以落实。

十二、环保控制措施

(1)设备器材开箱后包装废弃物应统一收集，集中处理，不能乱丢乱放。

(2)在机房内安装电源与环境监控设备时，必须采取防尘措施，保持施工现场的清洁。

(3)设备安装时需使用冲击钻等工具对墙壁、楼板打眼时，应采取措施，保证墙壁、楼板主体不被破坏，外观不受影响。

(4)设备安装、配线的下脚料、废弃物，加工件刷漆后的剩余油漆，测试仪表用过的废旧电池等要统一收集，集中进行处理。

(5)每日施工结束后要进行施工现场打扫，做到人走场地清。

十三、附　　表

环境及电源监控系统施工检查记录表见表 2-10-4。

表 2-10-4　环境及电源监控系统施工检查记录表

工程名称			
施工单位			
项目负责人		技术负责人	
序号	项目名称	检查意见	存在问题
1	机房设备及监控终端施工条件		
2	终端缆线检验及布放情况		
3	设备开箱情况		
4	设备安装预制件加工情况		
5	机房设备安装情况		
6	设备供电情况		
7	机房地线情况		
8	系统配线的电气性能测试情况		
检查结论： 检查组组员： 检查组组长： 年　月　日			

第十一节　通信电源设备施工

一、适用范围

适用于铁路通信工程通信电源设备安装、配线、调测。

二、作业条件及施工准备

(1)开工前组织技术人员认真学习实施性施工组织设计，阅读、审核施工图纸，澄清有关技术问题，熟悉相关技术标准，制定施工方案和应急预案。

(2)对施工人员进行技术交底，对参加施工人员进行岗前安全技术培训，考核合格后持证上岗。

(3)根据施工图纸提供的平面布置图进行现场复测，确定与图纸所给设备安装位置是否相符，确定与图纸所给电源线长度是否相符。

(4)检查设备房屋建筑状况，包括建筑装修(地面、吊顶、门窗、空调、照明等)、温度、湿度、承重以及室内预留管、孔、槽等条件是否具备设备安装及布线的条件。

(5)已与相关单位签订施工安全配合协议。

(6)相关人员、物资、施工机械及工器具已经准备到位。

三、引用施工技术标准

(1)《通信局(站)电源系统总技术要求》(YD/T 1051—2010)；

(2)《通信用开关电源系统监控技术要求和试验方法》(YD/T 1104—2001)；

(3)《通信电源设备的防雷技术要求和测试方法》(YD/T 944—2007)；

(4)《交流电气装置的接地》(DL/T 621—1997)；

(5)《铁路运输通信工程施工质量验收标准》(TB 10418—2003)；

(6)《铁路通信工程施工技术指南》(TZ 205—2009)。

四、作业内容

施工准备；机房调查；设备开箱检查；设备安装；蓄电池安装；设备线缆布放；设备加电试验。

五、施工技术标准

1. 电源设备安装与配线

(1)电源设备安装前检查

检查设备的型号、规格、数量、性能等主要技术数据是否符合设计文件要求和合同内容。

1)检查设备外表有无变形、缺陷、脱漆、破损、裂痕、撞击痕迹等。

2)继电器、接触器和开关应动作灵活，接触紧密，无锈蚀、损坏。

3)紧固件、接线端子应完好无损，且无污物和锈蚀。

4)蓄电池硫酸无外溢，贮存期不超过 6 个月，密封阀无松动或遗失，蓄电池单端电压的开路电压大于 2.13 V。

5)印刷电路板无变形、接插件接触可靠、焊点光滑，无腐蚀、外接线。

6)设备柜内外配线应无缺损、断线，配线标记应完善；接线应紧密，无松动现象，无裸露导电部分。

7)设备的接地符合图纸和相关规定的要求，连接牢固、接触良好。

8)电源设备的安装位置应符合设计要求。

(2)电源设备底座制作安装

1)根据柜体尺寸大小和室内地面荷载力预制设备底座，除锈刷漆，做好接地。

2)设备底座顶部宜高出室内抹平地面 10 mm，当地面铺设防静电地板时，设备底座顶部与防静电地板应等高。

(3)蓄电池组安装

1)蓄电池柜(架)的加工形式、规格尺寸和平面布置符合设计要求。

2)蓄电池应排列整齐,距离均匀一致;蓄电池连接应接触良好。安装蓄电池所用的工具应注意绝缘,防止短路;正、负极连接正确,连接电缆应尽可能短。

3)蓄电池与充电器或负载相连接时,电路开关要放在"断开"的位置;严禁接反极性或短路。

(4)交流配电设备的安装

1)交流配电设备的安装位置符合设计要求。

2)交流配电柜的每路配电开关及保护装置的规格、型号符合设计要求。

3)交流配电箱应部件齐全;箱体开孔与导管管径适配;暗装配电箱箱盖紧贴墙面;箱涂层完整;箱体中心距地面的高度宜为 1.3~1.5 m。

4)交流配电箱安装在混凝土墙、柱或基础上时,应采用膨胀螺栓固定。

5)交流配电设备应有可靠的电击保护。

(5)电源系统配线

1)电源配线的外护层及绝缘层应无破损、受潮发霉或老化现象。

2)电源配线的走线方式和布放应符合设计要求,配线中间不得有接头。

3)电源配线与设备端子的连接要求:截面 10 mm^2 及以下的单芯电源线打圈连接时,在导线与螺母间应加装垫圈,每处最多允许连接两根导线,并在两导线间加装垫圈,接线螺母应拧紧;截面 10 mm^2 以上的多股电源配线,应加装相应规格的铜线鼻子或线卡子,焊接或压接牢固后,再与电源端子连接;电池室内接线应使用铜质线鼻子或镀锡的铜鼻子;电源配线与设备连接时,不得使设备端子受到机械应力;电源配线时,开剥绝缘层或护套的剖头,应使配线悬空裸露长度保持 1~2 mm。

4)电源配线应正确,配线两端的标志应齐全正确。

2. 电源防雷保安器安装

(1)防雷保安器的安装位置符合设计要求。

(2)带有接线端子的电源线路防雷保安器应采用压接;带有接线柱的防雷保安器宜采用线鼻子与接线柱连接。

(3)防雷保安器的连接导线规格应符合设计要求,连接应平直。

3. 电源系统接地装置安装与引接

(1)在建筑物周围设接地装置时,安装应符合下列要求:

1)接地装置的水平接地体距建筑物外墙间距不小于 1 m,埋深不应小于 0.7 m。

2)接地装置的垂直接地体之间的距离不应小于其长度的 2 倍,并应均匀布置。

(2)接地系统接地电阻应符合设计要求,在接地电阻达不到要求时可采取下列降阻措施:

接地体利用电镀技术;采用热熔焊剂焊接接地极和接地连线;埋深接地体;加降阻剂;采用新型接地材料(按设计要求合理选用)。

(3)接地装置的焊接采用搭接焊时,搭接处应做防腐处理。

(4)电源系统的下列部分均应接地:

1)电源设备的基础型钢、金属框架、外露导电部分、装有电器的可开启柜门;

2)电缆线路的金属护套和屏蔽层,防护用金属管路、金属桥架;

3)电源系统的各种防雷保安器。

(5)综合接地系统应设置供引接线接地引接的接地端子或接地母排;室外接地端子或接地

母排应直接灌注在电缆槽或其他混凝土制品中。

(6)地线盘(箱)、接地铜排的安装应符合下列要求：

1)接地铜排端子分配符合设计要求；

2)接地铜排和螺栓结合紧密、导电性能良好；

3)地线盘(箱)、接地铜排与地网连接牢固、可靠。

(7)室内配线屏蔽接地，应采用一点接地；接地配线应分别从接地汇流排引接，引接应符合下列要求：

1)联合地线应分别接至下列各处：

①各种直流电源母线需要接地的一极；

②各通信机械的防雷保安器；

③直流变压设备和铃流发生器(用直流电源)的机架(壳)、引入电缆、室内电缆和配线的金属屏蔽层、各通信机械的金属机架及其他需要屏蔽的处所；

④引入架、引入试验架、试验架、测量台、试验台等需要测试的接地；

⑤防静电地板。

2)保护地线应接至下列各处：

①开关电源及其他交流电源设备的机架或机壳；

②交流电源线的金属外皮；

③交流 380/220 V 三相四线制配电系统的中性线重复接地端子；交流直供的其他设备。

4. 电源系统调试

(1)电源设备的绝缘性能应采用 500 V 的绝缘电阻测试仪测试，并满足下列要求：

1)电源设备的带电部分与金属外壳间的绝缘电阻，不应小于 5 MΩ；

2)电源配线的芯线间和芯线对地绝缘电阻不应小于 1 MΩ。

(2)电源系统加载前应检查下列各处无短路：

1)交流配电箱至自动切换配电柜之间的电源线；

2)自动切换配电柜内部交流电源线；

3)设备电源接线端子正负极连线，交流零火线等；

4)蓄电池的正极和负极之间。

(3)用电压表测试相线与相线、各相线与零线之间的交流电压应在正常范围内。

(4)电源设备严禁强行送电。向设备送电前应按设备电气原理图与施工配线图检查核对；所有电源设备的开关均应处于“断开”的位置；熔断器容量应符合设计要求。

(5)交流配电箱的机械电气双重连锁功能、切换功能、欠电压和过电流保护等功能应符合设计要求。

(6)利用计时装置自动切换配电柜通电试验时，应对两路电源自动切换装置的延时性能进行测试，结果应符合设计要求。

(7)不间断电源(UPS)系统启动正常后，对下列 UPS 性能进行调试，结果应符合设计要求或相关技术标准的规定：

1)输入交流电压额定值、频率额定值；

2)输出电压额定值、频率额定值、电压精度、瞬态电压恢复时间、过载能力、频率精度；

3)UPS 蓄电池的充电电压及充电电流；

4)UPS 设备的切换时间及切换电压值、输出电压、输出频率、负荷充放电时间。

(8)按产品说明书,对不间断电源(UPS)的下列功能进行试验,结果应符合设计要求或相关技术标准的要求:

1)输入电压过高、过低,输出电压过高、过低,过流、欠流,UPS设备过载,短路,蓄电池欠压,熔断器熔断等自动保护动作,声光告警功能。

2)输入电源故障时,手动与自动转换、自动稳压及稳流、切换及超载试验。

3)远程报警,充电显示,温度过高检查等功能。

(9)蓄电池的性能应符合下列要求:

1)蓄电池组的容量符合设计要求。

2)蓄电池安装结束后或开始使用前应进行补充电;浮充充电宜采用限流恒压法,浮充电压为2.23～2.28 V/单体。

3)蓄电池充电时,环境温度应在21 ℃～32 ℃范围内,超出上述范围,应调整充电电压。

4)相对于25 ℃,每差1 ℃其电压修正应为±0.003 V/单体,即温度升高1 ℃,浮充电压应降低3 mV;温度降低1 ℃,浮充电压升高3 mV,温度每变化5 ℃应将浮充电压调整1次。

(10)蓄电池发生下列情况时应进行均衡充电:

1)指示蓄电池的浮充电压小于2.20 V时;

2)紧急放电后,蓄电池需要在短时间内再充电时;

3)单体蓄电池的电压值参差不齐时;

4)全浮充连续运行3个月以上时。

均衡充电应采用定电压充电方法,充电参数应符合表2-11-1的规定。

表2-11-1　定压充电参数

单体电压(V)	2.25	2.30	2.35
充电时间(h)	浮充电	24	12

(11)高频开关电源通电试验。

1)整流模块的控制调整和输出特性符合产品技术条件规定。

2)高频开关电源整流模块的$N+1$热备份功能符合设计要求。

(12)电源系统配线的通电试验。

1)通电后测量电池出线端与设备进线端的电源配线电压降,符合设计要求。

2)通电1 h后检查电源线的铜芯、铜线鼻子或电源配线与设备连接处的温度,不应出现过热现象。

(13)对通信电源系统进行手动方式模拟故障试验应符合下列要求:

1)进行人工或自动转换时,对通信设备供电不得中断;

2)故障报警应准确、可靠;

3)额定负荷时,蓄电池组备用时间符合设计要求;

4)输出电压和电流超限时,保护电路动作准确;

5)输入电源故障时,能自动转换至蓄电池组供电。

六、工序流程及操作要点

1. 工序流程

工序流程如图2-11-1所示。

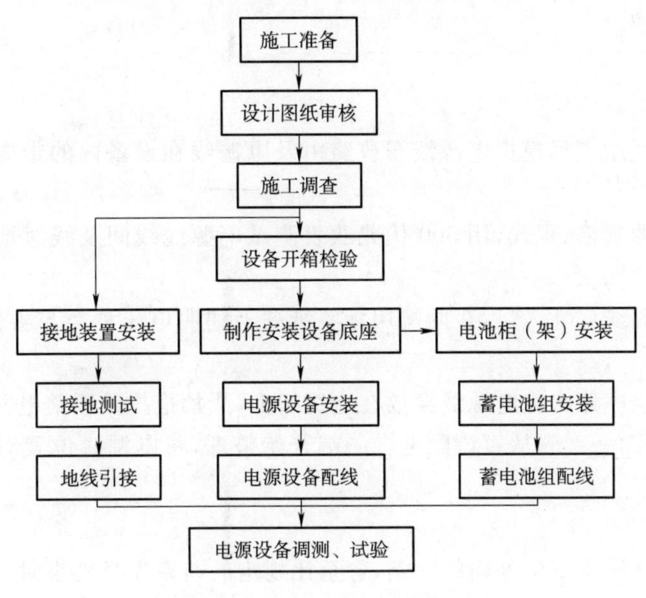

图 2-11-1　工序流程图

2. 操作要点

(1)机房条件调查

1)监控中心、中间站及区间站点被监控机房的建筑装饰、暗配管道、预留孔、预埋件的技术条件与施工设计图纸一致，或具备能够按照施工设计图纸进行预埋管线和明设安装线槽的条件。

2)现场监控设备安装位置(柜内安装或壁挂式安装)机房环境应满足设计要求。

3)检查机房内设备安装环境和门窗条件及其他自动开关设施的情况。

(2)设备运输及开箱技术要求

1)对厂家提出设备包装要求，包装要有防潮、防尘、防蚀、防碰等措施，以便经受大批货物的运输和装卸，保证货物安全到达现场没有任何损坏。

2)设备到货后先检查设备在运输时的码放是否符合技术要求(方向及层数)；卸车时尽量使用机械装卸，不得磕碰及破坏原包装；检查包装外观是否有损坏现象并做好记录。

3)设备开箱时应有监理单位人员和厂家技术配合人员在场，打开包装时应小心，轻拿轻放，开箱后根据内附的装箱单检查到货设备是否与装箱单相符并做好记录。

(3)固定安装

1)机架排列：按设计的平面布置图在机房内地面上画好定位线；按定位线先排列走道侧机架，调整其左右、前后的偏差符合施规要求；以调好的机架为准，依次将其余机架按顺序逐个靠拢垫平，四角均匀着力安装到位。

2)部件组装：先用皮老虎、毛刷清除子框及各部件灰尘；再按先上后下、先里后外的原则顺次组装各部件；组装完毕，对照设备面板图和缆线标志进行复核，不得错接。

3)电池安装：电池铭牌(型号、容量等标志)应全部排在外侧；搬运时，应按先里后外的顺序同方向摆放；一列电池放好后，从本列后端的外侧上沿拉一直线，将中间各电池的外侧均调整在一直线上；将相邻电池的正负极，用连接条依次串联起来，紧固螺丝时应尽量保持电池的整齐与垂直水平，不得有明显的歪斜现象，紧固螺丝需用扭力扳手操作；电池编号应清晰、粘贴位置应符合建设单位要求。

(4)设备配线

1)布放电源线

①根据施工图纸用皮尺模拟电源线布放路由及电源线在设备内的走向,测量电源线的实际长度,并作记录。

②核对电源线的规格、程式,用500伏兆欧表测试电源线线间及线对地的绝缘电阻,并作记录。

③核准所需电源线尺寸,然后在两端用标签纸贴上注明电压种类与极性及所进机架的名称等。

④按设计图的顺序依次将电源线穿放在走线架上,严禁拖拉及踩踏电源线。

⑤捆绑电源线前,一般先从直流配电屏一端开始整理,将电源线位置对准,然后临时捆绑在支铁上。

2)电源线作弯

①按规定的位置先弯下层外面的一条,弯至比规定的曲率半径稍小时,将电源线两端的直线部分反弯一致,将以此电源线为准,依次弯制其他电源线。

②应经常从各个侧面观察作弯质量,并尽可能一次将弯作好。

③作弯后用浸腊麻线捆绑。

④电源线在走线架上捆绑至距作弯处的1～2根横担时,应将弯作好后再进行捆绑。

3)电源线的整理

①捆绑电源线时,应随绑随整理。

②电源线捆绑后,其长出的麻线应先打死结,然后压在电源线夹缝面,用扎带绑扎时,扎带头应剪平、不硌手。

(5)电源线与设备的连接

1)电源线进入设备后,应根据其走向与允许的最小曲率半径,按先里后外,先下后上的规则作弯,并尽量一次弯成。

2)根据设备的接线端子与线鼻子的尺寸截电源线。

3)加装线鼻子。

4)绑扎电源线。

5)用500 V兆欧表测试线间及线对地的绝缘电阻并记录。

6)将线鼻子穿入设备接线端子,加上平垫圈、弹簧垫圈及螺母,并用力均匀拧紧。

(6)接地

1)敷设接地体

①按照设计规定的数量、尺寸、形状编焊接地体(碳棒按照说明书使用)。

②在接地体定位线上,一人扶角钢或钢管接地体,另一人用大锤将接地体垂直打入地中,在沟底露头高度约为20 cm左右。

③扁钢接地体立放成长条形,预留的搭接长度要符合规定。

2)安装接地引线

如采用扁钢作接地引线,用铜绞线引入室内设备时,应将铜绞线插入铜鼻子内焊牢,并在扁钢与铜鼻子的连接处镀锡,再涂一层中性凡士林,用连接螺丝将铜鼻子与扁钢拧紧,并缠扎塑料带。

3)测量接地电阻

地线安装完毕,在回土前,应邀请建设单位现场代表或监理工程师共同见证地线电阻测试结果,作好记录,签字确认。

4)接地要求

系统直流工作地必须接地线,系统未接地不准调测和开通;用于程控交换设备电源系统的直流工作地应独立接地,严禁与保护地线相连,严格保证工作地线单点接地(针对不同的交换设备,接地应满足相应要求)。

电源系统的PE地铜排应与机房的地线汇流铜排相连接,在电源系统内应用不小于16 mm^2的接地电源线将直流工作地与PE地排连接;接地线线径严格按照设计要求。

(7)加电调试

1)加电调试流程如图2-11-2所示。

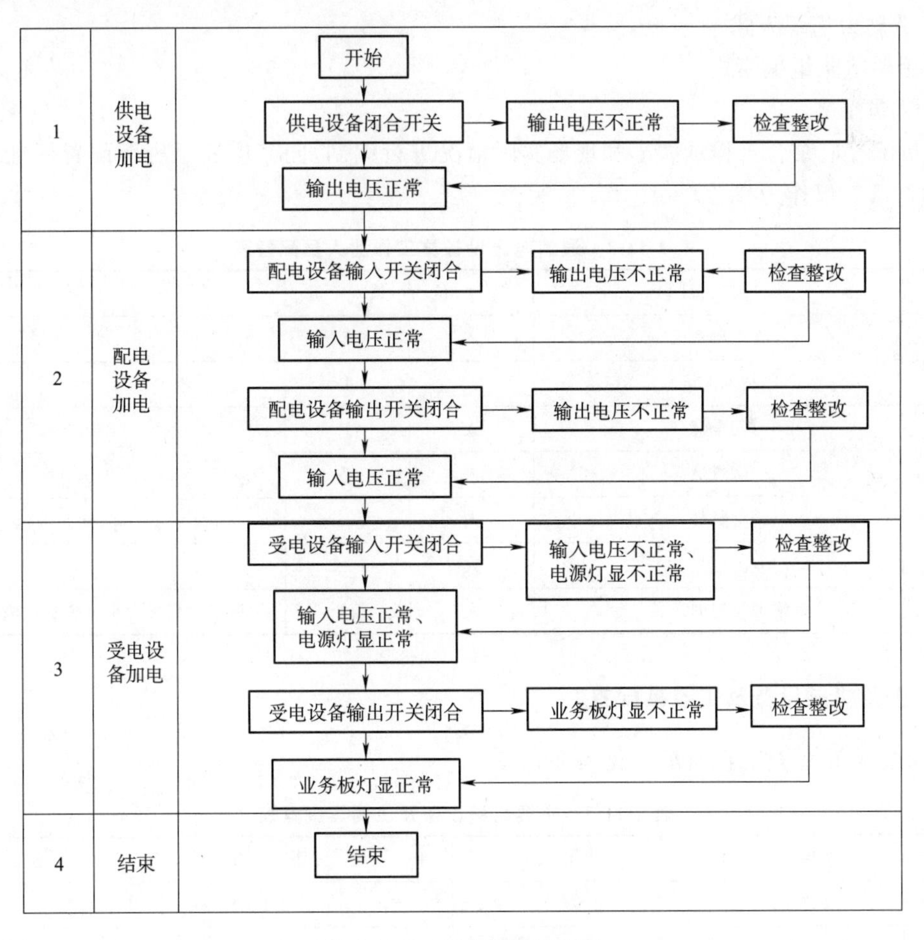

图2-11-2　加电调试流程图

2)操作方法

①电源设备加电前必须先用测量仪器检查电源系统连接的安全性。要求供电回路间、对地应无短路、断路现象,设备接地牢固可靠。供电设备空载时输出电压正常。

②受电设备应按照设计文件或业主电源规划接入供电(配电)设备指定位置,确保供电(配电)设备正确地给受电设备供电。

③缆线规格应符合设计要求,缆线引入室内的孔洞应及时封堵。

④通信电源机房供电前必须向供电设备管理单位提出用电申请,复核和供电线路审核后方可使用。

⑤通信电源供配电设备和手电设备加电应严格按照设备说明书和开机流程实施。

⑥电源设备加电时,厂家电源工程师应给予协助和监督;利用既有通信电源设备为其他设备供电时,维护单位应在场监督和指导。

⑦电源设备加电人员应具备相应设备的操作技能、严禁无证操作。

⑧电源设备加电后,应确认其电源指示状态和各项参数处于正常状态,发现告警应及时确认告警类型,及时排除,保证设备运行正常。

七、劳动组织

1. 劳动力组织方式

采用架子队组织模式。

2. 人员配置

人员配置应结合工程量大小和现场实际情况进行编制,同时应满足资源配置标准化的要求。表 2-11-2 仅作为参考。

表 2-11-2　通信电源设备施工作业人员配备表

序　号	项　　目	单　　位	数　　量	备　　注
1	施工负责人	人	1	
2	技术人员	人	1	
3	安全员	人	1	
4	质量员	人	1	
5	材料员	人	1	
6	工班长	人	1～3	
7	施工及辅助人员	人	若干	根据工程量大小及施工环境确定

八、主要机械设备及工器具配置

主要机械设备及工器具配置见表 2-11-3。

表 2-11-3　主要机械设备及工器具配置表

序　号	仪器设备名称	规格型号	单　　位	数　　量	备　　注
1	发电机		台	1	
2	电锤		把	2	
3	梯子		把	2	
4	喷灯		把	2	
5	万用表		把	2	
6	电烙铁		把	2	
7	对讲机		套	10	

续上表

序　号	仪器设备名称	规格型号	单　位	数　量	备　注
8	组合工具		套	3	
9	电池测试仪		套	1	

注：以上主要设备机具仅作为参考，具体根据工程实际情况来配置。

九、物资材料配置

(1)各种原材料的质量要符合设计要求，到达施工现场要进行进场检验。

(2)各种设备配线的规格、型号、数量、质量等要符合设计要求，使用前对所有配线进行测试，测试合格才能使用。具体见表2-11-4。

表2-11-4　物资材料配置表

序　号	仪器设备名称	规格型号	单　位	数　量	备　注
1	各类电源线		m		工程所需
2	接地线		m		工程所需
3	凡士林油		mL		工程所需
4	焊锡丝		卷		工程所需
5	绝缘胶布		m		工程所需
6	扎带		包		工程所需
7	保护管		m		工程所需
8	其他小材料		项		工程所需

十、质量控制标准及检验

1. 质量控制标准

(1)电源设备及电源配线到达现场应进行检查，其型号、规格、技术质量指标必须符合设计要求及相关产品标准的规定。

(2)电源设备各单元的插接良好，连接紧密；输入电源的相线和零线不得错接，其零线不得虚接或断开。

(3)蓄电池组安装应排列整齐、连接正确、接触良好。

(4)电源配线应符合规定：电源配线的敷设径路和走线固定方法符合设计要求；交、直流电源配线应分开布放，不应绑在同一线束内；电源配线不得有接头；电源端子接线正确，配线两端的标志齐全；直流电源线必须以线色区别正、负极性，直流电源正负极严禁错接与短路，接触必须牢固。

(5)设备绝缘：电源设备带电部分与金属外壳间的绝缘电阻应大于5 MΩ；电源配线的芯线间和芯线对地的绝缘电阻应大于1 MΩ。

(6)电源设备试验：人工或自动转换时，供电不得中断；故障报警应准确、可靠；额定负荷时，蓄电池组备用时间应符合设计要求；输出电压和电流超限时，保护电路动作应准确；输入电源故障时，应自动转换蓄电池组供电。

(7)严禁用接地线代替电源线。

(8)地线盘安装符合规定：接地铜排端子分配应符合设计要求；接地铜排和螺栓、地线盘端子与室内接地配线连接紧密。

(9)接地系统接地电阻应符合设计要求,接地连接可靠。

2. 检验

(1)根据《铁路运输通信工程施工质量验收标准》(TB 10418—2003)、《通信开关电源系统技术要求和试验方法》(YD/T 1104—2001)、《通信电源设备的防雷技术要求和测试方法》(YD/T 944—2007)的要求进行检验。

(2)主控项目。

1)通信电源设备及配线到达现场应进行检查,其型号、规格、质量应符合设计要求及相关产品标准的规定。

检验数量:全部检查。

检验方法:对照设计文件检查出厂合格证等质量证明文件,并观察检查外观及形状。

2)电源的配线应正确,标志齐全。线间及对地绝缘电阻应大于1 MΩ。

检验数量:全部检查。

检验方法:对照设计文件检查及用500 V兆欧表测试。监理单位见证试验。

3)开关电源−48 V直流输出电压允许变动范围应为−40～−57 V。

检验数量:全部检查。

检验方法:用万用表测试。监理单位见证试验。

4)UPS的过流/过压保护功能应符合设计要求。

检验数量:全部检查。

检验方法:通过网管或在本机上进行功能试验。监理单位见证试验。

(3)一般项目。

1)电源设备各种仪表指示应正常。

检验数量:全部检查。

检验方法:观察检查。

2)电源配线的布放应平直、稳固,不得有急剧转弯和起伏不平,严禁扭绞和交叉。交、直流电源配线应分开布放,不应绑在同一线束内。

检验数量:全部检查。

检验方法:观察检查。

十一、安全控制措施

(1)通信电源设备安装人员必须要接受过安全培训和电工作业技能培训。

(2)通信电源施工严格按照设计文件要求(必要时应提交《施工方案》给业主工程管理人员批准),进场施工必须取得业主的同意,施工中应有业主和工程监督人员监督施工。

(3)通信电源施工前必须检查保证施工场地环境符合电源设备施工安全和设备运行安全要求,如通风、湿度、温度、尘埃指数、地板承重力、抗震能力、接地系统等。

(4)通信电源操作过程中严禁将手、脚、头或其他导电物体伸入设备,避免引起电源设备事故或人身安全事故;必须用手操作的设备,应佩戴绝缘防护措施,所用的金属工具裸露部分应缠绕绝缘胶带。

(5)出现电源操作事故时应及时按运维单位和我公司事故上报处理流程,及时上报和处理。

(6)通信电源加电前必须保证电源设备及其连接设备的所有开关处于断开状态,并在开关处设有“停电作业，严禁合闸”等警示牌，做好防护隔离，设专人防护监控，保证施工安全。

(7)通信电源施工需高空作业，工具材料应妥善放置，防止跌落引起人身伤害和设备故障，现场设有专人看护和防护措施，严禁无令、无证、无防护施工。

(8)设备加电作业必须得到所在站点电源供电主管部门和被连接设备单位人员的同意；电源系统割接应编制专项方案，得到业主批准后实施。

(9)设备加电前，必须用相应的测量仪器测量供电电压、电流等，保证电源供电参数符合要求。

(10)蓄电池较重，应小心搬运，避免电池跌落造成电池损坏或砸伤人员，电池组串联时极性一定要正确，电源线和电池接线柱应紧固连接。蓄电池是化学物品，操作时应佩戴防护眼镜、手套，如果发生化学物体溢出，应迅速清理现场，加强通风。

(11)施工工具、材料应妥善放置，严禁施工中将金属工具或其他物品放置在电源设备上或内部，防止物品意外滑落导致的电源事故。

(12)工程现场管理及施工安全问题由工程负责人全面负责。

(13)工程现场要区分物料区、施工区和废料区，做到标识清晰、明显。

(14)所有工程人员应穿着佩戴应的劳保用品，按照安全操作规程进行施工。

(15)工程负责人针对现场出现的问题，提出相应的解决方案，无法解决或需要其他各方协助解决的，应及时提交相关方面负责人予以解决。

(16)施工现场必须配备有效的灭火消防器材，凡是要求设置的火灾自动报警系统和固定式气体灭火系统，必须保持性能良好。

(17)施工现场严禁存放易燃易爆等危险物品。

十二、环保控制措施

(1)设备器材开箱后的包装废弃物应统一收集，集中处理，不能乱丢乱放。

(2)在机房内安装电源设备时，必须采取防尘措施，保持施工现场的清洁。

(3)使用冲击钻等工具对墙壁、楼板打眼时，应采取措施，保证墙壁、楼板主体不被破坏，外观不受影响，对既有设备进行防尘保护。

(4)设备安装、配线的下脚料、废弃物，加工件刷漆后的剩余油漆，测试仪表用过的废旧电池等要统一收集，集中进行处理。

(5)每日施工结束后要进行施工现场打扫，做到人走场地清。

十三、附　　表

通信电源设备施工检查记录表见表 2-11-5。

表 2-11-5　通信电源设备施工检查记录表

工程名称			
施工单位			
项目负责人		技术负责人	
序号	项目名称	检查意见	存在问题
1	机房设备安装施工条件		
2	缆线检验及布放情况		

续上表

序号	项目名称	检查意见	存在问题
3	设备开箱情况		
4	设备安装预制件加工情况		
5	机房设备安装情况		
6	设备外部供电情况		
7	机房地线情况		
8	系统配线的电气性能测试情况		
9	设备加电自检情况		
检查结论： 检查组组员： 检查组组长： 年　月　日			

第十二节　铁路车站客运服务信息系统施工

一、适用范围

适用于铁路车站客运服务信息系统工程施工。

二、作业条件及施工准备

(1)已完成图纸审核、技术交底和安全培训，考试合格上岗。

(2)已完成与房建和装修单位对各类预埋件、吊挂件及设备安装的位置、大小、高度等主要技术内容的协商确认，并做好防护措施。

(3)已与相关单位签订施工安全配合协议。

(4)相关人员、物资、施工机械及工器具已经准备到位。

三、引用施工技术标准

(1)《铁路旅客车站客运服务信息系统工程施工质量验收标准》(TB 10427—2011)；

(2)《铁路运输通信工程施工质量验收标准》(TB 10418—2003)；

(3)《铁路通信工程施工技术指南》(TZ 205—2009)；

(4)《高速铁路通信工程施工技术指南》(铁建设〔2010〕241 号)

(5)《高速铁路通信工程施工质量验收标准》(TB 10755—2010)。

四、作业内容

设备及吊挂件安装位置定测；预埋件及吊挂件加工；预埋件及吊挂件安装；布线施工；隐蔽工程签证；设备安装及配线；设备单体调试；子系统调试；联调联试。

五、施工技术标准

1. 设备吊挂件及设备安装位置定测

安装位置要符合设计图纸要求，各子系统终端位置满足设备功能需求和设计意图，达到与现场安装环境相协调，与其他专业设备安装位置相互协调美观、不冲突。

2. 设备预埋件及吊挂件加工

(1)一般预埋件加工尺寸要与固定设备底座固定大小以及预埋位置的空间大小相结合，应制作大小适中且符合设备的受力要求。

(2)特大型吊挂件要严格按照设计要求加工，当与现场空间不一致时，应及时与设计单位取得联系，通过设计变更满足安装需要。

(3)一般预埋件要焊接牢固，应均匀刷上防锈漆，符合行业规范。

(4)特大型吊挂件、预埋件应委托大型加工厂家制作，以保证承重和焊接质量的要求。

3. 设备预埋件及吊挂件安装

(1)一般预埋件和吊挂件的安装要求位置准确，固定牢固，不晃动，不倾斜，强度达到设计要求。

(2)一般预埋件和吊挂件固定用的膨胀螺栓大小，应符合设备的承重和固定要求。

(3)大型吊挂件、预埋件安装时合理做好人员安排，吊装设备经过必要的安全检测，做到稳步有序，细致安全施工。

(4)大型吊挂件、预埋件应做到一次施工到位，固定位置准确，螺丝紧固牢靠，安装后应作安全性检查和成品防护。

4. 综合布线

(1)各种线缆到达现场后应进行检查，其型号、规格、质量应符合设计要求及相关技术标准的规定。

(2)具体技术标准参见综合布线的相关要求。

5. 设备安装与配线

(1)设备到达现场应进行检查，其型号、规格、质量应符合设计要求及相关技术标准的规定。

(2)设备安装应牢固、美观，强度达到设计要求。

(3)设备安装完成后如有接地要求的，对地电阻符合设计要求或规范要求。

(4)设备电源的引入要符合设备额定电压、电流要求，且经过供电部门核定负荷。

(5)设备各类控制线和信号数据线，应按设计要求准确接入各类端子。

6. 设备单体调试

设备单体调试前应确认引入电源正常，各类端子接线正确，调试时设备单机功能正常。

六、工序流程及操作要点

1. 工序流程

工序流程如图 2-12-1 所示。

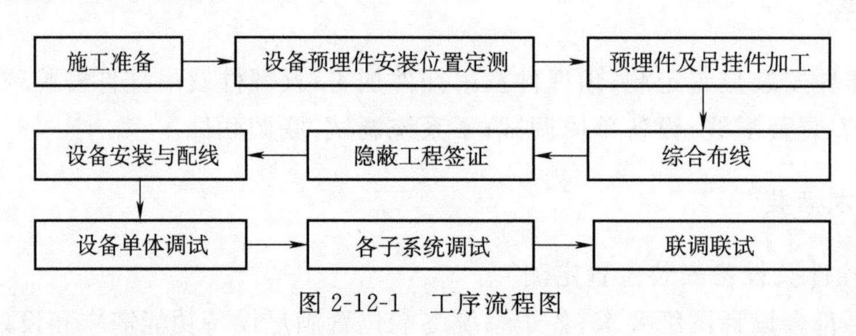

图 2-12-1 工序流程图

2. 操作要点

(1)机房落地机柜设备安装

1)机柜设备和内插板件的型号、规格、数量、技术要求等应符合设计及供货合同要求。

2)搬运机柜设备必须小心轻搬轻放,避免滑落损伤、划痕等现象。

3)机柜设备安装时,可使用钻孔定位模板进行画线、钻孔、放置螺栓、进行设备安装,提高工作效率。

4)机架在活动地板上安装时,可选用不小于 L45 的角钢制作机架支架,多台机架成排密贴安装时可采用连体支架。底座安装位置应兼顾活动地板安装要求。

5)机柜设备的安装位置、面板方向应符合设计平面布置图,紧固时可借助水平尺、红外墨线仪、磁性线坠、数字水平尺等工具进行调平、定位,使其垂直度、水平度符合规范要求。

6)机柜设备安装时应按设计要求接地,加装防静电手腕。

7)机柜设备子框、板件安装时,应佩戴防静电手腕,按设备面板布置图进行。插拔板件应顺直,避免损伤背板插接槽。

(2)壁挂设备安装

1)壁挂机柜设备安装位置应符合设计文件要求,方便维护、不影响机房整体美观,机柜设备标高应不小于 1.5 m,机柜设备应安装牢固、表面横平竖直。

2)壁挂设备应和窗口、热源、水管、其他强电设备保持一定的安全距离。

3)引入壁挂设备的线槽沿墙面固定应横平竖直,线槽规格应符合设计要求,满足线缆敷设要求。

(3)公共区设备安装

1)安装位置、朝向应符合设计平面图要求。

2)多台设备并排安装时,应在一条水平线上,横平竖直,结构稳定。

(4)地槽安装

1)地槽安装位置应符合设计走线要求,地槽应加设地托,使线槽和地面保持一定间隙,地槽应使用配套连接片和螺丝进行连接,保证接口密贴、平整。

2)地槽切口处应该加设防护胶条,避免切口划伤缆线。

3)地槽应接地。

(5)桥架安装

1)桥架规格、架设路由、标高应符合设计要求。

2)桥架应横平竖直。

3)桥架安装应使用红外墨线仪、激光测距仪、直尺等配合画线、标高核定。

4)桥架转弯应根据转弯角度选用定型接头或自制接头,以满足安装要求。

(6)设备配线

1)设备配线的规格型号应符合设计文件要求。

2)缆线布放路由应规范,电源线与数据线应分开布放,顺直不交叉,分把绑扎。带铠装缆线的弯曲半径应不小于缆线直径的10倍,不带铠装的弯曲半径应不小于缆线直径的6倍。

3)缆线上线前应进行对号、绝缘测试。两端做标识,方便识别。

4)缆线绑扎应均匀,松紧顺直。

(7)信息大屏安装

1)信息大屏采用内嵌式安装时,装饰面开孔尺寸应大于大屏外表面尺寸3～5 mm,以方便安装;大屏底座加工时,应充分考虑大屏厚度、壁挂安装方式,以保证大屏面板与装饰墙面平齐,且横平竖直,结构稳固。

2)信息大屏采用壁挂式安装时,大屏的挂件应考虑整体美观和大屏散热要求,挂件应牢固,承重量应满足承载大屏要求。

3)信息大屏采用吊杆式安装时,吊杆应采用U型抱箍方式和大棚骨架连接,固定位置应不影响大棚的结构稳定性。禁止在大棚结构件上开孔安装大屏吊杆。大屏吊杆抱箍应使用镀锌钢材,强度满足设计要求,接缝处应采用满焊加工方式,焊点应光滑无毛刺,并将焊点做防锈处理。

4)信息大屏吊杆的长度应以大屏标高和大屏尺寸为基准,结合吊杆定位界面高度,通过精确测量,准确加工,满足标高要求。

5)信息大屏在露天区域安装时,应加装防雨措施,保证大屏安全,高度符合设计要求。

6)引入信息大屏的电源线、数据线应采用下进线方式,且做滴水弯,进线孔做防水封堵,保证大屏运行安全。

7)引入信息大屏电源线和数据线应分管或加装隔离措施布设。

8)信息大屏所用缆线应按设计要求设置保护管,缆线及保护管的阻燃等级应符合设计要求。

(8)扬声器、噪声检测器安装

1)吸顶式扬声器、噪声传感器在车站顶棚上安装时,应在装修专业封顶前进行定标、安装。

2)多个扬声器、噪声传感器安装时应保持横成线、纵成行,间距一致,整体美观。

3)扬声器、噪声检测器的安装位置应避开喷淋口、广告牌、导向牌等影响声音传播的物体或设备。

4)明装声柱应按设计要求的位置、高度和角度预埋螺栓或吊挂件,保证安装牢固。

5)内嵌入式喇叭接线时,应将喇叭引线音源线焊接牢固,缠绕防水绝缘胶带,再将内嵌喇叭固定在顶棚装饰板上。

6)紧急广播设备应按设计说明(产品说明书)正确连接。

7)组合声柱箱安装时,应按图挂装并有一定的倾斜角度。

8)外接插座面板安装前盒子应收口平齐,内部清理干净,导线接头压接牢固。面板安装平整。

(9)广播机设备安装

1)设有收扩音机、录音机、电唱机、激光唱机、功放机等组合音响设备系统时,应根据提供设备的厂方技术要求,逐台将各设备装入机柜,上好螺栓,固定平整。

2)采用专用导线将各设备连接好,各支路导线线头压接好,设备及屏蔽线应压接好保护地线。

3)当扩音机等设备为桌上静置式时,先将专用桌放置好,再进行设备安装,连接各支路导线。

4)设备安装完后,调试前应将电源开关置于断开位置,各设备采取单独试运转后,然后整个系统进行统调,调试完毕后应经过有关人员进行验收后交付使用,并办理验收手续。

5)广播控制终端应安放在行车室,以方便操控。

(10)机房监视器安装

1)监视器可装设在固定的机架或台上,方便观看、操作、维护。

2)控制台下面与墙的净距不应小于 1.2 m,侧面与墙或其他设备的净距,在主要走道不应小于 1.5 m,次要走道不应小于 0.8 m。机架背面和侧面距离墙的净距不应小于 0.8 m。

3)设备及基础、活动地板支柱要做接地连接。

(11)时钟设备安装

1)时钟设备安装包括子钟驱动器、子钟安装、缆线敷设等。

2)机房时钟机柜安装,应注意调平,以保证机柜的垂直度和水平度符合规范。

3)外部子钟安装牢固、美观,周围无遮挡物。

4)子钟采用壁装时,安装高度应符合设计要求,安装位置应符合人的观看习惯,不能被其他物品所遮挡。

5)子钟吊挂安装时,吊杆应和承重构件紧固连接,吊杆应垂直,使时钟和地面保持垂直状态。

6)时钟电缆布放包括从分路输出接口箱到传输设备,及到控制中心的各子系统设备。

引入子钟的数据线和电源线应分管引下。引入机房的电源线和数据线应分开敷设,分把绑扎。绑扎应均匀,一般间距 30~40 cm。扎带应松紧适度,不破坏缆线结构形状。时钟机柜至传输设备的缆线应按设计的路由布放,光纤应设保护管进行单独保护,保护管端口应采用海绵封堵,防止杂物掉入。保护管应引至机柜进行绑扎。

(12)求助设备及按钮安装

求助按钮及求助分机一般采用壁挂安装,底边离地 1.2 m,电梯里安装应视具体情况确定。求助系统就近引自相邻配线间。值班分机、求助按钮、求助分机与语音交换机之间、语音交换机与管理工作站之间、管理工作站与值班员监控工作站之间均采用超 5 类屏蔽双绞线,RJ45 接口。

对站台上的求助点,做网络信号线防雷。在连接求助点与配线架的信号线两端安装网络信号线防雷器,有效地防止感应雷的影响。

(13)查询机安装

自动查询终端采用靠墙直接立于地面的安装方式。自动查询终端采取就近取电,引自相邻配线间,电源线一般采用 RVV3×2.5 mm^2 通讯线,采用超 5 类屏蔽双绞线从终端自动查询机引至配线间交换机。

查询机安装位置应符合设计要求,一般采用靠墙或贴柱安装,落地安装螺丝应紧固牢固,且垂直度满足规范要求。

(14)小件寄存设备安装

车站自助寄存主柜及寄存附柜采用靠墙直接立于地面的安装方式，高度1.8 m。主寄存柜供电采取就近取电方式，引自相邻配线间，电源线采用RVV3×2.5 mm^2，通讯线采用超5类屏蔽双绞线，从自助寄存柜引至各配线间交换机。

主寄存柜、附寄存柜的外壳可靠接地，单体接地电阻小于1 Ω。

(15)安检设备

1)根据设计图纸及厂家的施工要求，在准确、合适的位置安装安检仪。

2)金属探测门安装垂直度应符合设计要求，两边框应平行。

3)安检设备配线一般采用下走线，地面下采用布管方式施工，安检仪跟前设地插应防水。

4)安检监视终端应安装在安检仪人行通道的异侧，距安检仪1 m左右。

5)在既有线槽内布放配线电缆，缆线应顺直不交叉、绑扎方正、标识清晰、弯度适中。

6)安检仪为一级供电用户，保证供电。

7)配合安检的摄像机应正对金属探测门，以方便对应识别。

(16)门禁设备及终端安装

1)读卡器及门磁锁的布点位置上安装相应的设备，保证与门体的结合安装效果美观。在指定的机械室及配线间内安装网络适配单元及服务器，保证网络的畅通。通过网络系统接入综合监控系统，做好几个系统之间的硬件衔接工作。

2)就地控制器一般安装在吊顶内，没有吊顶的，安装高度距地不少于3.0 m。门禁一般采用总线控制方式，总线不应交叉。

(17)自动售检票机安装

1)自动检票机安装

闸门应在地面上安装平稳，多台闸机应平齐，高低一致，间距一致。安装时借助红外墨线仪画线和钢卷尺、水平尺等定位。借助底座开孔模版规划空位。

钻孔采用标准钻头，开孔大小和深度应符合厂家要求。为保证闸机的稳定性，一般采用化学锚栓固定，化学锚栓一般20 min凝固。然后才能将闸机移动到位进行固定。钻孔应根据厂家提供的开孔位置图为准。

2)售票终端安装

各类终端设备周围应留足够的操作和维护空间。设备、底座安装牢固，底座与地面间应作防水处理；设备安装应垂直水平。服务器、工作站、交换机、打印机安装稳定、牢固，位置准确，符合设计要求，通风散热符合设计要求。机柜固定牢固、垂直、水平，同列机柜正面位于同一平面。

3)布放线缆

闸门采用单相220 V AC供电。闸机的控制线和信号线必须离电源线至少0.3 m。每一个闸门的服务电源插座是220 V AC自带6 A分路开关。

闸机的地线必须连接到一个综合接地系统中。地线电阻必须遵守国际和本地工业安全规则和或电气规程的要求。所有地线连接的完整性应该进行阶段性的检查。

(18)一卡通安装

1)终端设备安装前要与相关施工单位配合在门框开孔。

2)读卡器、出门按钮、电控锁等终端设备的安装位置应符合设计及产品说明书的要求，一般读卡器、出门按钮的安装高度距地面为1.4 m,与门框边沿水平距离为0.1 m,电控锁的安装高度宜为1.1 m。读卡器安装在室外,出门按钮安装在室内。

3)读卡器的安装应紧贴墙面,安装牢固,一般通过螺丝直接固定在暗装底盒上,注意固定牢固,并使面板端正。

4)接线前应将已布放好的线缆进行对地和线间的绝缘测试。按产品说明书的接线要求,将盒内引出的导线与读卡器的接线端子连接。接线时应严格按照设备接线图接线,接完后应进行校对,确认准确无误。

5)电磁锁的安装接线,首先将电磁锁的固定平板和衬板分别安装在门框和门扇上,然后将电磁锁推入固定平板的插槽内,固定螺丝,并按接线图进行接线连接。

6)门禁系统主机在机房安装时应按设计图和产品说明书施工。设备的屏蔽线应接地良好,接地电阻符合设计要求。设备加电后,即可进行门禁系统管理软件安装和初始化操作,安装时应按系统软件说明书的操作步骤操作,并对系统软件的各项功能进行测试。

(19)客运服务安全保障平台

机柜安装的位置应符合设计要求,注意机柜垂直度、水平度、稳定度、设备间隙等应符合规范要求。系统设备安装依照经批准的设计文件设备布置图,合理分配柜内空间。

(20)其他终端设备安装

其他终端设备包括办公自动化、公安管理信息、综合布线系统、仪器仪表。

1)其他后台设备安装

机柜安装的位置应符合设计要求,注意机柜垂直度、水平度、稳定度、设备间隙等应符合规范要求。系统设备安装依照经批准的设计文件设备布置图,合理分配柜内空间,在插拔电路板、单元盘时应戴防静电手环。

2)设备配线

配线时应争取一次性敷设完所有的配线电缆;应根据机柜内设备布置情况合理安排配线走向;配线前电缆必须进行对号,配线完成后芯线必须进行复测;配线完成后应加注明显清晰的线缆标识,表明线缆用途、起始位置等。

3)终端设备软、硬件安装

客服平台软件应符合中国铁路总公司要求,安装的终端设备、PC机和打印机等设备应符合设计技术要求。

(21)UPS电源及接地防雷

1)机架设备安装

机架的底座应与地面固定;机架安装应竖直平稳,垂直偏差不得超过1‰;几个机架并排在一起,面板应在同一平面上并与基准线平行,前后偏差不得大于3 mm;两个机架中间缝隙不得大于3 mm,对于相互有一定间隔而排成一列的设备,其面板前后偏差不得大于5 mm,机架内设备、部件的安装,应在机架定位完毕并加固后进行,安装在机架内的设备应牢固、端正;机架上的固定螺丝、垫片和弹簧垫圈均应按要求紧固不得遗漏。机柜接地体接入机房内的接地极,并最终接入综合接地网。

主配电箱、各终端配电箱,各重要子系统的信号设备前端电源应设避雷器。

2)电源防雷器安装

确定放电电流路径。在设备终端引起额外电压降的导线,应限制电压。为避免不必要的感应回路,应标记每一设备的PE导体。如果不可能进行单一接地则需要两个防雷器SPD。

设备与防雷器SPD之间建立等电位连接。对机房内部信号线(与室外设备相连的部分)进行过电压的保护,并安装信号防雷器。

3)信号防雷器安装

安装在信号线路与被保护设备相应端口之间,串联连接。注意不要将同一根信号线未被保护电缆与保护电缆并行敷设。

接地导线尽可能短,并尽量避免与其他导线并行走线。主地线要求就近与建筑物的主钢筋相连。要求导线截面为2.5 mm^2以上。地线连于信号防雷箱中地线接线排处。

室内所有设备金属外壳作等电位连接。同时沿室内四周设置闭合的接地母线(紫铜带),将此接地母线通过引下线连接到地网上,将室内设备的电气接地以最短的距离与网格相连。

七、劳动组织

1. 劳动力组织方式

采用架子队组织模式。

2. 人员配置

人员配置应结合工程量大小和现场实际情况进行编制,同时应满足资源配置标准化的要求。表2-12-1仅作为参考。

表2-12-1　车站客运服务信息系统作业人员配备表

序　号	项　　目	单　　位	数　　量	备　　注
1	施工负责人	人	1	
2	技术人员	人	1～3	
3	安全员	人	1～2	
4	质量员	人	1	
5	材料员	人	1	
6	工班长	人	1～3	
7	施工及辅助人员	人	若干	根据工程量大小及施工环境确定

八、主要机械设备及工器具配置

主要机械设备及工器具配置见表2-12-2。

表2-12-2　主要机械设备及工器具配置表

序　号	仪器设备名称	规格型号	单　　位	数　　量	备　　注
1	指挥车		辆	1	
2	送工车		辆	1～2	根据车站规模大小确定
3	拉料车		辆	1	
4	电焊机		台	1	
5	发电机		台	1	
6	切割机		台	2	
7	电锤		把	1～4	根据车站规模大小确定

续上表

序　号	仪器设备名称	规格型号	单　位	数　量	备　注
8	手枪钻		把	1～4	
9	手提式切割机		把	1～2	
10	导链		套	2	
11	脚手架		套	5～10	
12	人字梯		套	2～4	
13	接地电阻测试仪		套	1	
14	兆欧表		套	1	
15	网线测试仪		套	2	
16	光纤熔接机		套	1	
17	光时域反射仪		套	1	
18	万用表		套	3	
19	其他适用工具		套	5	根据车站规模大小确定

注:以上主要设备机具仅作为参考,具体根据工程实际情况来配置。

九、物资材料配置

(1)各种原材料的质量要符合设计要求,到达施工现场后要进行进场检验。

(2)各种设备配线的规格、型号、数量、质量等要符合设计要求,使用前对所有配线进行测试,测试合格才能使用。具体见表 2-12-3。

表 2-12-3　物资材料配置表

序　号	仪器设备名称	规格型号	单　位	数　量	备　注
1	角钢		m		工程所需
2	电缆		m		工程所需
3	电缆槽		m		工程所需
4	钢管		m		工程所需
5	各类控制线缆		m		工程所需
6	各类螺丝		个		工程所需
7	丝杆		m		工程所需
8	其他材料		项		工程所需

十、质量控制标准及检验

1. 质量控制标准

(1)主要物资、构配件及所有设备到达现场后都应进行进场检验,其数量、型号、规格、质量应符合设计要求及相关技术标准规定,图纸、说明书等技术资料,合格证、质量检验报告等质量文件齐全。

(2)设备及附件无变形、表面无损伤,镀锌、漆饰完整无脱落,铭牌、标识完整清晰,设备内部件完好、连接无松动，无受潮发霉、锈蚀。

(3)控制台安装应牢固、端正、水平，附件完整，螺丝紧固，表面整洁无划痕。

(4)自动售票机、自动检票机应安装牢固，接地电阻符合设计要求。

(5)综合显示设备安装应牢固，吊挂安装时垂直水平偏差度不大于1‰。，壁挂安装时垂直水平偏差度不大于1‰，屏体外框与装修面密贴，缝隙不大于5 mm，并用密封胶密封，LED显示屏采用拼装点阵板时，点阵板之间缝隙不应大于2 mm，点阵板平面平整度不大于2 mm。

(6)广播设备安装应牢固，线缆管线接地方式和电阻符合设计要求，线缆接头处做好防水处理。

(7)子钟吊挂件安装牢固、稳定，卫星接收单元天线安装位置方式符合设计要求，天线周围无明显遮挡物。

(8)求助设备、管线接地方式和电阻值应符合设计要求，安装高度宜在1～1.5 m之间。

(9)安检设备安装位置符合设计要求，安装应牢固，稳定。

(10)门禁设备的读卡器、出门按钮应安装牢固，面板端正，安装位置便于操作，读卡器距地面高度1.5 m，距门框5～10 cm，控制器应安装在较隐蔽和安全的位置，安装在对应门室的天花板内，距天花板20～30 cm。

2. 检验

(1)根据《铁路旅客车站客运服务信息系统工程施工质量验收标准》(TB 10427—2011)、《高速铁路通信工程施工技术指南》(铁建设〔2010〕241号)、《铁路运输通信工程施工质量验收标准》(TB 10418—2003)的要求进行检验。

(2)主控项目。

1)设备安装及配线。

①设备外观应完整，无损伤及变形；设备的各种部件规格型号、数量、质量应符合设计要求；光纤、同轴电缆、网线、大对数电缆应无断点，衰减值应符合设计要求。

检验数量：全部检查。

检验方法：对照设计文件检查设备和各种缆线的出厂合格证、试验报告等质量证明文件，并观察设备进行外观检查。光纤使用OTDR质量检查；各类电缆使用万用表对号检查，用直流电桥、兆欧表等进行直流电特性检查。监理单位见证试验。

②设备安装位置、朝向、高度应符合设计要求。

检验数量：全部检查。

检验方法：观察、尺量检查。

③设备安装螺丝应紧固，各种板件、插接件应和设备可靠接触。

检验数量：全部检查。

检验方法：观察检查。

④设备配线应顺直、不交叉，弯曲半径应符合缆线弯曲半径要求，缆线绑扎应均匀、不松散，缆线终端卡接应入槽、紧固，缆线终端焊接时焊点应光滑、无毛刺，裸线部分不大于2 mm。

检验数量：全部检查。

检验方法：观察、尺量检查。

2)桥架、地槽安装，其安装位置、高度、转弯方式、吊挂或壁挂方式、接头连接方式、屏蔽地线设置、线槽出口设置、闭塞安装等应符合设计要求，满足验收标准。

检验数量:全部检查。

检验方法:观察、尺量检查。

3)外场光电缆的敷设路径、埋深、防护、缆线标识、径路标识等应符合设计要求。

检验数量:全部检查。

检验方法:观察检查。

4)外场终端设备箱应接地,分散接地电阻应小于 4 Ω;电气化区段光缆长度大于 1 000 m 时,引入设备前应设绝缘节。

检验数量:全部检查。

检验方法:观察检查,用万用表、接地电阻测试仪测量。监理单位见证试验。

5)各种外场终端(摄像机、大屏、广播、时钟等)引出的数据电缆和电源线应有适当的余留,满足维修需要,且不得用缆线插头来承受电缆的自重。

检验数量:全部检查。

检验方法:观察、尺量检查。

6)监控摄像机、监视器、大屏、广播、时钟等终端设备应安装牢靠、稳固,高度、朝向应符合监控要求;其正前方覆盖区域不得有障碍遮挡,影响其正常性能发挥。

检验数量:全部检查。

检验方法:观察检查。

7)求助按钮、查询机、小件寄存、安检、自动售检票机、一卡通等安装位置应符合设计要求,且方便人员近距离操作。

检验数量:全部检查。

检验方法:观察检查。

8)光缆通道的总衰减指标应符合设计要求。

检验数量:全部检查。

检验方法:光缆用光源、光功率计或 OTDR 测试,监理单位见证试验。

9)数据配线绝缘电阻线间应大于 30 MΩ;电源配线应大于 1 MΩ(不带端子)。电源零线与火线间绝缘电阻应符合设计要求。

检验数量:监理单位抽验 10%。

检验方法:用 500 V 兆欧表测量。监理单位见证试验。

10)监控系统图像采用主观评价时,其等级不应低于 4 级。

检验数量:全部检查。

检验方法:按表 2-12-4 和表 2-12-5 组织观察检查,观看距离应为荧光屏面高度的 6 倍,光线柔和。监理单位见证试验。

表 2-12-4　五级损伤制评分分级标准

图像质量损伤的主观评价	评分分级
图像上不察觉有损伤或干扰存在	5
图像上稍有可察觉的损伤或干扰,但不令人讨厌	4
图像上有明显的损伤或干扰,令人感到讨厌	3
图像上损伤或干扰较严重,令人相当讨厌	2
图像上损伤或干扰极严重,不能观看	1

表 2-12-5　主观评价项目

项　目	损伤的主观评价现象
随机信噪比	噪波，即“雪花干扰”
单频干扰	图像中纵、斜、人字形或波浪状的条纹，即“网纹”
电源干扰	图像中上下移动的黑白间置的水平横条，即“黑白滚道”
脉冲干扰	图像中不规则的闪烁、黑白麻点或“跳动”

11)广播系统。

①频率响应为:40 Hz～16 kHz,≤2 dB(不含扬声器);谐波失真应为:40 Hz～16 kHz,≤2%(不含扬声器)。

检验数量:全部检查。

检验方法:用信号源、毫伏表、杂音计和模拟负载等测量。监理单位见证试验。

②广播系统设备的以下功能试验应正常:

设置广播优先级的功能;多个信源同时对多个不同广播区广播的功能;当有功放故障时,自动进行备用功放切换功能;负载短路保护功能。

检验数量:全部检查。

检验方法:通过网管和主控机进行功能试验。监理单位见证试验。

12)信息大屏。

①室内 LED 显示屏的失控点不应大于万分之三;室外 LED 显示屏的失控点不应大于千分之三,且应为离散分布。

检验数量:全部检查。

检验方法:观察检查。

②各类 LED 显示屏单位显示面积的最大功耗或 LED 显示屏总功耗应符合设计要求。

检验数量:全部检查。

检验方法:用瓦特表测量。监理单位见证试验。

13)时钟系统。

①母钟输出接口提供的标准时钟信号格式及误码率应符合设计要求;母钟应具备主备用切换功能。时钟系统故障指示功能应正常,并应具有声光报警功能。

检验数量:全部检查。

检验方法:用便携仿真终端检验。监理单位见证试验。

②母钟停电补偿功能应正常。

检验数量:全部检查。

检验方法:将正常工作母钟的交流供电切断,在标准规定的停电时间范围内母钟应正常不间断工作。监理单位见证试验。

14)求助系统,按压求助按钮,主机灯亮、铃响,语音清晰。

检验数量:全部检查。

检验方法:逐个按钮按压试验确认。监理单位见证试验。

15)查询机,点击触摸屏上对应的查询业务,工作应正常。

检验数量:全部检查。

检验方法：逐个按压试验确认。监理单位见证试验。

16)小件寄存，点击寄存按钮，自动打印存储单，开启对应存储箱门；取件时，将存储单对准红外识别窗，对应箱门打开。

检验数量：全部检查。

检验方法：逐个试验确认。监理单位见证试验。

17)安检系统，将违禁物品放在安监系统，能够自动报警，安全物品通过无告警。

检验数量：全部检查。

检验方法：逐项、逐台试验确认。监理单位见证试验。

18)门禁系统，按压开门按钮，门磁释放；按压强开按钮，门磁释放；门磁系统断电，门磁失效(特殊房间例外)。

检验数量：全部检查。

检验方法：逐个按钮、逐项功能试验确认。监理单位见证试验。

19)自动售检票机。

①根据自动售票机的屏幕提示，选择购票或取票操作试验，投币、出票工作应正常。

检验数量：全部检查。

检验方法：逐台逐项功能试验确认。监理单位见证试验。

②根据自动检票机的屏幕提示，将车票送入或刷验，工作应正常。

检验数量：全部检查。

检验方法：逐台逐项功能试验确认。监理单位见证试验。

20)一卡通系统，将一卡通磁卡在自动检票机上试验，能够自动识别、开门放行。

检验数量：全部检查。

检验方法：逐台逐项功能试验确认。监理单位见证试验。

21)各子系统网管功能应符合设计要求。

检验数量：全部检查。

检验方法：对照各子系统网管功能清单逐项进行试验验证，合格一项打钩一项。

22)配套的 UPS 电源及接地系统，电源电压、接地电阻应符合设计要求，且满足设备安全工作需要，220 V 交流电压允许波动－10%～＋7%。接地电阻不大于 4 Ω。

检验数量：全部检查。

检验方法：分别用万用表、接地电阻测试仪进行测量。邀请监理单位见证试验。

(3)一般项目。

1)缆线在桥架、地槽中应顺直无扭绞，引入机架和设备处应绑扎成捆。电缆两端应有适度余留，标记清晰。

检验数量：全部检查。

检验方法：观察检查。

2)光缆的弯曲半径不应小于光缆外径的 20 倍，软电缆的弯曲半径不小于缆身外径的 7.5 倍，粗电缆不小于缆身直径的 15 倍。

检验数量：全部检查。

检验方法：观察、尺量检查。

3)机架设备安装的垂直偏差度不应大于 3 mm。同列设备应密贴，间隔应不大于 5 mm，列间距符合设计要求。

检验数量:全部检查。

检验方法:水平尺、磁性线坠观察,尺量检查。

4)终端设备安装高度偏差小于 30 mm,多台终端应具有良好的一致性。

检验数量:全部检查。

检验方法:水平尺、磁性线坠观察,尺量检查。

十一、安全控制措施

(1)施工开始前,必须有安全人员对施工人员进行安全培训。

(2)使用机具时,应注意临近人员的靠近,避免机具使用时误伤他人。

(3)在站台施工时,所有人员必须穿戴防护服,并且听从防护员和安全监护员的管理。在施工现场设置安全防护。

(4)扶梯、大绳不得接近和接触铁路供电的接触网,避免发生触电事故。

(5)大型吊挂件施工,作业人员众多,施工负责人应统一指挥,协调施工,严禁蛮干和胡乱施工,严禁个人擅自行动。

(6)大型吊挂件施工应在施工区域做好警戒设置和安全防护设置。

(7)施工中器具传递时,严禁抛递,上下传递时应采用绳索辅助。

(8)登高作业时必须有完善的登高作业安全措施,作业人员必须持证上岗。

(9)登高作业通信对讲设备保持良好的通信状态。

(10)遇有 6 级及以上大风或恶劣天气时,停止室外登高作业。

(11)高处作业人员必须穿防护服、戴安全帽、系安全带,安全带应挂在人体上方牢固可靠处。吊挂件安装处下方严禁站人。高处作业应设专人防护,吊装作业应设专人指挥。

(12)安全三宝用品每次使用前必须进行外观检查,有下列情况者严禁使用:安全带铁环或铁链有裂纹,绳子有断股或腐烂,挂钩有裂纹或变形,皮带有损伤;安全帽表面有损伤及无防震罩。

十二、环保控制措施

(1)施工前要与相关部门及单位取得联系,办理相关手续。项目部要教育施工人员遵守当地法律法规、风俗习惯、施工现场的规章制度,保证施工现场的良好秩序和环境卫生。

(2)设备拆除的包装物,施工过程中的废弃物,测试仪表使用过的废旧电池等要统一收集,集中处理,避免乱扔乱放。

(3)切割水泥墙面使用的切割机工作时应接水源进行防尘;发电机、切割机等要定期保养,以降低噪声和废气排放量。

(4)机房设备安装和配线完成后,要清理整个机房,清扫移除工程垃圾,恢复机房原有地板,做到干净、干燥。

十三、附　　表

铁路车站客运服务信息系统施工检查记录表见表 2-12-6。

表 2-12-6　铁路车站客运服务信息系统施工检查记录表

工程名称			
施工单位			
项目负责人		技术负责人	
序号	项目名称	检查意见	存在问题
1	机房设备安装施工条件		
2	缆线检验及布放情况		
3	各子系统设备开箱情况		
4	设备安装预制件加工情况		
5	机房设备安装情况		
6	设备外部供电情况		
7	机房地线情况		
8	系统配线的电气性能测试情况		
9	设备加电自检情况		
检查结论： 检查组组员： 检查组组长： 年　月　日			

第十三节　防雷、接地系统施工

一、适用范围

适用于铁路通信工程防雷、接地系统施工。

二、作业条件及施工准备

(1)已完成图纸审核、技术交底和安全技术培训合格。

(2)已完成径路上既有缆线及设施调查,并做好防护措施。

(3)已与相关单位签订施工安全配合协议。

(4)相关人员、物资、施工机械及工器具已经准备到位。

三、引用施工技术标准

(1)《铁路通信工程施工技术指南》(TZ 205—2009)；

(2)《高速铁路通信工程施工技术指南》(铁建设〔2010〕241 号)；

(3)《高速铁路通信工程施工质量验收标准》(TB 10755—2010)；

(4)《铁路运输通信工程施工质量验收标准》(TB 10418—2003)。

四、作业内容

接地材料检测；接地体加工、焊接；接地体埋设选址、沟坑开挖；打入接地体；接地电阻测试；接地体隐蔽回填、标桩埋设；隐蔽工程签证；与相关设备连接。

五、施工技术标准

1. 接地装置施工

(1)接地装置宜采用热镀锌钢质材料加工。

(2)接地体在土壤中的埋设深度不应小于 0.8 m，冻土区应加深，且在冻土层以下。水平接地体应挖沟埋设；钢质垂直接地体宜直接打入地沟内，其间距为接地体长度的 2 倍，且均匀布置。

(3)接地体距既有光电缆线路间距不小于 5 m，接地装置的水平接地体距建筑物外墙间距不应小于 1 m。

(4)垂直接地体坑内、水平接地体沟内宜用低电阻率土壤回填，并分层夯实。

(5)采用铜质和石墨材料接地体应挖坑埋设。电极距地表层深度不小于 0.8 m。

(6)在高电阻率地区可采用增加接地极、换土、加降阻剂或采用其他新技术、新材料等降阻措施施工。

(7)钢质接地装置应采用焊接连接，钢质接地搭接长度要求如下：

1)扁钢与扁钢搭接为扁钢宽度的 2 倍，不少于三面施焊；

2)圆钢与圆钢的搭接为圆钢直径的 6 倍，双面施焊；

3)圆钢与扁钢搭接为圆钢直径的 6 倍，双面施焊；

4)扁钢和圆钢与钢管、角钢互相焊接时，除应在接触部位两侧施焊外，还应增加圆钢搭接件；

5)焊接部位应作防腐处理。

(8)铜质接地装置应采用焊接或熔接，钢质和铜质接地装置之间连接应采用熔接方法连接，连接部位应作防腐处理。

(9)接地装置连接应可靠，连接处不应松动、脱焊、接触不良。

(10)接地难以避开污水排放和土壤腐蚀性强的地点时，垂直接地体应采用石墨接地体，水平接地体应选用耐腐蚀性材料；采用热镀锌扁钢时，镀层厚度不小于 60 μm。

2. 通信设备房屋接地施工

(1)接地引入位置、方式应符合设计要求。

(2)接地引入线不应敷设在污水沟下，也不应与暖气管同沟敷设。接地引入线穿越建筑物及其他可能使其受到损坏处应采取保护措施。

(3)接地体与室内总等电位连接带的连接导体截面积应符合设计要求；设计无要求时，铜质接地线不应小于 50 mm^2，钢质接地线不应小于 80 mm^2。

(4)等电位接地端子之间应采用铜质螺栓连接，其连接导线截面积应符合设计要求；设计无要求时，应采用不小于 16 mm^2 的多股铜芯导线，穿钢管敷设。

(5)铜质接地线的连接应焊接或压接，钢质接地线应采用焊接，保证有可靠的电气连接。

(6)接地线与接地体的连接应采用焊接；安全保护地线(PE)与接地端子板的连接应可靠，连接处应有防松动或防腐蚀措施。

(7)接地线与金属管道等自然接地体的连接，应采用焊接；如焊接有困难时，可采用卡箍连接，应有良好的导电性和防腐措施。

3. 地线盘(箱)安装

(1)接地端子分配应符合设计要求。

(2)地线盘(箱)安装牢固，平整；接地铜排与接地网应连接牢固、可靠。

(3)接地铜排应采用绝缘子固定牢靠。

4. 防雷器件安装

(1)防雷器件的安装位置和方式符合设计要求。

(2)防雷器件安装牢固可靠，便于日常维护检测；其他设备不应借用防雷设备的端子；各种设备的防雷器件均应设置用途和去向标牌。

(3)电源线路浪涌保护器(SPD)安装。

1)电源线路的 SPD 应安装在被保护设备电源线路的前端；SPD 各接线端应分别与配电柜(箱)线路的同名端相线连接，SPD 的接地端与配电柜(箱)的保护接地线(PE)接地端子连接，配电柜(箱)接地端子应与所处防雷区的等电位接地端子连接。

2)SPD 连接导线的规格、型号符合设计要求。

3)SPD 连接导线应平直，与所要保护的设备间的导线距离尽量短，不宜超过 0.5m。

4)带有接线端子的电源线路 SPD 应采用压接；带有接线柱的 SPD 宜采用线鼻子与接线柱连接。压接线鼻子应搪锡后用绝缘胶布缠好，然后再与接线端子连接；固定导线用的螺栓应使用平垫片及弹性垫片，连接处应使线芯全部接在接线端口内并压接牢固，防止出现线间短路和导线脱落。

(4)天馈线路浪涌保护器(SPD)安装。

1)天馈线路 SPD 应串接于天馈线与被保护设备之间；宜安装在机房内设备附近或机柜上，也可以直接连接在设备馈线接口上。

2)天馈线路 SPD 的接地端应采用截面积不小于 6 mm^2 的铜芯导线就近连接到击雷非防护区(LPZ0A)或直击雷防护区(LPZ0B)与第一防护区(LPZ1)交界处的等电位接地端子板上；接地线应平直。

(5)信号线路浪涌保护器(SPD)安装。

1)信号线路 SPD 应连接在被保护设备的信号端口上；SPD 输出端与被保护设备的端口相连；SPD 也可以安装在机柜内，固定在设备机柜上或附近支撑物上。

2)信号线路 SPD 接地端宜采用截面积不小于 1.5 mm^2 的铜芯导线与设备机房内的局部等电位接地端子连接；接地线应平直。

3)安装信号线 SPD 要核实信号线的类型、端口、工作电压、带宽及速率等参数，并防止虚接及使同轴电缆的截面形状改变等。

4)安装完成后，检查设备信号的传输情况是否良好，并及时调整。

(6)有屏蔽层的通信电缆屏蔽接地应符合设计要求。

5. 防雷、电磁兼容及接地检测

(1)接地装置安装完毕后，采用接地电阻测试仪测量接地电阻。测量时，接地电阻测试仪与辅助地线棒之间的测试连线应选用绝缘铜导线；雨后不宜立即测试；测试结果应符合设计要求。

(2)电磁兼容应按下列要求进行检查：

1)检查通信设备电磁兼容性测试报告符合设计要求。

2)检查是否采取屏蔽、接地、搭接、合理布线等技术方法抑制电磁干扰传播。

3)检查是否采取空间方位分离、频率划分与回避、滤波、吸收和旁路等回避和疏导的技术处理抑制电磁干扰传播。

(3)抗电磁干扰测试应符合下列要求：

1)由电力牵引供电铁路接触网对各种光电缆金属芯线产生的危险影响容许值应符合相关技术标准的规定。

2)电力牵引供电铁路接触网和不对称电力线路运行时对音频双线回路的杂音干扰影响最大容许值应符合相关技术标准的规定。

六、工序流程及操作要点

1. 工序流程

工序流程如图 2-13-1 所示。

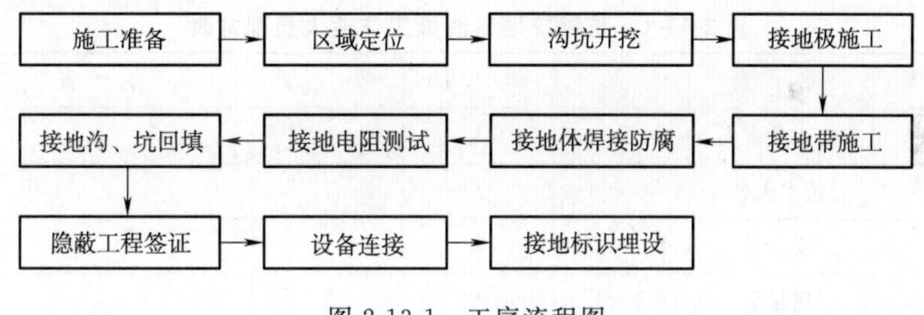

图 2-13-1　工序流程图

2. 操作要点

(1)制作、安装

1)接地极一般采用热镀锌角钢∠50×50×5 加工，长度一般为 2.0～2.5 m，加工时应按设计要求的尺寸下料加工，其中打入地下的一端用切割机将角钢切成尖头，以减小打入时的阻力。

2)接地体间采用扁钢连接。扁钢与扁钢之间采用搭接焊接方式连接，其搭接长度为扁钢宽度的 2 倍。采用圆钢时搭接长度为其直径的 6 倍。圆钢与扁钢连接时，其搭接长度为圆钢直径的 6 倍。焊接完后应及时清除焊渣，并将焊痕区域做防锈处理，防锈处理长度每侧加长 100 mm。

3)根据设计图要求，对接地体的线路进行测量弹线，在此线路上挖掘深为 0.8～1.1 m，宽为 0.5 m 的沟，沟上部稍宽。

4)沟挖好后，应立即将接地体放入沟中，接地体应放在沟的中心线上，然后使用大锤将接地体打入沟中。使用大锤敲打接地体时用力要平稳，使接地体始终与地面保持垂直，当接地体顶端离地 0.8 m 时停止打入，当整组接地体完全打入后，检查各接地体的连接扁钢是否松脱，确认完好后进行接地电阻值测试，确认合格后，回填地线沟，并分层夯实，避免自然沉降沟出现。

5)接地引线引入，一般采用截面积不小于 16 m^2 的铜质引线引入室内接地排(箱)或室外接地点。

(2)室内接地线安装

1)室内接地干线的安装位置依据设计图纸，合理布置，便于检查、无碍设备检修和运行巡视。

2)明敷接地线，在导体的全长度或区间段及每个连接部位附近的表面，应涂以 15～100 mm 宽度相等的黄绿相间条纹标识。当用胶带时，应使用双色胶带。中性线宜涂淡蓝色标识。

3)室内暗敷接地线时将所需扁钢(或圆钢)用手锤(或钢筋扳子)进行调直。

4)室内应设接地排(箱)，引至设备的接地线应按设计要求从接地排(箱)引出，一个端子对应一台设备。

七、劳动组织

1. 劳动力组织方式

采用架子队组织模式。

2. 人员配置

人员配置应结合工程量大小和现场实际情况进行编制，同时应满足资源配置标准化的要求。表 2-13-1 仅作为参考。

表 2-13-1 防雷接地系统施工作业人员配备表

序号	项目	单位	数量	备注
1	施工负责人	人	1	
2	技术人员	人	1	
3	安全员	人	1	
4	质量员	人	1	
5	材料员	人	1	
6	工班长	人	1	
7	特殊工种	人	3	含持证电焊工、电工和登高人员
8	施工及辅助人员	人	若干	根据工程量大小及施工环境确定

八、主要机械设备及工器具配置

主要机械设备及工器具配置见表 2-13-2。

表 2-13-2 主要机械设备及工器具配置表

序号	名称	规格	单位	数量	备注
1	发电机		台	1	
2	电焊机		台	1	
3	切割机		台	1	

续上表

序　号	名　称	规　格	单　位	数　量	备　注
4	电镐		台	1	
5	电钻		把	1	
6	接地电阻测试仪		台	1	
7	喷灯		台	1	
8	大锤		把	2	
9	铁锹、洋镐		把	若干	
10	施工车辆		辆	1	
11	工具包		套	1	含液压钳、扳手等

注:以上主要设备机具仅作为参考,具体根据工程实际情况来配置。

九、物资材料配置

(1)各种原材料的质量要符合设计要求,到达施工现场后要进行进场检验。

(2)各种设备配线的规格、型号、数量、质量等要符合设计要求,使用前对所有配线进行测试,测试合格才能使用。具体见表 2-13-3。

表 2-13-3　物资材料配置表

序　号	仪器设备名称	规格型号	单　位	数　量	备　注
1	角钢、扁钢		m	若干	符合设计要求
2	电焊条		把	若干	
3	接地铜排		套	若干	
4	绝缘子		个	若干	
5	铜质螺栓		个	若干	
6	防雷器		套	若干	
7	多股铜芯导线		m	若干	
8	防锈漆		桶	若干	
9	铜鼻子		个	若干	
10	绝缘套管		m	若干	
11	辅材		套	1	

十、质量控制标准及检验

1. 质量控制标准

(1)室外接地体与建筑物的散水距离不应小于 1.5 m,为了减少挖沟的工作量,应尽量在建筑物工程开挖时与土建配合施工。

(2)接地扁钢应采用搭接,焊接必须牢固,无虚焊,搭焊长度为扁钢宽度的 2 倍且为三面焊接。接地扁铁与接地极焊接应双面施焊,扁钢应四面焊接,并清除焊接处焊渣,引出线和镀锌扁钢焊接部分应刷防腐漆。

(3)电气设备应有明显的接地线与接地干线相连接,接地线要用镀锌螺栓连接。

(4)沿梁、柱的引下线可在扁钢上钻孔,用膨胀螺丝固定,沿构架的引下线要用抱箍固定。

(5)所用主材、耗材均应有合格证或检验记录,规格应符合图纸要求,镀锌层表面应符合标准,材料应无扭曲、断裂现象。

(6)特殊工种人员,如电工、焊工等必须持证上岗,并在项目部接受岗前培训。

(7)下料可用切割机或手工,加工处要做好防腐处理。

(8)接地极及接地带敷设完成后,应联系业主和监理单位到现场验收,并做好施工记录,及时填写检验评定表格,办理隐蔽工程签证。

(9)接地施工基本上均为现场见证点,回填前应联系监理检查。

(10)焊缝必须去除残留的焊渣,所有焊缝和镀锌层破坏处均应刷防腐漆,应在焊痕外100 mm内涂沥青处理。

(11)接地扁钢应采用冷弯的方法,弯曲半径应大于2倍扁钢厚度。

(12)设备接地及接地引下线在安装时,为了保证工艺美观,其外露部分最好用整根扁钢连接,如果不能满足要求则要尽可能减少接头数,并保证接地线横平竖直。

(13)引下线的固定间距要均匀。

2. 检验

(1)根据《铁路运输通信工程施工质量验收标准》(TB 10418—2003)、《高速铁路通信工程施工质量验收标准》(TB 10755—2010)的要求进行检验。

(2)主控项目。

1)防雷接地系统的设置位置、方式应符合设计要求。

检验数量:全部检查。

检验方法:观察检查。

2)接地系统的接地电阻应符合设计要求。

检验数量:全部检查。

检验方法:用接地电阻测试仪进行测试,邀请工程监理见证试验。

(3)一般项目。

1)接地体的埋设深度应符合设计要求。

检验数量:全部检查。

检验方法:观察、尺量检查。

2)接地体连接扁钢接头搭接长度应不小于扁钢宽度的2倍。

检验数量:全部检查。

检验方法:观察、尺量检查。

3)不同接地体间、以及接地体与特殊建筑物(发电厂、变电站)间的距离,应符合设计和验标要求。

检验数量:全部检查。

检验方法:观察、尺量检查。

十一、安全控制措施

(1)在开工前务必与相关单位签订施工安全配合协议。

(2)针对防雷、接地系统施工特点,制定安全保障措施;开工前进行必要的安全培训,并进行安全考试,考试合格后方可上岗作业,电焊特种作业人员需持证上岗。

(3)接地极施工前,为防止接地极砸伤既有缆线,要探明径路上的既有缆线及设施,对已探明存在既有缆线及设施的区段,严禁使用机械、尖镐及其他尖锐器械大力开挖,同时要请相关的产权单位派人到施工现场进行配合。

(4)在铁路沿线进行防雷、接地施工时,应采取措施保证施工人员安全及铁路设施的安全,防止接地极施工时破坏既有缆线;进行接地沟开挖时应预先考虑堆土场地,防止堆土危及行车安全。

(5)工程施工车辆机具都必须经过检查合格,并且定期维护保养,机械操作人员和车辆驾驶人员必须是取得相应的资格证。

(6)坚持“安全第一,预防为主、综合治理”的安全方针,在计划、布置、检查、考核、总结施工的同时,计划、布置、考核、总结安全工作。

(7)进入现场,正确佩戴安全帽,严禁酒后进入施工现场。

(8)使用机械时应相互配合,确认机械性能良好后方可使用。

(9)切割机及电焊机使用前应检查设备和线路的绝缘,合格后方可使用,并做好防雨防潮措施。所用电气设备、外壳均应接地良好,电源接电时应先断电,验明无电后再连接,并须有监护人。

(10)严禁非电工拆、接电源线,拆、接电源线必须有人监护。

(11)使用好安全防护用品,使用切割机和砂轮机、磨光机等,要戴好防护眼镜,以防伤人。

(12)在高空作业应有防止高空坠落和高空落物的防护措施;在施工过程中要积极与其他施工单位配合好,如有必要,必须经过该施工单位的同意后方可施工。

(13)注意地下设施,专人监护,并采取安全防护措施。

十二、环保控制措施

(1)施工人员进行施工前,体检、安全教育考试合格,持证上岗。

(2)项目部要教育施工人员遵守当地法律法规、风俗习惯、施工现场的规章制度,保证施工现场的良好秩序和环境卫生。

(3)垃圾、废料及时清理,做到“谁干谁清,随干随清,工完料尽场地清”。对施工中的废弃物进行分类,按照指定地点存放。

(4)安装接地体时,不得破坏散水和外墙装修。

(5)墙面剔槽、墙面开洞时,不得破坏建筑物的主体结构安全性。并及时恢复,保证土建结构及装修面完整性、安全性。

(6)在自然保护区、风景名胜区、自然遗址、城市、乡村等区域施工时,应制定相应的保护措施,减少施工污染,保护好生态环境。

十三、附　　表

防雷、接地系统施工检查记录表见表 2-13-4。

表 2-13-4　防雷、接地系统施工检查记录表

工程名称			
施工单位			
项目负责人		技术负责人	
序号	项目名称	检查意见	存在问题
1	接地体材料型号规格检查		
2	引入室内的接地引线检查		
3	接地防雷接地体埋设条件检查		
4	接地体埋深检查		
5	接地电阻测试检查		
6	接地体引接到接地铜排的最终指标检查		
检查结论： 检查组组员： 检查组组长： 年　月　日			

第三章　GSM-R 数字移动通信系统施工

第一节　通信铁塔基础施工

一、适用范围

适用于铁路通信工程铁塔基础施工。

二、作业条件及施工准备

(1)已经完成对铁塔基础工程图纸及技术资料的审核,对施工人员已进行技术交底和安全培训(合格上岗)。

(2)已经完成实地调查和勘测。

(3)已经与相关单位签订了施工用地等协议。

(4)相关人员、物资、施工机械及工器具已经准备到位。

三、引用施工技术标准

(1)《铁路 GSM-R 数字移动通信工程施工技术指南》(TZ 341—2007);

(2)《铁路通信工程施工技术指南》(TZ 205—2009);

(3)《高速铁路通信工程施工技术指南》(铁建设〔2010〕241 号);

(4)《铁路运输通信工程施工质量验收标准》(TB 10418—2003);

(5)《高速铁路通信工程施工质量验收标准》(TB 10755—2010);

(6)《铁路 GSM-R 数字移动通信工程施工质量验收暂行标准》(铁建设〔2007〕163 号);

(7)《铁路混凝土工程施工技术指南》(铁建设〔2010〕241 号);

(8)《铁路混凝土工程施工质量验收标准》(TB 10424—2010);

(9)《建筑地基基础工程施工质量验收规范》(GB 50202—2002)。

四、作业内容

定测;放线;开挖;钢筋连接;做地网;模板加工及安装;钢筋加工及安装;混凝土浇筑及养护;基础回填及柱角包封。

五、施工技术标准

1. 材料检查

铁塔基础施工前必须对基础用的材料进行检查,检查主要包括:水泥出厂质量合格证和复试报告;钢筋(材)出厂质量合格证、实验报告和化学成份报告;焊条采用 E43,质量应符合国家相关规定,焊剂质量也应符合国家相关技术要求;砂、碎石的规格质量情况;如采用新材料,要有鉴定证明、使用说明和检验报告;外加剂出厂质量合格证书和说明书。

2. 定测放线

基础应建在坚实的地基上,不得建在浮土、垃圾土、流质土和常受水冲刷的地方。

从设计图上查出基础的纵横轴线编号和基础施工详图,用经纬仪在矩形控制网上测定基础中心线的端点,同时在每个柱基中心线上,测定基础定位桩,每个基础的中心线上设置四个定位木桩,桩位离基础开挖线的距离为0.5～1.0 m。若基础之间的距离不大,可每隔一个或几个基础打一个定位桩,但两个定位桩的间距以不超过20 m为宜,以便拉线恢复中间柱基的中线。桩顶钉上铁钉作为标志,然后按施工图的柱基尺寸和已经确定的挖土边线尺寸,放出基坑上口挖土灰线,标出挖土范围。

3. 开挖基坑(槽)

应按规定的尺寸合理确定开挖的顺序和分层开挖的深度,应连续施工,尽快完成开挖。因土方开挖施工要求断面、标高准确,土体应有足够的强度和稳定性,所以在开挖过程中要随时注意检查。铁塔基础开挖过程中发现地下管线如无法避让时,应根据设计建议采取安全保护措施。

挖出的土除预留一部分作为回填土外,不得在场地内任意堆放,应及时把余土清运到弃土区,以免妨碍施工。为防止坑壁滑坍,应根据土质情况及坑的深度,坑顶两边一定距离(一般为0.8 m)内不得堆放弃土,在此距离范围外堆土高度不得超过1.5 m。

基坑开挖到设计深度后应核对地质资料并进行地基承载力试验以确认是否符合设计要求。

4. 钢筋连接

竖向钢筋直径大于等于18 mm采用电渣压力焊,直径小于18 mm采用冷搭接;水平钢筋采用闪光对焊;钢筋接头或搭接位置必须焊接均匀光滑。

钢筋搭接和弯钩尺寸必须按规定施工,焊接钢筋应先做同芯后焊接,焊接完毕后要及时清理焊渣。

5. 防雷地线

基础浇灌前应埋设好防雷地线,或在基础引出接地扁钢,接入防雷地。铁塔地网应延伸到塔基四周外1.5 m远的范围,网格尺寸不应大于3 m×3 m,其周边为封闭式,同时利用塔基地桩内两根以上的主钢筋作为铁塔地网的垂直接地体,铁塔的接地电阻应小于4 Ω,铁塔基础地网应与机房地网相连。接地体采用热镀锌钢材,其规格要求为:

(1)钢管不应小于ϕ50 mm×5 mm;

(2)角钢不应小于L50 mm×5 mm;

(3)扁钢不应小于40 mm×4 mm。

以基础十字中心线为基准轴,间距宜小于3 m,打入长度2.5 m镀锌角铁(接地体),接地体顶端距地面埋深不小于80 cm。

6. 塔靴保护

根据铁塔塔靴固定螺栓孔的相互尺寸制作模板一副,将地脚螺栓用模板固定后,浇灌在基础里。铁塔基础混凝土配比应符合铁塔基础设计规定的混凝土强度等级;混凝土每一次浇灌必须提取混凝土试块并进行试验;基桩混凝土浇灌后12 h内用草垫或塑料薄膜加以覆盖并进行保湿养护,覆盖应严密并保持塑料薄膜内有凝结水,一般要养护28 h左右(由天气和温度决定)。

7. 混凝土墩台身允许偏差

混凝土墩台身允许偏差见表3-1-1。

表 3-1-1　混凝土墩台身允许偏差

序　号	项　　目	允许偏差(mm)
1	墩台身前后、左右边缘距设计中线尺寸	±20
2	表面平整度	5
3	支承垫石顶面高差	5
4	支承垫石顶面高程	−10
5	预埋件和预留孔位置	5

六、工序流程及操作要点

1. 工序流程

工序流程如图 3-1-1 所示。

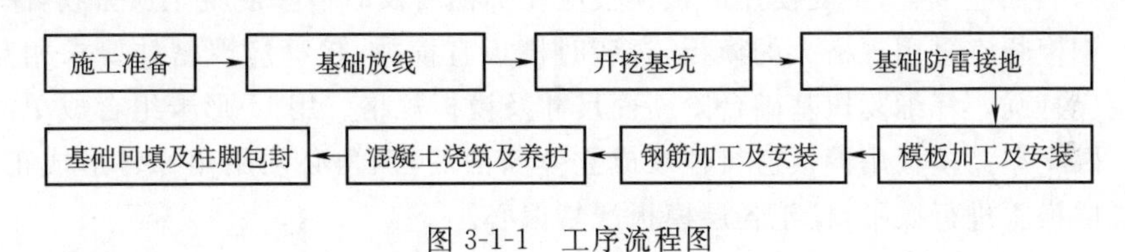

图 3-1-1　工序流程图

2. 施工准备

做好技术交底,明确劳动分工;检查运到现场的机具设备性能是否良好;检查运到现场的工具、材料的规格和数量是否符合要求;检查基坑各有关尺寸是否符合要求;将坑内杂物清除干净;制作钢筋保护层砂浆垫块及以土代模部位模板底部垫块。

3. 基础放线

按设计断面图,核对现场桩位是否与设计图相符;校核基础保护范围,特殊地形应测量塔位断面,最终确认塔位是否可行,确定基础坑中心位置;按基础底板尺寸和坑深,考虑不同土质的边坡与操作宽度,对每个基坑进行地面放样;最后校核基础的保护范围,钉出控制桩。

放灰线时,首先应进行建筑定位和标高引测,然后根据基础的底面尺寸、埋置深度、土质好坏等不同情况,考虑施工需要,从而定出挖土边线和进行放灰线工作。可用装有石灰粉末的长柄勺靠着木质板侧面,边撒边走,在地上画出灰线,标出基础挖土的界线。

4. 基坑(槽)开挖

按设计要求先降低基面,后进行基坑开挖,开挖前应将基面桩位移至降基范围以外,并采取相应保护措施,以控制设计降基高程。作业人员在开挖前应做好以下工作:首先熟悉设计图纸,然后检查坑位桩、控制桩是否完好;核对基坑坑口尺寸及相互几何尺寸;核对地面表质、水情,判断地下水状态。

开挖基坑严格按照放样图、基础类型、地形、地质及设计情况而定。岩石基坑采用微差松动控制爆破法或人工开挖。挖坑时,作业人员直接用铲分层分段平均挖掘。土方量少时,可直接抛掷土块;土方量较大时,则用三角架或置摇臂抱杆吊筐出土。开挖时,根据不同土质适当放边坡,防止坑壁坍塌。每挖 1 m 左右即应检查边坡的斜度,进行修边,随时控制、纠正偏差。开挖时,要做到坑底平整,当地基强度不足、设计要求作垫层处理时,开挖基坑要考虑垫层深度。

基坑(槽)开挖的工程量大、施工工期长、劳动强度大时,在土方开挖、运输、填筑与压实等施工过程中应采用机械施工,以减轻繁重的体力劳动,加快施工进度。

5. 基础防雷地网

铁塔应设置地网，地网的设置符合相关标准的要求。

接地体设置好后，先进行坑底部 C10 素混凝土垫层浇筑，浇筑垫层之前先铺 10～20 cm 厚的碎石垫层；垫层混凝土凝固硬化后，进行钢筋网的编扎、焊接，具体要求参照施工图纸。镀锌扁钢侧面放置，与角钢的 L 面贴紧焊接，上下两边都需焊接。

6. 模板加工及安装

模板安装首先复核基础型号、地基垫层标高，检查基础中心位置，清除坑内积水杂物，软弱地质按设计要求铺石灌浆；然后清理配套模板；最后制作钢筋保护层、砂浆垫块及立柱底部垫块。

(1)钢模板安装

1)模板拼装

钢模板内表面应平整，重复使用的钢模板应在拆模后及时清除混凝土遗留物，涂上隔离剂后再使用。钢模板宜采用规格大的模板，拼装时模板宜横放，接缝应严密并要求相互错开，钢性差的部位应补强。仔细复核基础台阶断面尺寸及模板规格。用 U 形卡组合成单品模板后，吊装入坑。四个单品模板用模板连接件联成立体断面后，四角必须用角撑整形成正方。支模时要求对各层模板进行操平，校正各层模板严禁偏心。

2)模板的支立

以阶梯型钢筋混凝土地脚螺栓基础为例，叙述模板支立的步骤与方法。

①基础最底层断面的处理：按基础底层尺寸配制好的钢模板放入坑内，连接成整体，用水平尺调平，以基础桩校正。土质较好，地下水位低，可以用土代模。坑壁易坍塌，钢模板不易取出的坑位，可用混凝土预制砌块代替模板，并将混凝土砌块作为基础的一部分。

②阶梯模逐层安装：把配制好的钢模放入坑内，连接成整体，用水平尺调平，以控制桩校正。为使阶梯模设置在设计规定的位置，必须解决模板层间连接问题，具体方法有：用混凝土预制砌块搁阶梯模板；直托梁；斜托梁；角钢支架。

3)钢模板的支撑

钢模板组合后，其整体钢性很差，为了保证模板承受混凝土的侧压力，必须对模板进行支撑。支撑前，应以控制桩为基准，对整基模板、地脚螺栓安装尺寸检查调整，并做好记录。底层模和阶梯模可用方木条支撑，立柱可用杂木棍子或圆杉木条支撑，支撑点间距要适中，撑木与坑壁间垫以小方木板。

基坑边坡较大，支撑困难时，可用拉的方法固定，即在基础四个立柱外侧的四个角，按对角方向用钢绞线通过调节装置锚固在地锚上。四个立柱内侧的四个角，用钢绞线对拉，保证基础大根开的正确性，从而达到固定立柱的目的。

(2)木模板安装

1)模板选型：工程模板应选用 18 mm 厚胶合板(规格为 1 830 mm×915 mm)；背枋选用 5 cm×10 cm 木枋，背枋间距 300 mm。

2)模板加固采用直径 12 mm 对拉螺杆，间距 500～600 mm。梁净跨大于 4 m 时，模板按跨度的 1‰～3‰起拱。

3)柱模板加固采用钢管套箍，套箍间距 400～600 mm。

筒体构件模板选用三角筒子模以确保筒体构件的平面尺寸及垂直度，标准模板选用定型大模板，减少拼装时间，加快施工进程。如图 3-1-2 所示。

图 3-1-2　构件模板安装示意图

4)模板的修整。模板缝用胶布进行贴封,每次拆模后都要将模板面带下的残渣清理干净,并刷好隔离层(根据现场监理的要求定是否需要)运至指定的地点备用,多余或废旧的模板要及时运走,损坏了的定型模板及时修整并补充。要保证模板不漏浆、不爆模、不变形。

7. 钢筋的加工及安装

(1)钢筋进场检验

不合格的钢材不得进入施工现场,钢筋进场除验收清单中各类钢筋数量外,还必须有出厂合格证及材质证明,并按要求堆码整齐且作好钢筋标识。按要求对进场钢筋进行机械性能的抽样检验,检验合格方可使用,不合格钢筋一律退场。

(2)钢筋加工

在钢筋下料和制作时应严格按图施工,钢筋的规格、品种和质量必须符合设计图纸要求。

进场钢筋复检及焊接试验合格后,严格按照图纸尺寸下料,一次加工成形。在调直钢筋时,2 m 内不准有行人,如果现场狭窄时,应做防护围栏。

(3)钢筋绑扎及连接

1)钢筋绑扎

绑扎钢筋前要核对钢筋规格、尺寸和数量,清除表面浮锈和油污。

钢筋可在坑外绑扎成型后放入模内,斜向基础斜柱钢筋及柔性基础底板钢筋宜在坑内绑扎,有焊接接头的主筋,应错开布置,钢筋交叉点用铁丝绑扎或用电焊点焊。主钢筋的弯钩方向,位于模板平直部分与模板垂直,位于模板角部则沿该角的平分线布置,箍筋末端的弯钩应面向基础内部,其弯钩迭合处位于柱角主筋处,且沿主筋方向错开布置。

钢筋绑扎要求间距准确、绑扎牢固,应保证网眼的尺寸、根数,骨架的高度、宽度、长度,受力钢筋的间距、排距,弯起点的位置和钢筋保护层的厚度,避免钢筋移位,并按要求绑扎好钢筋保护层垫块。如图 3-1-3 所示。

2)钢筋笼的安装

将绑扎好的钢筋笼放入或吊入模盒内,用铁丝将钢筋笼多点固定于地脚螺栓的十字样架上,钢筋笼下面用铁丝多点固定于模板上或用砌块垫钢筋笼。为了保证钢筋保护层厚度,施工中可采用同于保护层厚度的相同的木块插在钢筋与模板之间,浇制到一定高度时将木块向上提,以此控制保护层厚度。

图 3-1-3　钢筋绑扎

3)地脚螺栓的安装

地脚螺栓一般采用井字形控制架将地脚螺栓固定在立柱模板上。利用地脚螺栓的丝扣，用上下两只螺母将地脚螺栓固定在地脚螺栓井字形控制架上，螺母拧紧前调整好地脚螺栓的小根开尺寸和露出基础顶面的尺寸，然后将地脚螺栓井字形控制架固定在立柱模板上，并调整好地脚螺栓大根开及地脚螺栓与立柱的相对位置。地脚螺栓露出的丝扣部分需抹上黄油，并用塑料纸或袋进行包扎，防止生锈腐蚀和粘上砂浆。

8. 混凝土的浇筑及养护

(1)混凝土浇筑与捣固

混凝土施工采用机械搅拌、机械捣固。施工时混凝土必须搅拌均匀，搅拌好后应立即进行浇筑，浇筑从一角开始，随时进行捣固，使模板内部的石子与灰浆均匀布满各个部位，避免发生空隙，捣固必须捣实捣匀，捣上浆来。每浇筑一层新混凝土，要使新混凝土透过已浇筑好的混凝土层中去。在浇筑过程中，要随时检查模板、撑木有无变形、松动，如有变动应重新复核根开对角线。混凝土自高处倾落的自由高度不应超过 2 m，当超过 2 m 时采取半筒、溜管或振动溜管使混凝土自由下落，以防混凝土产生离析现象。

1)基桩桩身混凝土的浇筑：凿除基础承台面上的混凝土浮浆，用高压水清洗干净；整修连接钢筋；测定基顶中线、标高，绑扎基桩柱身钢筋。

2)浇筑前，对模板、钢筋和预埋件进行检查，模板内的杂物、积水和钢筋上的污垢应清理干净；模板缝隙填塞严密。

3)混凝土搅拌前需做配合比检验，及进场砂石料、水泥、水质检测，检查混凝土的和易性和坍落度，混凝土为 C20。

4)浇筑混凝土使用的脚手架，应便于人员与料具上下，且必须保证安全，必须与固定模板用的脚手架分离。

5)混凝土的分层浇筑厚度不宜超过 30 cm，串筒离混凝土面高度不大于 2 m。

6)基础一次连续浇筑，尽量不留施工缝。若需设置施工缝时，则做好接缝处理，埋设连接钢筋等，结构物顶部 45 cm 以内不准设置施工缝。

7)混凝土浇筑必须连续进行，如因故必须间断时，其间断时间小于前层混凝土的初凝时间，允许间断时间需经试验确定。若超过允许间断时间，按施工缝处理。

(2)基础养护

浇筑后应在12 h内浇水养护，天气炎热、干燥有风时，应在3 h内进行浇水养护；混凝土外露部分加遮盖物，养护时应始终保持混凝土表面湿润。

基础拆模经表面检查合格后立即回填，并对基础外露部分加遮盖物，按规定期限继续浇水养护，养护时使遮盖物及基础周围的土始终保持湿润。

9. 基础回填及柱脚包封

回填基坑时，应先清除基坑中的杂物，并应在相对的两侧或四周同时分层夯实，回填土的容重≥18 kN/m^3，压实系数 λ_c≥95。

所有铁塔柱脚部分采用C25混凝土包裹(保护层厚度不小于50 mm)，并使包裹的混凝土高出地面150 mm。柱脚包封应在铁塔塔体组立，并校正验收合格。

七、劳动组织

1. 劳动力组织方式

采用架子队组织模式。

2. 人员配置

人员配置应结合工程量大小和现场实际情况进行编制，同时应满足资源配置标准化的要求。表3-1-2仅作为参考。

表3-1-2 通信铁塔基础施工作业人员配备表

序号	项目	单位	数量	备注
1	施工负责人	人	1	
2	技术员	人	1	
3	安全员	人	1	
4	质量员	人	1	
5	材料员	人	1	
6	作业人员	人	10～20	

八、主要机械设备及工器具配置

主要机械设备及工器具配置见表3-1-3。

表3-1-3 通信铁塔基础施工主要机械设备及工器具配置表

序号	名称	规格	单位	数量	备注
1	搅拌机		台	1	
2	挖掘机		辆	1	
3	自卸式卡车		辆	1	
4	插入式振动器		台	2	
5	钢筋拉直机		台	1	
6	钢筋切断机		台	1	
7	平板振动器		台	1	
8	电焊机		台	1	
9	双轮手拉车		辆	1	

续上表

序　号	名　称	规　格	单　位	数　量	备　注
10	发电机		台	1	
11	水泵		台	1	
12	经纬仪		台	1	
13	塔尺		根	1	
14	大绳		条	1	
15	铁锹		把	10	
16	铁镐		把	10	
17	大锤		把	1	
18	钢钎		把	1	
19	竹筐		个	2	
20	磅秤		台	1	

九、物资材料配置

各种原材料的质量要符合设计要求，到达施工现场要进行进场检验，规格应正确、质量应合格，物资材料配置见表 3-1-4。

表 3-1-4　通信铁塔基础施工物资材料配置表

序　号	仪器设备名称	规格型号	单　位	数　量	备　注
1	钢筋		t		数量依工程情况定
2	砂子		m^3		数量依工程情况定
3	水泥		t		数量依工程情况定
4	石子		m^3		数量依工程情况定
5	水		m^3		数量依工程情况定
6	铁丝		kg		数量依工程情况定
7	钢管		t		数量依工程情况定
8	地脚螺栓		套	4	

十、质量控制标准及检验

1. 质量控制

(1)基坑开挖的深度控制

铁塔基础坑深应以设计施工基面为基准。铁塔基坑深度允许偏差为－50～＋100 mm；同一基坑深度在允许偏差范围内按最深一坑操平。

(2)支模质量控制

一般采用钢模和木模配合。支模时，严禁轴线位移，保证模板的几何尺寸。模板的接缝要严密，模板的接搓不得超过规定标准，支模时一定要保证模板的刚度和稳定性。模板的隔离剂涂刷时不得过多或过少，保证混凝土在拆模时不粘模，保证混凝土表面光洁度。在混凝土浇筑时现场应有模板工配合，保证混凝土的截面尺寸。

浇筑前应检查和保养好设备,保证设备正常运转,搅拌机必须有专人操作,专人负责,由技术人员进行混凝土施工配合比的技术交底,严格按配合比施工,任何人不得私自更改。

混凝土浇筑前必须清理完钢筋和模板中的杂物,否则不予浇筑,混凝土振捣必须有专人,不得漏振,振捣的间距应按规定标准,间距不得过大。

混凝土浇筑时,木工、钢筋工应现场看管,保证模板的平整度、钢筋的间距和保护层的厚度。

(3)混凝土浇筑的质量控制

混凝土的灌筑是基础施工中的关键工序,要做到"内实外光"。搅拌好的合格混凝土应立即进行浇灌,浇灌应从一角或一处开始,逐渐进入四周。混凝土分层灌注时,每层混凝土厚度,不应超过振动棒长的1.25倍,平面振动时,混凝土厚度不大于200 mm。振捣时要"直上直下,快插慢拔,插点均匀,上下插动"。在每一位置上的振捣时间,从混凝土土表面呈现水泥浆和不再沉落为度,一般在20～30 s之间。振捣时,振动棒不得碰撞钢筋、预埋件和块石。

灌注时要随时注意地脚螺栓位置是否正确,模板及支撑是否牢固,有无漏浆,同时要注意使用钢筋与模板保持一定距离,以免露筋。所设置的预埋件、预留孔、预埋支座板的位置是否移动,若发现移位应及时校正。预留孔的成型设备应及时抽拨或松动。模板、支架等支撑情况及保护层,如有变形、移位或沉陷,应立即校正并加固,处理后方可继续浇筑。

(4)混凝土强度的质量控制

混凝土浇筑完成,终凝后洒水养护。拆模后及时用塑料膜封闭墩身,洒水养护。做好混凝土试块的检测,提供试块检测报告。

现场浇筑基础混凝土的最终强度应以同等条件养护的试块强度为依据。试块强度的验收评定应符合《建筑地基基础工程施工质量验收规范》(GB 50202—2002)及《铁路混凝土工程施工质量验收标准》(TB 10424—2010)的要求。

(5)其他质量控制要求

1)施工前将模内杂物和钢筋上油污清理干净,模内不得有积水,模板缝隙空洞应堵塞不漏浆。

2)基础桩身混凝土浇筑时,模板不得与脚手架、人行通道联结。

3)混凝土浇筑过程中应经常检查模板、钢筋及预埋件的位置、尺寸是否正确。

4)使用搬用模板时,要轻拿轻放。使用完毕后,要及时清理休整,涂油防锈、防腐。按要求按规格分类堆放,并做好防雨措施。

5)单管塔基础施工时,基础中心预埋3根ϕ80 mm镀锌钢管,出口方向对准基站房屋引入手孔。

2. 检验

(1)采用观察检查、用经纬仪测量等方法,对铁塔基础深度、标高及塔靴安装位置全部检验。

(2)对铁塔基础混凝土的强度等级、所用原材料的规格,按《铁路混凝土工程施工质量验收标准》(TB 10424—2010)的要求全部检验。

(3)采用观察、尺量等方法,对铁塔基础钢筋捆扎的方式、间距,钢筋笼和预埋螺栓的安放位置全部检验,塔靴与基础面水平误差不大于3 mm,基础螺栓中心间距允许偏差不大于3 mm。

(4)采用观察、尺量等方法,对塔靴安装全部检验,各塔靴的中心间距允许偏差不应大于3 mm,各塔靴的高度允许偏差不大于3 mm,塔靴钢板下面填充水泥沙浆或用钢结构做永久性支撑,塔靴紧固螺栓做防腐处理。

十一、安全控制措施

(1)参加施工人员必须经过安全技术学习、考试合格方可上岗。

(2)参加施工的作业车、工程车辆、司机等必须持有相应的专业资格证、驾驶证以及车辆检验合格证。

(3)防护人员应坚守岗位,做好施工现场的各种安全防护措施。

(4)施工人员必须戴好安全帽、穿好防护服后方可进入施工现场进行施工作业。

(5)人工开挖基坑时,应事先清除坑口附近的浮石;向坑外抛扔土石时,应防止土石回落伤人。

(6)掏挖式基础挖掘时,坑上应设监护人。在扩孔范围内的地面上不得堆积土方。掏挖式基础成型后,应及时浇灌混凝土;否则应采取防止土体塌落的措施。

(7)挖掘泥水坑、流砂坑时,应采取安全技术措施;使用挡土板时,应经常检查其有无变形或断裂现象;不得站在挡土板支撑上传递土方或在支撑上搁置传土工具。

(8)人工搅拌混凝土的平台应遵守下列规定:浇筑混凝土或投放大石块时,必须听从坑内捣固人员的指挥;坑口边缘 0.8 m 以内不得堆放材料和工具;捣固人员不得在模板或撑木上走动。

(9)机电设备使用前应全面检查,确认机电装置完整、绝缘良好、接地可靠。

(10)搅拌机应设置在平整坚实的地基上,装设好后应由前后支架承力,不得以轮胎代替支架。

(11)搅拌机在运转时,严禁将工具伸入滚筒内扒料。加料斗升起时,料斗下方不得有人。

(12)用手推车运送混凝土时,倒料平台口应设挡车措施;倒料时严禁撒把。

(13)施工时应做好电力线路及施工机械电源的安全防护,避免触电,确保施工人员的人身安全。

(14)水泥堆放应做好防潮、防雨措施。

十二、环保控制措施

(1)加大施工过程中环境保护方面的投入,真正将各项环保措施落实到位。

(2)施工过程中产生的废弃物料及时处理,集中清理运输到当地环保部门指定的地方弃置。

(3)按照环保部门要求,集中处理施工过程中产生的废料、废水。

(4)各项施工完毕后及时清理干净施工现场。

(5)在居民区附近施工使用搅拌机和振动棒时,尽量避开中午和晚上。

十三、附　　表

通信铁塔基础施工检查记录表见表 3-1-5。

表 3-1-5　通信铁塔基础施工检查记录表

工程名称			
施工单位			
项目负责人		技术负责人	

续上表

序号	项目名称	检查意见	存在问题
1	铁塔基础深度		
2	铁塔标高		
3	铁塔塔靴安装位置		
4	铁塔基础混凝土强度等级，基础混凝土所用原材料的规格		
5	钢筋绑扎、钢筋笼和预埋螺栓的安装位置		
6	基础顶面平整度、塔靴与基础面贴合度		
7	地脚螺栓露出基础顶面长度		
8	各塔靴中心间距偏差		
9	各塔靴高度偏差		
10	各塔靴调整好后在塔靴钢板下面的填充		
11	塔靴紧固螺栓防腐措施		
检查结论： 检查组组员： 检查组组长： 年　月　日			

第二节　塔体组立施工

一、适用范围

适用于铁路通信工程铁塔组立施工。

二、作业条件及施工准备

(1)铁塔混凝土基础达到养护期，基础强度符合设计要求，可以安全的立设铁塔。

(2)核实塔基的边距、标高、水平度是否符合设计要求；检查铁塔基础支承面，地脚螺栓的位置正确无误。

(3)进行现场勘察，预先进行场地的平整和地面加固，以保证构件组装和大型吊装机械对施工场地的要求。

三、引用施工技术标准

(1)《铁路 GSM-R 数字移动通信工程施工技术指南》(TZ 341—2007)；

(2)《铁路运输通信工程施工质量验收标准》(TB 10418—2003);

(3)《铁路通信工程施工技术指南》(TZ 205—2009);

(4)《高速铁路通信工程施工技术指南》(铁建设〔2010〕241 号);

(5)《高速铁路通信工程施工质量验收标准》(TB 10755—2010);

(6)《铁路 GSM-R 数字移动通信工程施工质量验收暂行标准》(铁建设〔2007〕163 号)。

四、作业内容

塔身组立;平台、爬梯、馈线桥、绝缘天线支架及接地网安装。

五、施工技术标准

1. 铁塔塔靴安装

(1)正确安装塔靴位置,各塔靴的中心间距允许偏差±3 mm,各塔靴的高度允许偏差±3 mm。

(2)塔靴调整好后,应在塔靴钢板下面填充水泥砂浆或用钢结构做永久支撑。

(3)塔靴紧固螺栓应做防腐处理。

2. 自立式铁塔安装

(1)铁塔相互连接的主材及其连接板在安装前需进行试装。

(2)每一个结构单元安装完毕应后及时进行校正和固定。

(3)螺栓穿入方向应一致,螺母拧紧后,螺栓外露丝扣应不少于 2 扣。

(4)四管塔采用逐节吊装,空中对接固定,在施工时应注意在每节杆体吊装到位后,应用高强度螺栓初拧待调整好直线度后再复拧固定。

铁塔主体结构全部安装完成后,再次使用经纬仪检查验证垂直度,使其偏差指标符合设计要求。并使用扭矩扳手自上而下逐节旋紧各节连接螺栓,确保紧固牢靠。

(5)平台安装位置应符合设计要求,铁塔踏步板应平整,倾斜允许偏差±2 mm,均与铁塔结构件牢固连接。

(6)天线支架挂高,方位应符合设计要求,并与铁塔结构件牢固连接。

(7)塔顶平台、爬梯、天线支架、抱杆和避雷器的安装应符合设计要求,铁塔主体应与地线牢固连接贯通。

3. 单管铁塔安装

(1)单管塔施工前,应根据工艺和设计要求,编制安装工艺和施工组织设计。

(2)施工安装前应进行现场勘察,预先进行场地的平整和地面加固,以保证构件组装和大型吊装机械对施工场地的要求。

(3)安装前应先核实塔基的边距、标高、水平度、基础混凝土的强度等,应符合设计要求;检查铁塔基础支承面、地脚螺栓的位置正确无误。

(4)单管塔构件到达现场后应检查构件表面,应无明显变形裂痕等;应按图纸检查构件是否齐全,核实零部件是否匹配,组装、吊装工具是否到场齐全。

(5)对采用杆体组装后再整体吊装的单管塔,在组装时应注意调节好各节杆体之间的直线度,并严格按工艺要求固定,以确保吊装时不脱节不变形。

(6)对采用逐节吊装、空中对接固定的单管塔,应注意在每节杆体吊装到位后,应用高强度螺栓初拧,调整好直线度后再复拧固定。

(7)在单管塔形成整体的空间结构后，自上而下逐节检查全部螺栓，终拧固定，并检测结构安装偏差。

(8)塔顶平台、爬梯、天线支架、抱杆、走线架、走线槽和避雷器的安装应符合设计要求，铁塔主体应与地线牢固连接贯通。

4. 钢杆安装

(1)施工安装前应进行现场勘察，预先进行场地平整和地面加固，以保证构件组装和大型吊装机械对施工场地的要求。

(2)安装前应先核实塔基的边距、标高、水平度、基础混凝土的强度等，应符合设计要求；检查铁塔基础支承面，地脚螺栓的位置正确无误。

(3)钢杆到达现场后应检查构件表面，应无明显变形裂痕等。

(4)钢杆在整体吊装时应调节好钢杆的水平和垂直度，严格按工艺要求固定。

(5)检查所有螺栓是否拧紧并终拧。

5. 爬梯、工作台

铁塔的爬梯及全方位工作平台的安装高度、位置、层数应符合设计要求。预留移动通信全向或多副定向高增益天线安装条件，应保证天线架设高度不低于铁塔塔身高度，平台应设置护栏，其高度不应低于 1.1 m；铁塔的爬梯应具有防护网。

6. 避雷针

铁塔顶部应安装避雷针，利用铜带引下至接地，铜带需作防锈防盗处理；避雷针高度应保证天线及铁塔在避雷范围以内。

7. 其他要求

馈线沿爬梯两侧安装，在爬梯两侧每隔 1 m 左右设置长 0.6 m、垂直于爬梯的馈线加固架，并设置在靠近机房一侧的塔面上，沿途不得有任何阻挡；在平台、水平走线架上每隔 1.5 m 设置长 0.6 m 的馈线加固架。

在天线安装位置应预留 ϕ90 mm(允许使用 ϕ60～114 mm)的钢管做为天线固定支架，定向天线支撑杆为长 2.4 m 的镀锌钢管。天线固定支架垂直度偏差应小于 0.5°。

天线挂高允许上下偏差±0.5 m。铁塔自地面以上 6 m 范围内的连接螺栓全部采用防盗螺栓。铁塔基础应具有整体性，钢柱铁塔外观应具备良好的美观效果。

六、工序流程及操作要点

1. 施工流程

施工流程如图 3-2-1 所示。

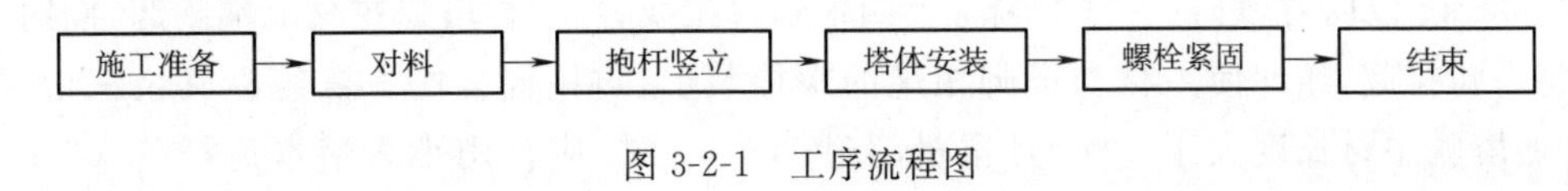

图 3-2-1　工序流程图

2. 施工准备

(1)选择抱杆

抱杆的有效长度为铁塔最长吊件长度的 1.2 倍，在无拉线小抱杆分解组塔施工中，常用的抱杆长度为 7～13 m，圆木抱杆的稍径为 10～12 cm，具体尺寸应根据不同塔型由计算确定。

(2)抱杆布置

一般应将圆木抱杆布置于带脚钉的塔腿上,以利于抱杆根部固定。抱杆根部固定在铁塔的节点处,倾斜 10°～15°,抱杆头部的位置应对准起吊构件。

(3)牵引系统布置

牵引系统也称起吊系统,包括绞磨、牵引钢绳、起吊滑车(组)和转向滑车。

绞磨:抱杆布置在塔内时,绞磨宜安置在抱杆所在塔腿的对角方向,尽量不设在被吊构件侧。抱杆布置在塔外时,绞磨宜布置在塔心延长线的另一侧,距离 25～35 m,地势较平坦处。

起吊滑车:起吊滑车固定在抱杆顶端。起吊滑车绑扎要牢靠,但滑车转向要灵活。

转向滑车:转向滑车都系在布置抱杆的铁塔腿根部,绑扎钢绳套处应垫以草袋或麻袋。

牵引钢绳:牵引钢绳一端通过起吊滑车连到起吊构件上,另一端通过转向滑车引向绞磨。牵引钢绳应采用整根钢丝绳,长度约 100～150 m,直径应按起吊塔件最大一吊件重量来选定。牵引钢绳绑扎塔料的一端可插一个小套,挂上 U 形环,便于捆绑被起吊的塔料。一般情况下,牵引钢绳自起吊滑车顺着抱杆直到转向滑车,但当抱杆倾角较大或塔身坡度较大时,应在抱杆根部系一个腰滑车,使牵引钢绳顺着抱杆,经腰滑车,再顺着塔身坡度至转向滑车,这样可以减少抱杆的水平分力。

3. 对料

铁塔组立前,应先根据铁塔结构图核对运至桩位的构件及螺栓、脚钉、垫圈等。对料主要包括以下几点:清点构件的同时,应逐段按编号顺序排好;了解设计变更及材料代用引起的构件规格及数量的变化;检查构件镀锌是否完好;检查构件的弯曲度是否超出允许范围。

4. 抱杆竖立

首先将抱杆运到基础附近,在带脚钉的主材上下方各挂一滑轮。选取一适当大绳,其一端经主材上端滑轮后固定于抱杆根部 0.5 m 处。在抱杆头部用一根腰绳将大绳同抱杆捆在一起,另一端则经主材根部滑轮直接引至塔外以备牵引。在抱杆起立过程中,除外面用力牵引大绳外,处在塔腿里面的抱杆应用木杠抬其上部,使抱杆慢慢移动。当把抱杆起到塔腿水平材上时,才能捆绑抱杆及悬挂滑轮,并穿好起吊钢绳。

5. 塔体安装

(1)塔腿组立

先将铁塔脚底座置放在基础上,用地脚螺帽固定好;然后将塔腿主材下端顶住塔脚底座作为起立塔腿主材的支点;塔腿主材沿基础对角线方向布置,当塔腿主材的长度在 9 m 以下,且重量在 300 kg 以内时,可在主材上端打上四根临时拉线,然后将塔腿主材上端抬起,同时收拉绳索,将塔腿拉起,随即使主材与塔脚相连的螺栓装上,再用同样的方法组立其余三根主材。当组立的塔腿主材长度大于 9 m,且重量超过 300 kg 时,应利用小人字木抱杆(ϕ100 mm×5 m)按整立电杆的方法将主材立起。塔腿四根主材立好后,自下而上组装侧面斜材及水平材,并将螺栓紧固。

(2)铁塔吊装

1)构件的绑扎

构件的绑扎包括:吊点钢绳与构件的绑扎;对需要进行补强的构件进行补强绑扎;控制大绳在构件上的绑扎。

吊点钢绳在构件上的绑扎位置，必须位于构件的重心以上，绑扎后的吊点绳中点或其合力线，应位于构件的中心线上，以保持起吊过程中构件平稳上升。

吊点钢绳的两端应绑扎在被吊构件的两根主材的对称节点处，以防滑动。该节点距塔片上端的距离应小于塔片长度的40%。吊点绳呈等腰三角形，其顶点高度不小于塔身宽度的1/2，以保证吊点绳顶点夹角 α 不大于90°，吊点绑扎处应垫方木并包缠麻布，以防塔材变形或割断钢绳。

直线塔的塔身及酒杯型，猫头型塔横担吊装时，一般均应绑扎补强圆木，其梢径不小于 ϕ100 mm，长度视构件长度而定。补强木与被吊构件间的绑扎可利用吊点绳缠绕后再用U形环联接，也可以单独用 ϕ9 mm 钢绳或8号铁线缠绕固定。

控制绳一般为两根 ϕ16 mm 白棕绳，分别绑扎在吊装构件的上下两端或左右两侧，绑扎方法相似于吊点绳绑扎方法。

2)构件的吊装

构件吊装前应做好如下准备工作：对于分段接头处无水平材的已组塔段，应安装临时水平材；已组塔段的各种辅材必须安装齐全，连接螺栓应拧紧；对于待吊塔片接至下一段的大斜材，吊塔片之前应采取措施，防止大斜材着地受弯变形；构件开始起吊时，下控制绳要收紧，上控制绳放松。起吊过程中，在保证构件不碰已组塔段的原则下，尽量松出控制绳以减少各部索具受力。

构件离地后，应暂停起吊，进行一次全面检查，检查内容包括：牵引设备的运转是否正常；各绑扎处是否牢固；各处锚桩是否牢固；各处滑轮转动是否灵活；已组装塔件在受力后有无变形。检查无异常，方可继续起吊。

构件起吊过程中，塔上人员应密切监视构件起吊情况，严防构件挂住塔身。构件下端吊至超过已组塔段上端时，应暂停牵引，由塔上作业组长指挥慢慢松出控制绳，构件主材对准已组塔段主材时，慢慢松出牵引绳，直到就位。

塔上作业人员应分清内外铁，用于拉动斜材，调整主材位置。在主材往下落时，应先到位的主材先就位，后到后就位，两主材都就位后，安装并拧紧全部接头螺栓。装主材接头螺栓时，应先两头，后中间。

构件就位且接头螺栓安装完毕，即可松出起吊绳及吊点绳，然后安装斜材及水平材。解开控制绳及补强木，准备另侧塔片的吊装。

3)抱杆提升与拆除

提升：提升抱杆前，应将抱杆贴近主材，然后用一根 ϕ20 mm 白棕绳俗称"腰绳"将抱杆上端与主材圈在一起。抱腰绳不能系的过紧或过松，以抱杆能在腰绳内自由升降为原则。

在已组装铁塔上端水平材与主材节点处，悬挂一个起吊抱杆1 t级开口滑车。把牵引绳放入起吊滑车，一端连到抱杆根部，另一端经转向滑车引向绞磨。

启动绞磨，使牵引钢绳拉紧，松开抱杆尾端绑扎绳，使抱杆沿牵引绳徐徐升起。

抱杆提升到预定高度后，用抱杆根部的钢绳套固定在主材节点处(或脚钉处)，抱杆根部与主材之间应垫一块方木，抱杆升起的高度应满足起吊构件长度的要求。抱杆根固定后，松开腰绳和牵引绳。

提升抱杆是外拉线抱杆组塔中一个关键操作步骤，处理不当很容易出事故。在提升过程中必须注意：注意抱杆与腰绳的摩擦，须专人监视，严防卡死；派人专门控制抱杆根部始终沿着铁塔主材上升,使抱杆保持竖直状态;调整抱杆倾斜度。一般应使抱杆顶部滑车对准被吊构件在塔身上的预定结构中心,以利构件就位对接。

拆除:在塔中心点挂一只开口滑车作起吊滑车,利用起吊钢绳,一端经起吊滑车绑扎在抱杆 1/3 高度位置,另一端经塔底转向滑车引向绞磨。

在抱杆根部绑一根 ϕ18 mm 的白棕绳,拉至地面,用以控制抱杆降落的方位。

启动绞磨,收紧收吊绳,解开抱杆根部的固定钢绳和腰绳,缓降抱杆。当抱杆头部降到塔上滑车位置时,暂停绞磨,用一抱腰绳将抱杆上部与牵引绳捆绑,以防松抱杆时翻转。

用人力收紧抱杆根部的白棕绳,使抱杆根部按其预定位置拉到塔身外部,直至落地为止。如果抱杆引出塔身外有困难,可拆除部分辅助材,待抱杆落地后,再将辅材重新安装好。

6. 螺栓的紧固

现场施工铁塔均采用螺栓连接。螺栓紧固程度对杆塔的安装质量影响较大。如果紧固程度不够,杆塔受力后部件会较早产生滑动,力的传递就有可能出现不正常现象,对结构受力不利;但如螺栓紧得过紧也会造成螺栓本身应力过大而提早破坏,所以组塔时要非常重视螺栓紧固。

杆塔部件组装有困难时应查明原因,严禁强行组装。个别螺孔需扩孔时,扩孔部分不应超过 3 mm。当扩孔需超过 3 mm 时,应先堵焊再重新打孔,并应进行防锈处理,严禁用气割进行打孔或烧孔。

杆塔连接螺栓应逐个紧固,其扭紧力矩不应小于设计的规定。螺杆与螺母的螺纹有滑牙或螺母的棱角磨损以至扳手打滑的螺栓必须更换。

杆塔连接螺栓在组立结束时必须全部紧固一次,安装天线前复紧一遍。复紧并检查扭矩合格后,应在螺栓上安装防盗螺帽。

七、劳动组织

1. 劳动力组织方式

采用架子队组织模式。

2. 人员配置

人员配置应结合工程量大小和现场实际情况进行编制,同时应满足资源配置标准化的要求。表 3-2-1 仅作为参考。

表 3-2-1　通信杆塔组立施工作业人员配备表

序　号	项　目	单　位	数　量	备　注
1	施工负责人	人	1	
2	技术员	人	1	
3	安全员	人	1	
4	质量员	人	1	
5	材料员	人	1	
6	作业人员	人	10	

八、主要机械设备及工器具配置

主要机械设备及工器具配置见表 3-2-2。

表 3-2-2　通信杆塔组立施工主要机械设备及工器具配置表

序　号	名　　称	规　　格	单　　位	数　　量	备　　注
1	经纬仪		台	1	
2	水平仪		台	1	
3	钢卷尺		把	2	
4	回弹仪		台	1	
5	吊机		台	1	
6	扳手		把	4	
7	力矩扳手		把	4	
8	钢钎		根	2	
9	牵引设备	3 t 人力绞磨	台	1	

九、物资材料配置

各种原材料的质量要符合设计要求，到达施工现场要进行进场检验，规格应正确、质量应合格。物资材料配备见表 3-2-3。

表 3-2-3　通信杆塔组立施工物资材料配置表

序　号	仪器设备名称	规格型号	单　　位	数　　量	备　　注
1	抱杆	圆木 ϕ10×8	根	1	规格按工程定
2	滑车	2 t 单轮/3 t 单轮	个	4/2	
3	牵引绳	ϕ11 mm×100 m	根	1	长度按塔高定
4	起吊钢绳	12×(120～150 m)	根	1	
5	调整大绳	ϕ20 mm，l=50 m	根	2	
6	铁锚桩	ϕ50 mm 钢管，l=1.2 mm	根	5	
7	地锚钢板	300 mm×900 mm	个	1	规格按工程定
8	补强木	ϕ80 mm，l=5 m	根	4	
9	钢套绳	ϕ12～15 mm，l=2～4 m	根	10	
10	U 形环	2～4 t	个	20	
11	平衡钢绳	ϕ9 mm，l=20 m	根	1	
12	小滑轮	单轮 0.5 t	个	4	
13	小绳	ϕ16 mm 棕绳，l=80～100 m	根	4	
14	安全帽		顶	10	
15	安全带		条	5	
16	安全隔离网(带)		m		依工程情况定
17	口哨		个	2	
18	小旗		面	红绿各 1	指挥组装用

十、质量控制标准及检验

1. 质量控制

(1)塔身垂直度。用经纬仪测量检查，铁塔的高度及垂直度应符合设计要求和相关技术标准的规定。

(2)铁塔安装。铁塔塔靴与基础预埋螺栓连接紧固,全部螺栓应做放松处理。塔身各横截面应成相似多边形,同一横截面上对角线或边的长度偏差不应大于 5 mm。所有焊接部位牢固,无虚焊、漏焊等缺陷。铁塔塔身与基础连接螺栓采取防盗措施。

(3)螺栓的安装与紧固。螺杆应与构件面垂直,螺栓头平面与构件间不应有空隙;螺母拧紧后,螺杆露出螺母的长度,对单螺母不应小于两个螺距,对双螺母可与螺母相平;必须加垫片时,每端不宜超过两个垫片。

螺栓的穿入水平方向由内向外;垂直方向由下向上。杆塔连接螺栓应按照扭紧力矩逐个紧固。

(4)对照设计文件观察、测量检查天线加挂支柱高度及方位、平台位置及尺寸、爬梯的设置方式。天线加挂支柱伸出平台时,支柱材料强度应满足支柱的承重和抗风要求。

(5)用接地电阻测试仪测试铁塔塔体的接地电阻应符合设计要求,塔体金属构件间应保证电气连通,避雷针安装牢固可靠。

2. 检验

(1)对铁塔的高度及垂直度全部检验,用经纬仪在两个相互垂直的方向上检验铁塔的垂直度。

(2)采用观察、尺量等方法对铁塔安装全部检验,其中螺栓紧固度的检查用力矩扳手在塔身上、中、下三部分抽验。

(3)对天线加挂支柱高度及方位、平台位置及尺寸、爬梯的设置方式全部检验。

(4)对铁塔避雷针、防雷装置、接地引下线的安装位置及方式全部观察检验。

(5)用万用表对铁塔的电气连通性全部检验,用接地电阻测试仪对铁塔的接地电阻全部检验。

十一、安全控制措施

(1)参加施工人员必须经过安全技术学习、考试合格方可上岗。

(2)参加施工的作业车、工程车辆、司机等必须持有相应的专业资格证、驾驶证以及车辆检验合格证。

(3)防护人员应坚守岗位,做好施工现场的各种安全防护措施。

(4)施工人员必须戴好安全帽、穿好防护服后方可进入施工现场进行施工作业。

(5)如采用人工吊装时,应经常检查绳索及吊装工具的完好程度,如发现绳索、吊装工具不能满足安全要求时不得使用,更换完毕后方可施工。

(6)如遇大风、雨、雪、雾等恶劣天气时,应停止施工,雾天能见度低时,应在距施工点两端安全距离外设置防护和警示标志,防止行人及其他车辆危及施工人员及施工机械的安全。施工过程中,为确保施工人员安全,在雷雨、冰雪、能见度低、5 级以上大风等恶劣的条件下严禁登高进行铁塔安装。

(7)施工时应做好电力线路及施工机械电源的安全防护,避免触电,确保施工人员的人身安全。

(8)在成堆的角钢中选料应由上往下搬动,不得强行抽拉。

(9)安装断面宽大的塔身时,在竖立的构件未连接牢固前,应采取临时固定措施。

(10)严禁将手指伸入螺孔找正。

(11)吊装方案和现场布置应符合施工技术措施的规定;工器具不得超载使用。

(12)塔片就位时应先低侧后高侧;主材和侧面大斜材未全部连接牢固前,不得在吊件上作业。

(13)抱杆提升前,应将提升腰滑车处及其以下塔身的辅材装齐,并拧紧螺栓。

(14)铁件及工具严禁浮搁在杆塔及抱杆上。

十二、环保控制措施

(1)施工结束,对现场作好清理工作,带走所有器具和剩余材料,做到工完、料尽、场地清。

(2)施工过程中尽量减少对植被及环境的破坏。

(3)施工过程中产生的废弃物料及时处理,集中清理运输到当地环保部门指定的地方弃置。

十三、附　　表

杆塔体组立施工检查记录表见表 3-2-4。

表 3-2-4　杆塔体组立施工检查记录表

工程名称			
施工单位			
项目负责人		技术负责人	
序号	项目名称	检查意见	存在问题
1	杆塔体材料质量检查		
2	杆塔体的高度、垂直度		
3	铁塔塔靴与基础预埋螺栓安装质量		
4	自立式铁塔塔身同一横截面上对角线或边的长度偏差		
5	所有焊接部位牢固,无虚焊、漏焊等缺陷		
6	铁塔塔身与基础连接螺栓防盗措施		
7	天线加挂支柱高度及方位、平台位置及尺寸 、爬梯的方式及坚固度		
8	天线杆(塔)避雷针、防雷装置、接地引接线的安装,塔体接地电阻		
9	天线杆强度和安装方式的承重抗风性能,底座与避雷网连通质量,天线杆是否在防雷系统保护范围内		
10	天线杆埋深		
11	铁塔构件的热镀锌层质量		
检查结论: 检查组组员: 检查组组长: 年　　月　　日			

第三节　漏泄同轴电缆施工

一、适用范围

适用于铁路通信工程漏泄同轴电缆施工。

二、作业条件及施工准备

(1)已完成现场调查,隧道内外已具备漏泄电缆安装条件。

(2)施工图纸已审核完毕,有关技术问题已澄清,完成实施性施工组织设计编制,并对相关作业人员进行技术交底,熟悉有关规范及技术标准,制定了安全保证措施。

(3)已详细调查隧道内漏缆挂设位置及电力线、回流线的高度、侧别及安全距离。

(4)已完成隧道外架挂区段地形情况勘查,核实中继器、天线杆塔、接头的位置及中继段的长度。

(5)相关人员、物资、施工机械及工器具已经准备到位。

三、引用施工技术标准

(1)《铁路 GSM-R 数字移动通信工程施工技术指南》(TZ 341—2007);

(2)《铁路运输通信工程施工质量验收标准》(TB 10418—2003);

(3)《铁路通信工程施工技术指南》(TZ 205—2009);

(4)《高速铁路通信工程施工技术指南》(铁建设〔2010〕241 号);

(5)《高速铁路通信工程施工质量验收标准》(TB 10755—2010);

(6)《铁路 GSM-R 数字移动通信工程施工质量验收暂行标准》(铁建设〔2007〕163 号)。

四、作业内容

单盘测试;隧道内吊夹安装;隧道外支撑杆安装;漏缆敷设及接续;综合洞室引入;综合接地箱安装。

五、施工技术标准

1. 单盘测试

(1)直观检查

核对电缆盘标识、盘号、盘长,检查包装有无破损、漏泄同轴电缆有无压扁损坏等现象,并做好记录。

收集漏泄同轴电缆出厂记录、合格证,根据出厂测试记录检查漏泄同轴电缆的电气特性和物理性能。

(2)指标测试

1)内外导体直流电阻。用直流电桥的两个测试端接上漏泄同轴电缆的内外导体两侧,所测试出的环线电阻根据测试时温度,换算成标准温度(20 ℃)时的值,计算出的导体电阻值不能超出单盘漏泄同轴电缆电气特性指标值。

2)绝缘介电强度。测试端将内导体接到耐压测试仪表电压端上,外导体接仪表接地端,另端芯线全部开路。测试时按单盘漏泄同轴电缆电气特性指标表中的规定，根据不同的型号给导体加不同直流的电压，并在 1 min 后看内外导体间是否击穿。

3)绝缘电阻。测试端将内导体接到仪表电压端上，外导体接仪表接地端，另端芯线全部开路。在测试时测试电压不应低于 500 V。

2. 隧道内漏泄同轴电缆支架安装

(1)隧道壁打孔

根据设计规定的安装位置及高度要求，进行画线。若与回流线距离过近，要保持 60 cm 的距离。画出的线保持与轨面平行。

孔应打在所画线上，孔距为 0.8～1.5 m；钻孔的直径及孔深应满足设计及厂家安装要求，孔眼要求平直，不得成喇叭状，用吹灰器清除干净孔内粉尘。隧道内无衬砌面时，可采用钢丝承力索或者角钢支架吊挂电缆方式；钢丝绳采用 7×ϕ2.2 mm，支架采用 40 mm×40 mm×4 mm 角钢，孔深 120 mm，固定支架的膨胀螺丝应采用与夹具同一厂家产品，角钢支架间距应符合设计要求。

要求孔的轴向和隧道壁面垂直。确保打眼高度、孔径和眼的深度，不要随意将孔径扩大。确保同一个隧道内打眼高度一致，不允许出现高低不平现象，确保观感质量。

(2)夹具安装

隧道内夹具安装要牢固，注意卡具的方向性，并采用特制膨胀螺栓，固定件与隧道壁距离不小于 80 mm，膨胀螺栓紧固后的普通高速吊夹孔深满足厂家安装要求，吊夹间距 1～1.3 m，防火吊夹间距 10～15 m，现场实施设计按要求执行。在电气化区段隧道内安装时，应在关闭该段接触网供电情况下进行作业，两端设防护员。

3. 隧道内漏泄同轴电缆的敷设

隧道内通过吊夹吊挂在隧道侧壁，槽口朝向线路侧。

电气化区段隧道内吊挂漏泄同轴电缆应在接触网回流线的另侧。不得已设在同侧时，漏缆与回流线、接地母线的距离应不小于 0.6 m。电气化区段隧道内敷设漏缆时，在电气化区段隧道内安装时，应在关闭该段接触网供电情况下进项作业，两端设防护员。

隧道内敷设漏缆采用人工抬放、展放时，人员间隔不超过 5～7 m，以免漏缆拖地。漏缆在敷设施工过程中，严禁急剧弯曲。漏缆最小弯曲半径应符合规定。

漏缆与其他线经同支架安装时，尽可能避免与其他线缆交叉，并将漏缆布放在外侧，避免其他线缆阻挡漏缆的信号覆盖。与既有漏缆间距应不小于 30 mm。

4. 隧道外漏泄同轴电缆支撑杆的安装

隧道外漏泄同轴电缆架设采用支撑杆时，其钢丝承力索采用 7×ϕ2.2 mm 镀锌钢绞线。与接触网同杆架设时，应确认接触网支柱上预留漏缆的条件。

5. 隧道外漏泄同轴电缆的敷设

漏泄同轴电缆吊挂高度距轨面 4.5～4.8 m。在电气化区段，与回流线的距离应不小于 0.6 m，与牵引供电设备带电部分的距离应不小于 2 m。

漏泄同轴电缆上吊夹前，钢丝承力索应加 300 kg±30 kg 的张紧力，吊挂后漏泄同轴电缆垂直度应保持在 0.15～0.2 m 范围内(20 ℃时)，漏缆与支柱的间距不小于 150 mm。

漏缆在敷设的过程中，严禁急剧弯曲，其最小弯曲半径应大于漏缆外径的 20 倍。

6. 漏泄同轴电缆连接器安装

(1)漏泄同轴电缆的接头

1)切割漏缆头端面。使用漏缆专用接头工具进行漏缆断头切割，以保证漏缆切面端面平整、内外导体件绝缘面清洁。

2)外护套剥开。用角尺量出大约 19 mm(±1 mm)的外护套，然后使用转刀环切漏缆，并将外护套剥离，剥离外护套时不能伤到外导体，如果发现已伤及外导体，务必重新锯断并将外导体表面打磨平整。

3)接头安装。在安装接头前将外护套打毛约 16 cm，打毛时应将漏缆上的定位筋使用锉刀将其锉平。然后将热缩管套在漏缆上，把漏缆插入接头里，清洁外护套表面，再用热风枪或小喷枪把接头预热。预热后把热缩管套在接头上，热塑时从接头侧开始，然后缓慢均匀的向漏缆侧加热，使热缩管牢牢的密封在接头和漏缆上。

4)完成漏缆接头。若漏缆接头安装好后不是马上和跳线相连，应把整个接头密封好，以防进潮。若漏缆接头安装好后就连接跳线，则应使用两层防水胶带加一层密封胶带进行防水处理。

(2)连接器的安装

1)漏泄同轴电缆连接器安装应包括固定连接器、阻抗转换器、DC 模块、功率分配器及终端匹配负载。

2)固定接头应保持原漏缆的结构安全，接头的电气特性指标应符合设计及规范要求。对于驻波比过大、阻值过大、绝缘不良、衰耗偏大的接头应锯断重接。

3)连接器安装完毕应进行质量检查，判断装接质量。

4)连接器应可靠地固定在承力索或电杆上。

(3)漏缆直流阻断器的安装

当漏缆长度超过 500 m 或引入机房设备时，按设计要求加装直流阻断器，以隔离电气化铁路在漏缆中形成的高感应、高反向寄生电流，直流阻断器安装是串接在射频电缆与泄漏电缆之间的，N 型接头具有方向性，N 型母头接泄漏电缆方向，接头应连接紧密，且作好防水处理，即为安装完成。

(4)漏缆的接地

漏缆本身不接地，它是通过各自的跳线或馈线来实现接地的。通常将连接泄漏电缆的跳线接地(将电缆的近端接到相应的有源设备)。

7. 漏缆指标复测

漏泄同轴电缆及其连接器安装结束后应检查内部导体直流电阻、绝缘介电强度、绝缘电阻、电压驻波比等。当出现异常时，可以用万用表连接内、外导体，轻敲连接器，观察万用表指针变化进行简单判断。准确判断应使用驻波比测试仪测试。

六、工序流程及操作要领

1. 工序流程

工序流程如图 3-3-1 所示。

2. 单盘测试

(1)直观检查

检查电缆护套上的标志是否符合规定要求，每隔 1 m 喷印电缆长度、制造厂名称或代号、电缆型号、制造年份和以米为单位的长度标志，长度标志的间距误差应不大于 5‰。标志颜色应清晰可辨。用万用表、欧姆表检查内外导体有无断线故障(电缆外导体作公用线)。

(2)指标测试

1)内外导体直流电阻。用直流电桥的两个测试端接上漏泄同轴电缆的内外导体两侧,所测试出的环线电阻根据测试时温度,换算成标准温度(20 ℃)时的值。

2)绝缘介电强度。测试端将内导体接到耐压测试仪表电压端上,外导体接仪表接地端,另端芯线全部开路。测试时按单盘漏泄同轴电缆电气特性指标表中的规定,根据不同的型号给导体加不同的直流电压,并在 1 min 后看内外导体间是否击穿。

3)绝缘电阻。测试端将内导体接到仪表电压端上,外导体接仪表接地端,另端芯线全部开路。在测试时测试电压不应低于 500 V。

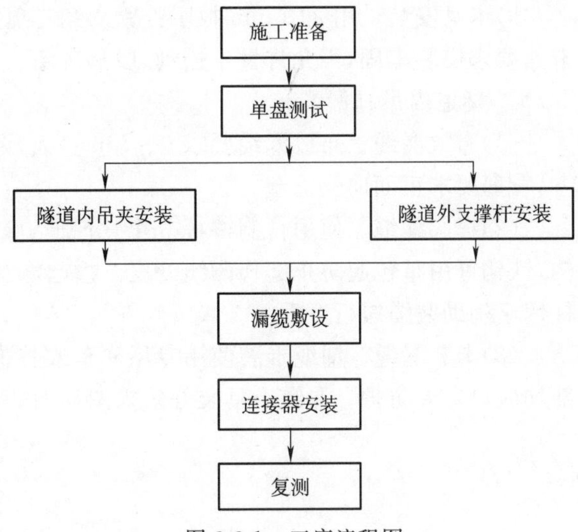

图 3-3-1　工序流程图

(3)测试整理

1)电缆盘标识。用红漆在电缆盘上标明:电缆编号、电缆长度等。

2)填写单盘测试记录表,包括:出厂编号、自编盘号、制造长度、测试日期、测试人、记录人、电缆端别、测试温度、各种异常情况(如严重弯曲、挤压变形、机械损伤、护套有无孔洞、裂缝、气泡和凹陷等),以及测试结论等。

3. 安装漏缆卡具

(1)安装锚栓或膨胀螺栓

在隧道内应使用专用梯车或竹梯进行安装。画线测量使用红外墨线仪、水平尺、角尺配合画线,使用电锤打眼时应注意孔深,一般要求比锚栓深或膨胀螺栓胀管深 5 mm,孔打好后,应将孔内灰土吹出,然后安装锚栓或膨胀螺栓,再将膨胀管胀开,稳定锚栓或膨胀螺栓。

(2)漏缆卡具安装

1)塑料漏缆卡座组装。塑料漏缆卡座 1 个与六角螺母 1 个、弹簧垫片 1 个、垫片 1 个、平头螺栓 1 个一起组装。如图 3-3-2 所示。

2)金属漏缆卡座组装。金属漏缆卡座 1 个与六角螺母 1 个、弹簧垫片 1 个、垫片 2 个、防火螺栓 1 个一起组装。如图 3-3-3 所示。

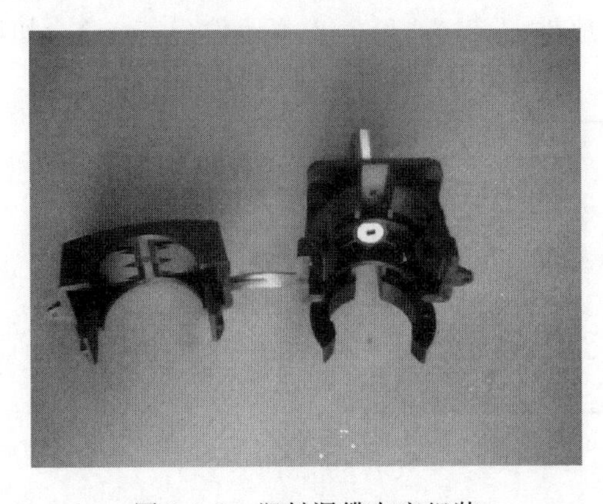

图 3-3-2　塑料漏缆卡座组装

图 3-3-3　金属漏缆卡座组装

3)卡具安装。用 ϕ10 mm 扳手拧紧六角螺管,并用六角扳手固定卡具螺母。隧道内漏缆卡具要求安装牢固,不允许发生松动、脱落现象。

4. 隧道内吊挂漏缆

(1)布放漏缆。布放漏缆要求 5～7 m 一人,漏缆不能拖地,不能打折。漏缆放于隧道壁下方,背筋要求正面向隧道壁。

(2)撑起漏缆。使用自制撑杆 3 个,分别为 2 个 4.5 m,1 个 4 m。撑杆顶端有个 U 型铁钩,铁钩可用布包起防止磨伤漏缆外皮。撑起漏缆时两个长撑杆在前相聚约 6 m,最后一个撑杆用于辅助漏缆缓行下垂。

(3)卡装漏缆。漏缆卡装使用专用梯车或竹梯在隧道壁上安装。不论是梯车或是梯子下部均应设专人防护。漏缆卡具装好效果图如图 3-3-4 所示。

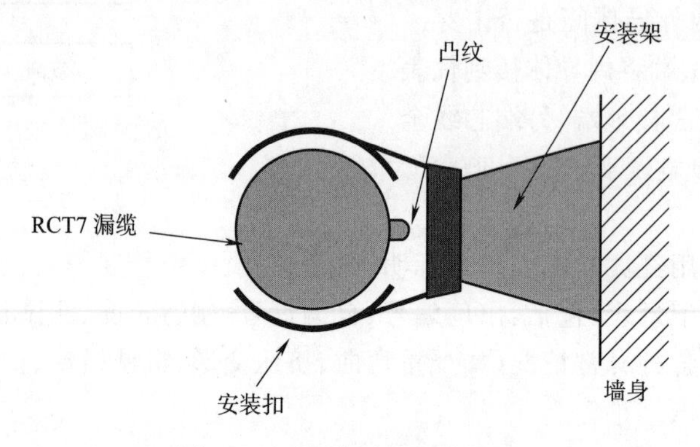

图 3-3-4　漏缆卡具安装效果

5. 漏泄电缆接口处安装

(1)安装漏泄电缆接头。使用漏缆专用接头工具进行接续。

(2)安装直流阻断器。直流阻断器具有方向性,N 型母头接漏缆侧,公头接射频连接线。接头应用专用扳手将螺丝旋紧,并进行防水防潮处理。

(3)安装避雷器。避雷器要求连接接地线一头朝下方安装,避雷器的公头对准直流阻断器 N 型接头的母头。连接处应用专用扳手旋紧。注意用力不宜过大,避免损耗丝扣。

避雷器接地连接一般要求使用 50 mm^2 接地线,使用铜鼻子压接,并将铜鼻固定在避雷器的螺丝上,用扳手拧紧,电气接触良好。

(4)安装接地件。接地件安装分为 1-5/8 接地件(1.5 m)和 7/8 接地件(1.5 m)。如图 3-3-5 所示。

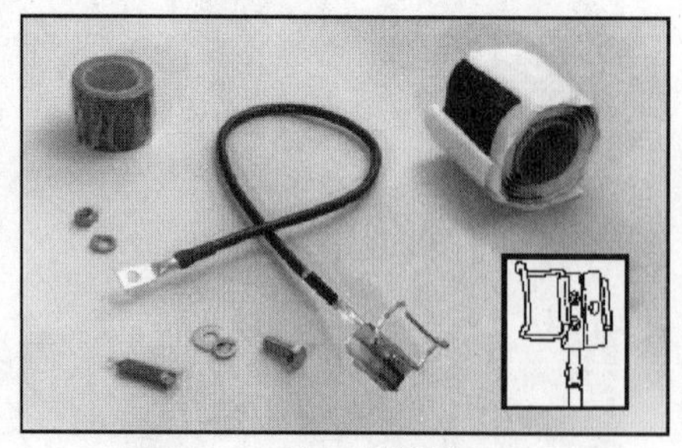

(a) 1-5/8接地件

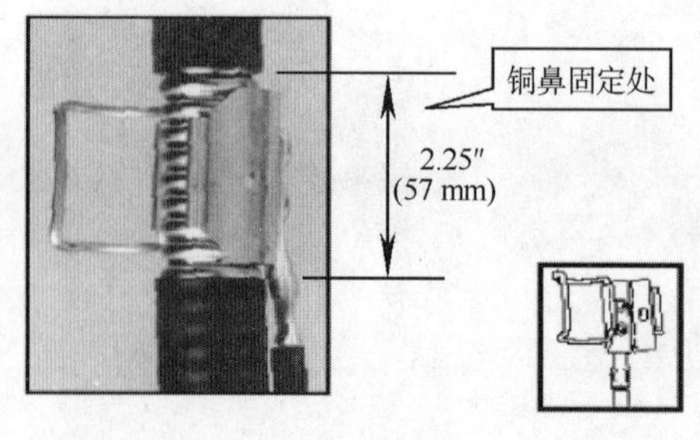

(b) 7/8接地件

图 3-3-5　接地件安装

1-5/8 接地件(1.5 m)是使用铜皮直接包裹漏缆外铜皮，使用铜棒卷动铜皮紧固，安装位于漏缆接头内 15 cm 处。安装时需要使用美工刀先割去漏缆背筋，然后使用环切刀轻轻画印，再用美工刀割开与接地件包裹铜皮宽度一致的漏缆外皮。

7/8 接地件(1.5 m)是直接扣上连接扣，安装位于接头内 12 cm 处。安装时直接使用美工刀顺着馈缆的波谷处环切，要求不能破坏到外导体铜皮。宽度与 7/8 接地件包裹铜皮宽度一致。

(5)安装 1/2 跳线。跳线安装在两个接头之间，长度一般为 2 m。

(6)安装综合接地箱。综合接地箱安装在离漏缆向下 20 cm 处。

(7)接头质量监测。

馈缆测试：使用馈缆测试仪对馈缆进行测试，测试前使用校准头对表进行校准，然后安装 50 Ω 测试头至一条缆一端，测试表接头安装至跳线一端测试。

填写测试记录表，对有问题的漏缆检查问题所在或重新安装。直到检测合格，并保存测试驻波图，填写合格记录。测试可根据情况配备 2 m 跳线。

(8)接头防水处理。

1)缠绕一层宽防水胶带，要求胶带叠压半宽，此层防水胶带在防水的前提下，应方便以后维护拆解。

2)使用密封胶泥包裹接头器件等，要求不超越防水胶带缠绕宽度。为了容易缠绕外层防水胶带，可用胶泥在接头器件的低洼处填埋并捏成锥形。

3)再缠绕一层防水胶带，且重叠半宽，缠绕长度应长于密封胶泥密封长度，要求胶泥不外漏，缠绕紧密。

6. 隧道外漏缆敷设

(1)安装室外漏缆辅助杆

按照设计图要求定做辅助杆尺寸，辅助杆要求一级镀锌，开孔位置符合安装横杆要求。以 H 杆为例进行安装说明。

横杆的安装：安装横杆是高空作业，施工人员需戴安全带作业。两人同时分别使用脚扣爬上 H 杆作业。在 H 杆 5.5 m 左右安装固定滑轮。

使用绳索吊起横杆至安装位置。不同的 H 杆安装不同的固定螺杆。电力 H 杆使用短螺栓固定。电力 H 杆只穿越一个孔。漏缆辅助杆安装长螺杆螺丝，穿越 H 杆两个孔。

安装线夹：线夹安装位于横担外部 550 mm 预留孔处。安装需拧紧线夹固定螺母。

(2)吊挂钢绞线

1)在距隧道口 2 m 附近安装固定臂，固定螺栓一般为 18 mm。如图 3-3-6 所示。固定臂安装高度比漏缆高 8 cm 左右，以保证漏缆吊挂高度满足设计高度(漏缆高度一般为 4.5～5.5 m)。

2)连接固定臂与钢绞线。在地面安装好固定臂与钢绞线，如图 3-3-7 所示。钢绞线对折，一边长 1 m，穿过固定臂挂环，钢绞线与挂环接触处安装鸡心环保护，鸡心环一侧直接安装双扣夹板固定，夹板一侧继续安装两个相隔 10 cm 左右的狗牙固定器固定，在钢绞线头用 8 mm 铁丝缠绕固定接头。

3)在钢绞线吊挂另一侧隧道壁安装固定臂，方法如上。同时加装拉力助力点，即在洞内固定臂侧 1 m 处安装挂钩和滑轮用于辅助拉伸钢绞线。

图 3-3-6　吊挂钢绞线示意图(一)

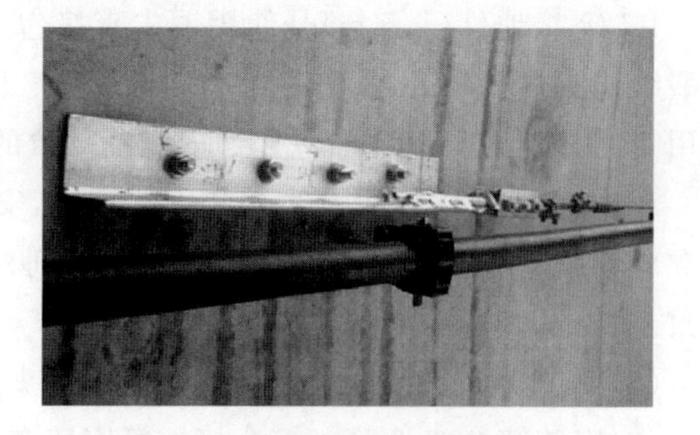

图 3-3-7　吊挂钢绞线示意图(二)

钢绞线在 H 杆上的固定方法类似,先将一侧抱箍、压板、拉环、钢绞线连接好,再固定在 H 杆上测定的高度,另一侧在预配长度确定后,把组件连接好吊起,同时将辅助紧线和吊线用压板和猫爪紧固好,以便用倒链将吊线紧紧,紧线张力符合要求后,将吊线抱箍、压板、猫爪紧好。最后去掉倒链和辅助紧线钢绞线和附件。

(3)吊挂漏缆

1)布放漏缆时,每人扛起 5~7 m,不能拖地打背扣,平放于 H 杆外侧地面,漏缆背筋朝向铁路外侧。吊挂漏缆可从漏缆中间处开始向两侧同时吊挂,使用 S 型铁制挂钩与 U 型竹制撑杆挂起漏缆至钢绞线上,挂钩位置约 5 m 一个。

2)作业人员可使用梯子直接爬至 H 杆横担处,使用滑车进行漏缆吊挂,吊夹间距 1 m,使用滑车要系好安全带。

7. 漏泄电缆的隧道壁引下及室内引入

(1)布放射频馈线电缆:量取射频电缆从隧道壁接口处至通信基站直放站距离,平放射频电缆可从通信沟槽拐弯处开始放缆。

(2)固定馈缆:在射频电缆隧道壁引下处安装射频电缆卡子竖直固定于隧道壁。

(3)馈缆防护:在拐弯处事先给馈缆加套硅芯护管,在隧道壁引下处加装镀锌钢管防护,镀锌钢管顶处使用热缩帽热缩。

8. 漏泄电缆在综合洞室的引入

(1)综合洞室接口处安装线缆布放

1)综合洞室接口处安装。在洞口两边向外 30 cm 处安装 1-5/8N 型接头两处。安装接地 1-5/8 接地件一处。

2)安装综合接地箱。综合接地箱安装位于平行漏缆下方 20 cm 处,距离隧道综合洞室洞壁约 40 cm 处。综合地线的引出连同 1/2 馈缆一起沿隧道壁引至洞内,在洞壁拐弯处加装 ϕ30 mm 软护管,然后综合地线穿过 2 m 高 ϕ20 mm 镀锌钢管至地面,综合地线最后连接于通信沟槽内接地端子处。

(2)馈缆至远端机连接

1)测量馈线走线位置,并使用墨斗或墨线仪画线定位,1/2 馈缆在洞室外距洞壁内 10 cm 左右竖直引下。

2)连接 1/2 馈缆接头与 1-5/8 接头。

3)固定 1/2 馈缆,并做拐弯处防护。

4)安装 1/2 馈缆接头。

(3)安装接地端子排

地线排安装位于直放站远端机下方 50 cm 处，其右侧与远端机右侧平齐，不仅方便地线引接，也整齐美观。

9. 装 1/2 馈缆接头

(1)电缆开剥。

1)将电缆拉伸理直，使用钢锯或专用转刀切割，外护套去除 40 mm，如图 3-3-8(a)所示。

2)使用专用工具轻轻旋转 2～3 圈即可，如图 3-3-8(b)所示。

3)使用斜口钳除去外导管、使用转刀去除泡沫层，如图 3-3-8(c)所示。

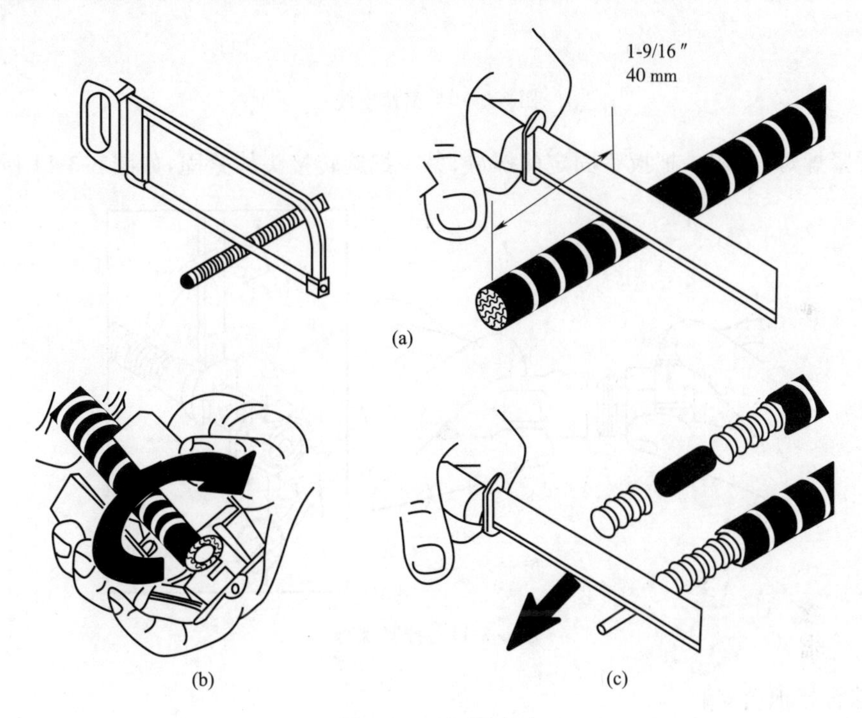

图 3-3-8　电缆开剥

(2)安装连接器：切整内心导体，加 O 型圈加弹簧圈加接头体，如图 3-3-9(a)和图 3-3-9(b)所示。

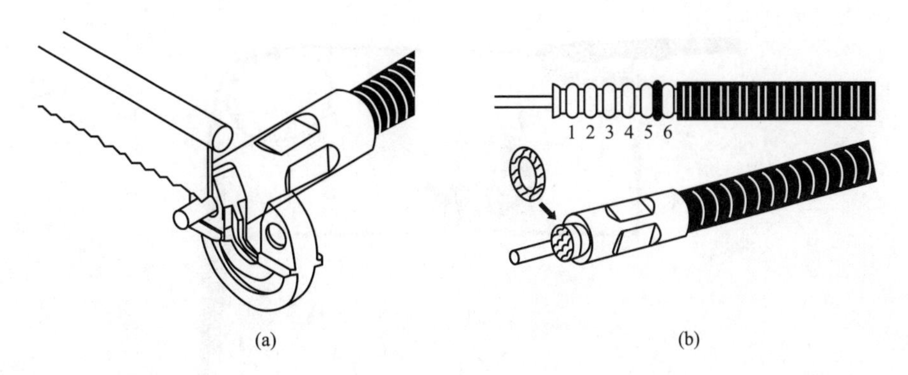

图 3-3-9　安装连接器

(3)整修电缆：去毛刺、修整内外导体边沿及泡沫绝缘层，确保端面平整、光洁，如图 3-3-10(a)和图 3-3-10(b)所示。

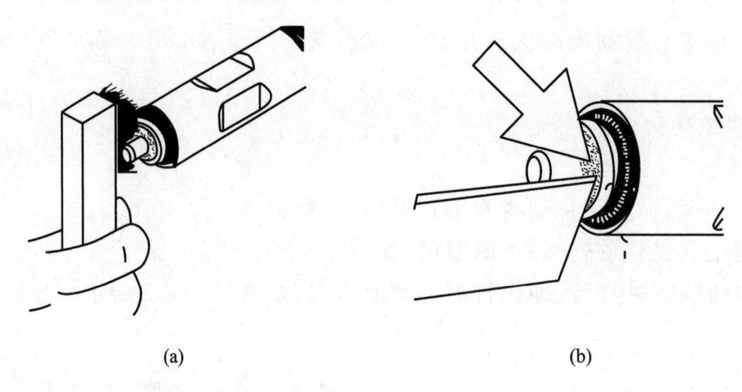

图 3-3-10 整修电缆

(4)拧紧螺母:使用一把扳手固定前螺母,另一把旋转接头体紧固,如图 3-3-11 所示。

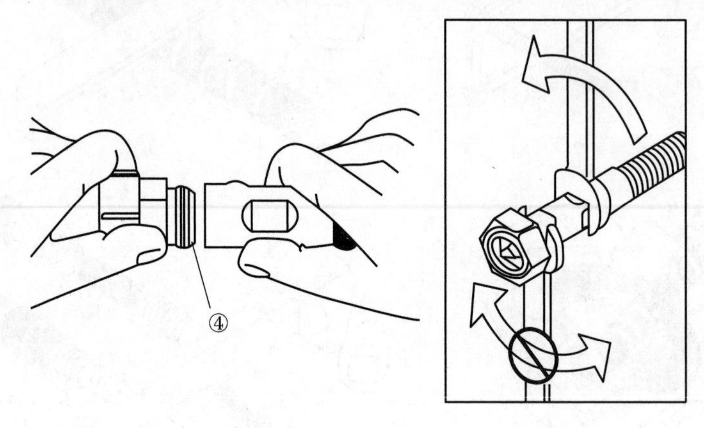

图 3-3-11 拧紧螺母

10. 综合接地箱安装

(1)固定综合地线箱:使用电锤打孔固定综合地线箱,要求其顶端水平,在漏缆下约 20 cm 处,如图 3-3-12 所示。

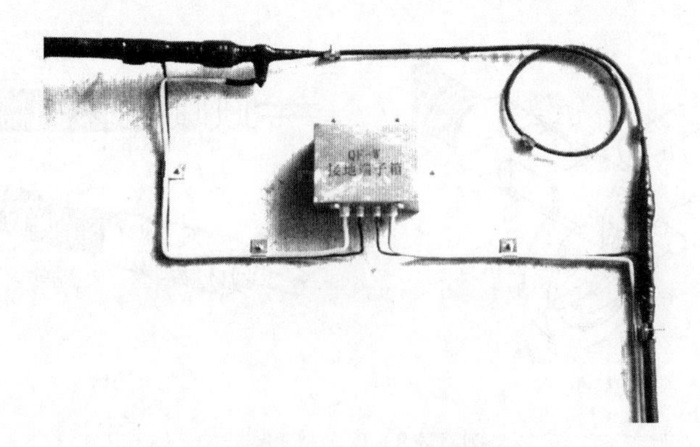

图 3-3-12 固定综合接地箱

(2)综合地线防护:综合地线从地槽引上时应根据设计要求使用 ϕ60 mm 镀锌钢管保护。镀锌钢管贴墙固定,管口使用塑料闭塞封堵。

(3)连接综合地线:综合地线使用 50 mm^2 地线,长度根据实际距离截取。地线引线应使用铜鼻子固定在地线排。

11. 安装 1-5/8N 型接头漏缆接头

(1)接头端面预制,应使用漏缆专用接头工具进行切割和清洁处理,以保证漏缆切面端面平整、内外导体件绝缘面清洁。

(2)安装连接器:使用活动扳手依次安装内导体连接接头、尾螺丝、紧固圈、头螺母等 4 部分,如图 3-3-13 所示。

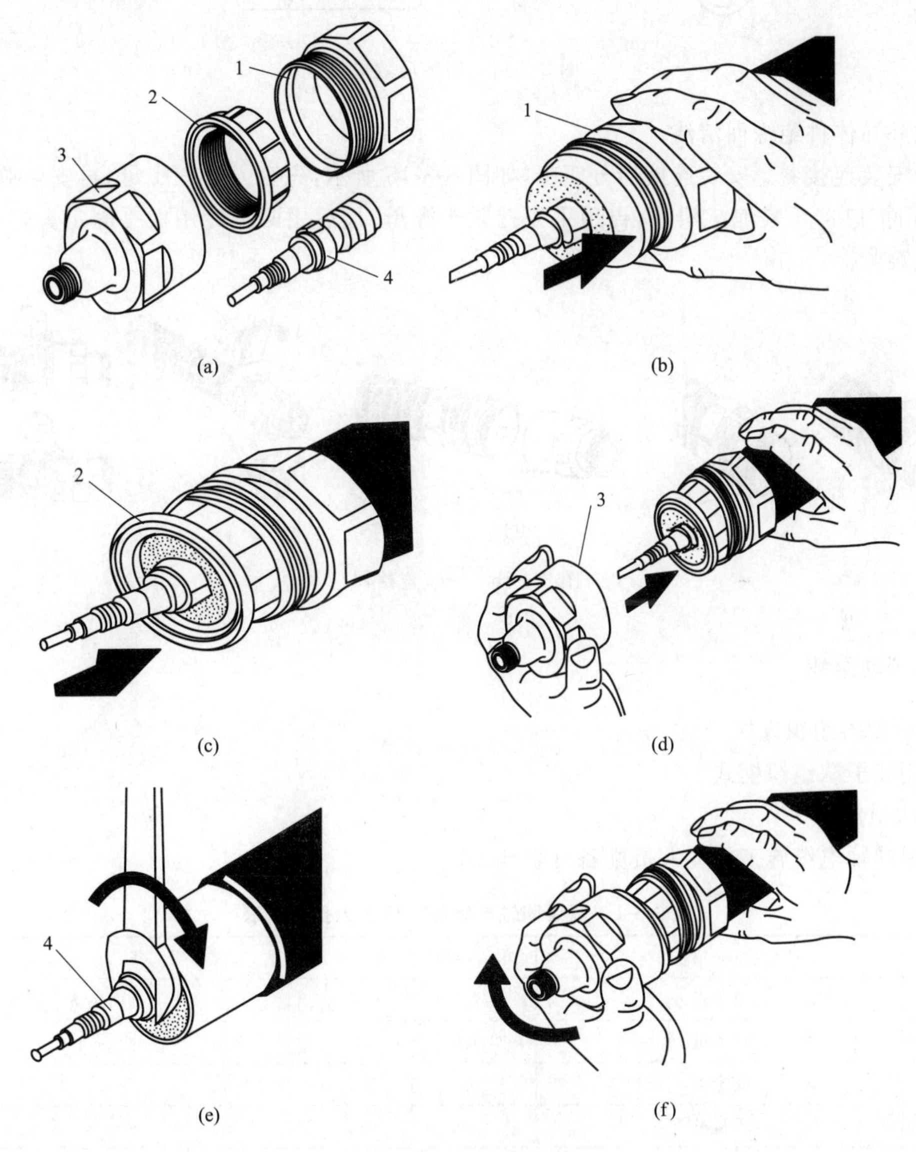

图 3-3-13　安装连接器

安装要求先用手拧紧头螺母,再使用扳手固定头螺母不动,使用另一把扳手拧紧尾螺丝,螺丝拧紧后应连接紧密。组装后效果如图 3-3-14 所示。

12. 安装 7/8N 型接头

(1)接头端面预制,应使用漏缆专用接头工具进行切割和清洁处理,以保证漏缆切面端面

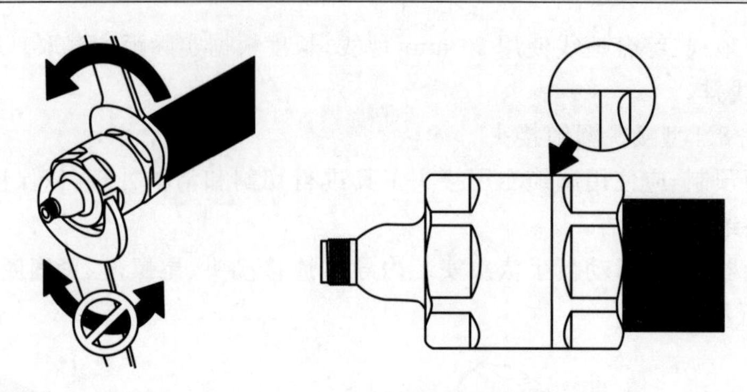

图 3-3-14 组装后效果

平整、内外导体件绝缘面清洁。

(2)安装连接器。安装连接器分四步,如图 3-3-15 所示,先套入紧固螺母,再安装弹簧圈,然后使用扩口器压紧泡沫塑料,再用手先拧紧头螺母,最后用两把专用扳手固定头螺母和接头,使其旋紧。

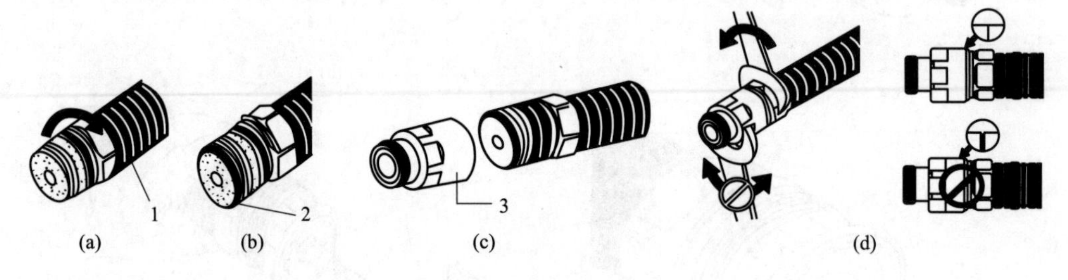

图 3-3-15 安装连接器

七、劳动组织

1. 劳动力组织方式

采用架子队组织模式。

2. 人员配置

漏泄同轴电缆施工作业人员配备见表 3-3-1。

表 3-3-1 漏泄同轴电缆施工作业人员配备表

序 号	项 目	单 位	数 量	备 注
1	施工负责人	人	1	全面负责
2	技术员	人	4	
3	安全员	人	2	
4	质量员	人	1	
5	材料员	人	1	
6	作业人员	人	30	

八、主要机械设备及工器具配置

主要机械设备及工器具配置见表 3-3-2。

表 3-3-2　漏泄同轴电缆施工主要机械设备及工器具配置表

序号	名称	规格	单位	数量	备注
1	驻波比测试仪		台	1	
2	万用表		台	1	
3	直流电桥		台	1	
4	兆欧表		台	1	
5	耐压测试仪		台	1	
6	发电机		台	1	
7	冲击电钻		台	2	
8	滑车	300	台	1	
9	作业平台		台	1	
10	撑杆		把	1	
11	挂钩		个	4	
12	钢卷尺	5 m	把	2	
13	穿线器	100 m	个	1	
14	石灰拉线		个	1	
15	水平尺		把	1	
16	梯子	6 m	把	2	
17	T 型尺		把	1	
18	照明灯		个	10	
19	钢锯		把	1	附若干锯条
20	防盗螺栓套筒		套	1	
21	专用液压钳		把	1	
22	馈线专用切割刀	7/8 馈线专用	把	1	
23	手锤		把	1	
24	馈线专用切割刀	1/2 馈线专用	把	1	
25	汽油喷火器		台	1	
26	组合螺丝刀		套	2	
27	斜口钳		把	2	
28	活动扳手	300 mm	把	4	
29	尖嘴钳		把	2	
30	铜毛刷		把	2	
31	老虎钳		把	2	
32	钢刷		把	1	
33	组合内六螺丝刀		套	2	
34	锉刀		套	1	
35	钢锉		把	1	
36	专用梅花扳手		套	2	各配备两把
37	对讲机		台	10	

续上表

序　号	名　称	规　格	单　位	数　量	备　注
38	安全带		根	5	
39	缆盘支架		套	1	
40	美工刀		把	2	

九、物资材料配置

漏泄同轴电缆施工物资材料配备见表 3-3-3。

表 3-3-3　漏泄同轴电缆施工物资材料配备表

序　号	名　称	规　格	单　位	数　量	备　注
1	跳线		条	若干	根据工程量定
2	隧道内漏缆		m	若干	按实际长度
3	塑料漏缆卡座		个	若干	1 m 1 个
4	金属漏缆卡座		个	若干	10 m 1 个
5	漏缆卡具钢钉	ϕ8 mm	个	若干	1 m 1 个
6	弹簧垫片		个	若干	1 m 2 个
7	平垫		个	若干	1 m 2 个
8	六角双头螺母		个	若干	1 m 1 个
9	沉头螺栓		个	若干	1 m 1 个
10	防火螺栓		个	若干	10 m 1 个
11	镀锌钢管	ϕ60 mm/ϕ40 mm	根	若干	根据工程量定
12	钢管夹子		个	若干	根据工程量定
13	硅芯管	ϕ40 mm/ϕ30 mm	m	若干	根据工程量定
14	膨胀螺栓	ϕ12 mm/ϕ10 mm/ ϕ8 mm/ϕ6 mm	个	若干	根据工程量定
15	冷风胶		套	若干	根据工程量定
16	透明胶带		卷	若干	根据工程量定
17	标签		张	若干	根据工程量定
18	塑料吊夹		个	若干	1 m 1 个
19	金属吊夹		个	若干	5 m 1 个
20	钢绞线		m	若干	按实际长度
21	预交护线条		m	若干	根据工程量定
22	螺栓	M20×300×100	个	若干	根据工程量定
23	线夹		套	若干	根据工程量定
24	漏缆支架	Q235A	个	若干	根据工程量定
25	射频电缆	7/8 或 1-7/8	m	若干	按实际长度
26	射频电缆卡子	7/8 或 1-7/8	个	若干	根据工程量定
27	内爆膨胀螺栓		个	若干	根据工程量定

续上表

序号	名称	规格	单位	数量	备注
28	接地端子排		套	若干	根据工程量定
29	综合接地线	50 mm^2	m	若干	根据工程量定
30	铜鼻子	50 mm^2/70 mm^2	个	若干	根据工程量定
31	热缩管	50 mm^2/70 mm^2	m	若干	根据工程量定
32	防盗地线螺丝		个	若干	根据工程量定
33	热缩冒	ϕ60 mm/ϕ40 mm	个	若干	根据工程量定
34	地线夹子	50 mm^2	个	若干	根据工程量定

十、质量控制标准

1. 质量控制点

(1)漏泄电缆和馈缆单盘测试

1)单盘漏缆测试:单盘漏缆主要测试环阻、绝缘电阻和耐压等特性,终端及调相软缆测试绝缘电阻和耐压直流特性。

漏泄同轴电缆单盘直流电气性能标准见表 3-3-4。

表 3-3-4　漏泄同轴电缆单盘直流电气性能标准

序号	项目		单位	泄漏同轴电缆规格代号		
				42 mm 1-5/8 英寸	32 mm 1-1/4 英寸	22 mm 7/8 英寸
1	内导体直流电阻(20 ℃)	光滑铜管	Ω/km		0.69	1.09
		螺旋皱纹铜管		0.88		
2	外导体直流电阻(20 ℃)		Ω/km	0.42	0.57	1.20
3	绝缘介电强度(DC 1 min)		V	15 000	10 000	10 000
4	最小绝缘电阻		MΩ · km	5 000		

2)配盘:根据设计文件及漏缆设计长度,采用中继段内分级补偿的办法进行配盘。按照不同耦合损耗指标的漏缆采用定长配置,以减少剩余短段漏缆,避免新增接头。每段漏缆的最短使用长度 50 m。

3)馈缆单盘测试:单盘馈缆的主要测试项目有环阻、绝缘电阻和耐压等特性,射频电缆单盘电气性能标准见表 3-3-5。

表 3-3-5　射频电缆单盘电气性能标准

规格	内导体最大直流电阻 (20 ℃)(Ω · km)	外导体最大直流电阻 (20 ℃)(Ω · km)	最小绝缘电阻 (Ω · km)	最大电压驻波比
1-5/8 英寸馈线	0.78	0.66	3 000	1.20
7/8 英寸馈线	1.20	1.20	3 000	1.15
1/2 英寸馈线	1.62	2.08	3 000	1.20

(2)隧道内漏缆敷设

1)漏缆敷设高度要求距同侧轨面垂直距离 4 500～4 800 mm,满足设计要求。

2)紧固螺丝不能用力过猛避免破坏膨胀螺栓螺纹,膨胀螺栓紧固后露出螺纹不应少于15 mm。

3)隧道内漏缆卡具要求安装牢固,避免出现松动、脱落现象。

4)布放漏缆要求5~7 m一人,漏缆不能拖地,不能打折。漏缆放于隧道壁下方,背筋要求正面向隧道壁。漏缆卡装要求背筋仍朝向隧道壁。

5)多人卡装时依次卡装,每人一次卡装两个卡具。卡入漏缆后合上卡座前盖。使用十字螺丝刀安装自供丝于固定孔内,拧紧。遇到防火卡具时按照卡具安装方法卡住螺丝拧紧。

6)隧道内画线采用1 m高的T型尺倒放轨面,装上红外墨线仪或水平尺调平后在洞壁确定1 m基准线并使用直尺划定1 m间隔线,墨线仪一次能够标定5~10 m,然后依次前移划线,再用专用轨行梯车和定长线坠和标尺将吊夹打孔位置准确定位。然后进行打孔、装膨胀螺栓和夹具。

(3)漏泄电缆接口处安装

1)安装漏泄电缆接头。按照设计的接头位置安装接头。漏缆一般在距隧道口1 m处安装一个1-5/8N型接头;射频电缆接头分不同情况安装1-5/8或7/8接头1个;隧道内接口处需安装2个1-5/8N型接头,相距1 m。

2)安装直流阻断器。直流阻断器安装标准:在漏缆长度超过500 m时加装直流阻断器(DC)。直流阻断器安装位于漏缆接头和霹雷器之间或者漏缆接头和跳线之间。

3)安装避雷器。避雷器按照设计要求,一般在隧道口处安装避雷器防雷,避雷器安装在漏缆接头和天线引下来的1/2跳线之间。避雷器安装含避雷器和避雷器连接螺丝等。

4)接头防水处理。漏缆所有接头及外露的接入器件都需做防水处理,防水处理不仅要达到防水要求,而且要求外观美观和维护方便。

(4)隧道外漏缆敷设

塑料吊带要求1 m 1个,金属吊带一般10 m 1处,洞内外弯区域应加密,一般5 m加装1个金属吊夹。主要作用有两个:一是防火,二是提高漏缆吊挂安全度。

漏缆在吊线上吊挂时,垂度应小于15 cm。

(5)漏泄电缆引下和引入

1)漏泄电缆在隧道壁引下时需通过1/2跳线连接7/8馈缆或1-5/8馈缆。馈缆最小弯曲半径标准见表3-3-6。

表3-3-6　馈缆最小弯曲半径标准表

射频同轴电缆规格代号	最小弯曲半径(单次弯曲)(mm)	最小弯曲半径(多次弯曲)(mm)
7/8	140	250
1/2	80	125

2)布放馈缆。布放馈缆应事先丈量所需馈缆长度,按实际馈缆穿越路径计算,在馈缆总长的基础上增加10 m余留。根据设计要求选择布放馈缆类型。

馈缆布放路径根据设计从隧道壁漏缆接口处开始向下敷设,穿越电力沟槽和排水沟槽到达通信沟槽。馈缆在通信沟槽敷设分三种情况:

①穿越轨道至接近直放站基站处。

②从桥梁处顺着桥墩引下至接近直放站基站处。

③直接在通信沟槽延伸至接近直放站基站处。

馈缆在铁路边线路槽道预留孔处拐弯，拐弯后有的通过地面水泥槽道或直接通过事先布放的塑料管道至直放站基站预留孔处，在穿越较长塑料管道时可使用穿管器结合馈缆拉缆网绳辅助穿缆。

3)馈缆固定和防护。

①馈缆在引下时使用 7/8 馈缆卡子或 1-5/8 馈缆卡子固定，固定卡子使用 ϕ10 mm 钻头打孔，ϕ8 mm 内爆膨胀螺栓固定。

②7/8 馈缆引下时根据设计要求需加装 ϕ60 mm 镀锌钢管 2.7 m 防护至电力沟槽内，镀锌钢管固定使用 ϕ60 mm 钢管卡子 ϕ6 mm 膨胀螺栓，开孔使用 ϕ8 mm 钻头，同时钢管顶部需用 ϕ60 mm 的热缩套管热缩防水。

③在通过电力沟槽和排水槽至通信沟槽时需加装 ϕ40 mm 或 ϕ60 mm 硅芯管，一头至镀锌钢管顶高出约 4 cm 处，一头至通信沟槽内直至拐弯角大于 90°。

④通过预留手孔或拐弯时加装 ϕ40 mm 或 ϕ60 mm 硅芯管，硅芯管长度应通过预留孔处拐弯还有一定的富余长度。

⑤在馈缆从桥上引下时，为防止刮伤缆可先安装硅护管再穿馈缆。

4)漏泄电缆的室内引入。馈缆在通过直放站基站手孔时将穿过一条斜向上进入室内的塑料管道，管道的选择位置需保证所有进入室内线缆不交叉，进入室内沿设计线路走向固定至 3 m 跳线处，3 m 跳线再连接至直放站远端机。具体进入室内长度，根据远端机位置和走线长度实际测量。馈线应按照馈线排列原则入室，馈线入室不得交叉、重叠，入室行列应排列整齐、平直，弯曲度应合适并一致。

(6)漏泄电缆在综合洞室引入

1)安装 1/2 馈缆在洞室内高度为 1.8 m，每隔约 90～100 cm 安装一个 1/2 馈缆卡子，拐弯处 1/2 馈缆卡子离拐角 20 cm 安装，最后用粉笔标记打孔的位置。

2)安装 1/2 接头时先用手拧紧 1/2 馈缆接头至 1-5/8 接头，再用扳手拧紧 1/2 馈缆接头，要求拧动时，1-5/8 接头不能跟着转动，否则接头将会不合格。1/2 馈缆固定使用 1/2 馈缆卡子，1/2 馈缆卡子固定使用 ϕ10 mm 钻头 ϕ8 mm 自爆螺栓固定，孔深约 5 cm 左右。

3)敷设 1/2 馈缆在洞口拐弯至洞内时，安装 ϕ40 mm 软护管，软护管使用 ϕ40 mm 卡子固定。

(7)安装 1/2 漏缆接头

1)紧固后连接紧密，应无缝隙存在，经驻波比测试后合格便安装完成。

2)安装时注意线缆必须拉直，这样做出来的头不会弯曲。

3)接头安装时必须清理干净残渣泡沫，不与设备安装时使用胶带封住接头。

(8)综合接地箱安装

1)因综合接地箱内固定地线铜鼻螺栓不易拧紧，必须使用小扳手卡住里面螺丝，拧外面螺母，螺丝必须与铜鼻接触良好，使用扳手固定紧密。

2)综合地线接口处必须使用专用套管拧紧防盗地线螺丝。

3)因 50 mm^2 地线与接地箱穿越口不匹配，可根据情况扩大开口。

4)热缩管如果热缩效果不好或损坏，可更换开口热缩管重新热缩。

5)使用梯子作业应保障梯子稳当，保证高空作业人员安全。

(9)安装 1-5/8N 型接头

安装接头必须连接紧密无缝隙，经驻波比测试接头驻波比值应小于 1.15 的规定，否则应查明原因,进行处理。

(10)安装 7/8N 型接头

安装接头必须连接紧密无缝隙,经驻波比测试接头驻波比值在小于 1.15 规定范围内。

2. 检验

(1)用直流电桥、绝缘测试仪、耐压测试仪等对单盘漏泄电缆直流电特性全部测量检验,对照设计文件和订货合同,检查实物和质量证明文件。

(2)采用观察、尺量等方法对敷设隧道内漏泄电缆的夹具、防火夹、支架的安装位置、间距和固定方式全部检验,对漏泄电缆的开槽方向全部检验。

(3)采用观察、尺量等方法对敷设隧道外漏泄电缆的吊挂高度、支撑杆高度和间距、吊夹规格和间距全部检验。

(4)对漏泄电缆的避雷器、隔直器的规格型号、安装位置和方式全部观察检验。

(5)用万用表、直流电桥对漏泄电缆的接续全部测量检验。

(6)用接地电阻测试仪对漏泄电缆防护地线的设置及接地电阻全部测量检验。

(7)用驻波比测试仪、信号源、功率计对漏泄电缆的双向电压驻波比、传输衰耗全部测试检验。

十一、安全控制措施

(1)搬运安放仪表,做到小心轻放,避免振动。仪表应有专人负责保管。

(2)仔细检查测试所用电源,测试完毕后应及时切断电源。

(3)测试时仪表应和被测缆线共地,且接地良好。

(4)使用喷灯、小喷枪和汽油发电机应遵照有关规定,并妥善保管。

(5)单盘电缆应放置平稳,以免侧翻、滚动,发生意外。

(6)为保证施工安全,现场应有专人统一指挥,并设一名专职安全员负责现场安全工作。

(7)对所有施工人员进行安全培训,制定完善的安全防护措施,登高作业人员应持有有效证件上岗。登高作业时应系好安全带,以防坠落。

(8)施工时按要求佩戴好安全防护用品,现场工具、机械、设备应能正确使用。上、下传递工具材料时应使用小绳、工具袋,严禁抛扔。作业人员均应戴安全帽,以防工具、材料坠落伤人。

(9)室外登高安装时,如果遇有雷雨、大风、冰雪、能见度低、高温和低温等环境恶劣的条件,严禁作业。

十二、环保控制措施

(1)测试完毕清扫施工现场,做到人走、料清、场地净。

(2)接续完成后对废弃物,如废棉球、漏缆端头、护套等,集中收集统一处理,避免随意丢弃造成污染。

(3)施工中的废弃物及时处理,运到当地环保部门指定的地点弃置。

(4)按照环保部门的要求,集中处理测量及生活中产生的污水及废水。

十三、附　表

漏泄同轴电缆施工检查记录表见表 3-3-7。

表 3-3-7　漏泄同轴电缆施工检查记录表

工程名称			
施工单位			
项目负责人		技术负责人	
序号	项目名称	检查意见	存在问题
1	敷设径路一致性确认		
2	漏缆配盘一致性确认		
3	漏缆架设标高确认		
4	隧道内漏缆吊夹、吊线高度、位置、安装强度检查		
5	漏缆终端位置一致性确认		
6	漏缆漏泄槽朝向轨道一致性确认		
7	漏缆外观质量和终端密封性检查		
8	漏缆直流特性检查		
9	各种检测仪器仪表合格性检查		
检查结论： 检查组组员： 检查组组长： 年　月　日			

第四节　天馈子系统施工

一、适用范围

适用于铁路数字移动通信工程 GSM-R 天馈系统施工。

二、作业条件及施工准备

(1)施工图纸审核完毕,有关技术问题已澄清,施工技术标准已明确。

(2)制定施工安全保证措施,提出应急预案。对施工人员进行技术交底,对参加施工人员进行上岗前的技术培训,考核合格后持证上岗。

(3)铁塔组立已完成,具备天馈线安装条件。

(4)人员、物资、施工机械及工器具已经准备到位。

三、引用施工技术标准

(1)《铁路 GSM-R 数字移动通信工程施工技术指南》(TZ 341—2007);
(2)《铁路运输通信工程施工质量验收标准》(TB 10418—2003);
(3)《铁路通信工程施工技术指南》(TZ 205—2009);
(4)《高速铁路通信工程施工技术指南》(铁建设〔2010〕241 号);
(5)《高速铁路通信工程施工质量验收标准》(TB 10755—2010);
(6)《铁路 GSM-R 数字移动通信工程施工质量验收暂行标准》(铁建设〔2007〕163 号)。

四、作业内容

馈缆单盘测试;天线安装及馈缆安装;接地和防水处理;馈缆室内引入和连接;防护管管口密封;天馈线测试。

五、施工技术标准

1. 材料检查

(1)检查天线的型号、规格、数量是否符合要求;天线外观检查有无凹凸、破损、断裂等现象,并做好相应的记录与处理;复测驻波比。

(2)射频馈线单盘测试:检查标识、盘号、盘长、包装有无破损,射频馈线有无压扁损坏等现象并做好记录;收集好射频馈线的出厂测试记录、产品合格证等,根据出厂测试记录审查射频馈线的电特性和物理性能是否满足设计要求;测试射频馈线单盘的内外导体直流电阻,绝缘电阻,电压驻波比等。

2. 天线安装

(1)天线的安装高度和方位应符合设计文件要求,方向性天线应用罗盘定向以确保指向正确。

(2)在雷雨、大风、冰雪、能见度低、高低温等环境恶劣的条件下严禁登高进行天线的安装作业。

(3)铁塔避雷针上端与天线外端夹角应小于 45°,确保天线在避雷针保护区域 LPZ0B 范围内。

(4)全向天线收、发水平间距应不小于 3 m;全向天线离塔体间距应不小于 1.5 m。

(5)天线固定装置的预安装:定向天线附件、天线固定夹、调节装置的安装可在塔下进行;也可将天线与塔上跳线在塔下组装并将接头密封好,然后再吊到塔上。

(6)天线吊装:用绳子与滑轮组将定向天线及所有附件吊至塔顶平台;天线预固定;按照工程设计图纸确定定向天线的安装方向,将定向天线固定于支架的主干上,松紧程度应确保承重与抗风,也不宜过紧以免压坏天线护套。

3. 天线方位调整

用罗盘确定天线方位角:轻轻扭动天线调整方位角直至满足设计指标,误差不大于 5°;将天线下部固定夹拧死。使用罗盘时尽量远离铁塔等钢铁物体,并注意当地有无地磁异常现象影响罗盘的准确使用。

用角度仪确定俯仰角:轻轻搬动天线,调整天线上部固定夹直至俯仰角满足工程设计指标,误差不大于 0.5°;将天线上部固定夹拧死。

施工时注意在天线安装与调节过程中，必须保护好已安装的跳线，避免损伤。天线与功分器的跳线连接时，跳线与天线连接时做好避水弯。

4. 射频馈线敷设

(1)射频馈线敷设前，应先实地了解射频馈线敷设路由是否畅通；射频馈线安装应做到路由合理，并保证馈线的最小弯曲半径。

(2)敷设时注意弯曲半径并作适当余留，敷设完毕做好标识。

(3)同一段射频馈线必须是整条线缆，严禁中间接头。

(4)射频馈线的固定可以根据现场情况采用馈线夹具、吊线等方式进行。

(5)馈线入室后将各根馈线通过馈线密封窗导入室内；根据设计要求的避雷器位置，准确切割馈线长度；制作馈线室内接头；将馈线与避雷器连接；利用防火材料对密封窗进行密封处理，对闲置不用的孔也应进行密封处理。在馈线窗外侧做好馈线避水弯。

(6)为减少射频馈线的传输衰减，在考虑敷设路径时应按照最短径路进行敷设，并确保敷设缆线的平、顺、直。

(7)引入口应用防火泥封堵，防止鼠害。

5. 射频馈线连接器的安装

(1)射频馈线连接器安装严格按工艺标准操作，并应使用专用接续工具。

(2)接头应保证电特性指标，对于驻波比过大、阻值过大、绝缘不良、衰耗偏大的接头应锯断重接。

(3)连接器装配完毕后应进行质量检查：用万用表进行通电试验，检查内、外导体装接情况，并轻敲连接器，看万用表是否有变化，判断装配接触质量；用摇表进行绝缘电阻测量，判断装接质量；检查各零部件螺栓是否旋紧。

(4)连接器装配后接头外部应进行防护。

(5)连接器应可靠地固定在承力点上。

六、工序流程及操作要领

1. 工序流程

工序流程如图 3-4-1 所示。

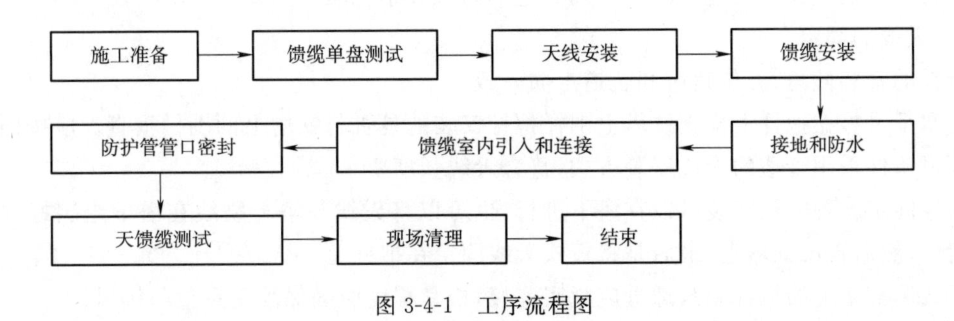

图 3-4-1　工序流程图

2. 施工准备

将馈缆及所用材料，运至施工地点。搬运天线的机具、设备以及劳力应适合天线的具体重量、体积等要求；搬运天线时，着力点不能位于天线的馈面上，应着力在天线的加固框架结构上；搬运天线过程中不得发生碰撞，严禁摔坏天线，并注意人身安全。

3. 馈缆单盘测试

(1)核对电缆盘标识、盘号、盘长,检查包装有无破损,馈缆有无压扁损坏,并做好记录。

(2)收集馈缆的出厂检验记录、产品合格证等,根据出厂测试记录核查馈缆的电气特性和物理特性是否符合设计要求。

(3)开盘后对馈缆外观进行检查,主要内容如下:查看绝缘介质的平整度;查同轴电缆绝缘介质的一致性;查铜箔的质量;查外护层的挤包紧度;观察电缆成圈形状。

(4)开剥馈缆,做好接头,同时做好测试前的准备工作。使用驻波比测试仪加 50 Ω 的负载头后进行馈缆测试,测试前对表进行校准。测试可根据情况常备 2 m 跳线,一头公一头母软线和双公头软线。

(5)填写测试记录表,对有问题的馈缆和厂家联系后协调解决。

(6)单盘测试后应对馈缆头进行密封处理。

4. 天线的安装(以板式天线为例)

(1)天线检查

1)天线的型号、规格、数量是否符合设计要求。

2)天线外观有无凹凸、破损、断裂等现象,并做好相应的记录与处理。

(2)仰俯角支架安装

1)按照天线设计图进行配货,并运送到安装现场。

2)核对实际运到的天线类型和设计图上的是否一致。

3)按照天线的仰俯角支架说明书进行组装,注意螺丝安装方向的一致性,并把连接处的螺丝拧紧。

(3)天线和 1/2 跳线接头防水处理

1)按照天线类型选择 1/2 跳线,并进行配料。

2)将天线对应类型的跳线进行连接,并用活动扳手将螺丝拧紧,但不能用力过度将其拧坏。

3)对连接处进行防水处理,先使用防水胶带重叠 1/2 绕包,然后用防水胶泥绕包,再用防水胶带做外层绕包,接头根部应绕成锥形,既美观防水性又好。

4)将 1/2 跳线和天线连接处两头用黑色的防火扎带扎紧。

(4)天线的固定

天线的安装倾角、方位角应和轨道走向一致。

将水平尺靠在抱杆上检查铁塔上围栏抱杆安装的是否与铁塔上的围栏垂直。应按照施工地区环境条件采用合适的天线安装方式,符合天线强度要求。

天线固定装置的预安装可以在塔下进行,也可以将天线与塔上跳线在塔下组装好并将接头密封好,然后再吊到塔上,最后是将板式天线固定在抱杆上。

天线调节架上的抱杆锁紧螺母应紧密连接,松紧程度应确保承受重量与抗风。

(5)天线功分器的安装

按照设计要求选择天线功分器进行配料。

将功分器与 1/2 英寸跳线连接,要求两个天线的接收端相连接、发送端相连,跳线之间不能有交叉,并用活动扳手将螺丝拧紧但不能用力过大将其拧坏。

对连接处进行防水处理,先使用防水胶带重叠 1/2 绕包,然后用防水胶泥绕包,再用防水胶带做外层绕包,接头根部应绕成锥形,既美观防水性又好。

将 1/2 跳线和功分器的三个连接处用黑色的扎带进行扎紧,同时将 1/2 英寸跳线用扎带在围栏的内侧扎牢固。

使用金属紧固圈将功分器固定在围栏的内侧,每个功分器使用两个金属紧固圈。

(6)板式天线的调测

用罗盘确定天线的方位角:通常我们通过计算软件或在资料中得到的结果应该是以正南方向为标准,将天线的指向偏东或偏西调整一个角度,该角度即是所谓的方位角。至于到底是偏东还是偏西,取决于天线与欲接收列车之间的经度关系。轻轻扭动跳线调整方位角直至符合设计指标,误差不大于 5°,然后将天线下部固定螺丝拧紧。

使用罗盘时应尽量远离铁塔等钢铁物体,并注意外来强磁对罗盘的影响。角度仪确定俯仰角角度。俯仰角是指天线轴线与水平面之间的夹角。轻轻搬动天线,调整天线上部固定夹直至俯仰角符合设计要求,误差不大于 5°,将天线上部固定螺丝拧紧。

正馈天线的轴线很明确,是高频头所在位置与天线中心的连线;偏馈天线的轴线没有严格定义。

在天线安装与调节过程中,应注意保护已安装的跳线和馈缆,避免损伤和松动,影响驻波比测试指标。

5. 馈缆安装

(1)馈缆卡子安装

安装卡子之前根据铁塔的高度和天线类型选择卡子的型号和数量,并且在铁塔爬梯最顶层的横杆和最底层的横杆距离爬梯 10～15 cm 处确定固定卡子的位置,然后在顶层的爬梯上放一条细线绳,先把一头固定住,接下来把细线绳拉紧之后固定在另一头。

安装卡子时紧挨线绳,使用 13 mm 的扳手将卡子固定在爬梯上,要求所有爬梯横杆上的卡子在一条直线上且卡子要牢固。

(2)馈缆固定

首先将滑轮和粗麻绳挂在铁塔顶上,在挂滑轮之前检查所挂滑轮的地方是否牢固可靠。

根据铁塔的高度、天线的类型、机房的位置和预留长度确定馈缆的长度和几条馈缆,原则是先确定馈缆长度再裁剪。将馈缆的一头封好后固定在绳的一头,缓慢的将馈缆拉到铁塔的上面。

(3)馈缆接头、1/2 跳线接头防水

1)直放站接头。

检查 7/8N 型接头包装。包括安装说明书、尾螺丝、紧固圈、头螺母和链接头。检查施工工具、材料等。

馈缆头开剥,使用漏缆专用接续工具进行馈缆接头制备,保证端面平整、无毛刺、无残渣。接头组长后应使用专用扳手旋紧。紧固时不宜用力过大,避免损伤接头螺纹。

2)基站接头。

检查 7/8N 型接头组建,包括安装说明书、尾螺丝、紧固圈、头螺母和链接头等。检查施工工具、材料是否齐全。馈缆头开剥,使用漏缆专用接续工具进行馈缆接头制备,保证端面平整、无毛刺、无残渣。

3)馈缆和 1/2 跳线连接及防水处理。

将 1/2 跳线和馈缆接头进行连接,用 32～36 mm 的扳手拧紧螺栓,连接处要紧密无缝。

对连接处进行防水处理，先使用防水胶带重叠 1/2 绕包，然后用防水胶泥绕包，再用防水胶带做外层绕包，接头根部应绕成锥形，既美观防水性又好。

6. 接地和防水处理

(1)铁塔上架设的馈缆及其他同轴电缆金属外护层应分别在天线处、离塔处以及机房入口处外侧就近接地。

(2)带有胶的接地卡使用裁纸刀将馈缆接地处 20 mm 的外护皮去除，装上接地卡，并拧紧接地锁紧螺母。

(3)没有胶性的接地卡使用裁纸刀将馈缆接地处 20 mm 的外护皮去除，装上接地卡，拧紧接地锁紧螺母后需要进行防水处理，并用黑色扎带将料头扎紧。

7. 馈缆的室内引入及连接

(1)馈缆进入机房后在静电地板以下从手孔到爬梯(室内)之间需要使用灰管进行保护性防护。

(2)在基站机房里，馈缆引出到防静电地板上面适当位置开剥接头，安装避雷器、耦合器和室内 1/2 跳线。如图 3-4-2 所示。

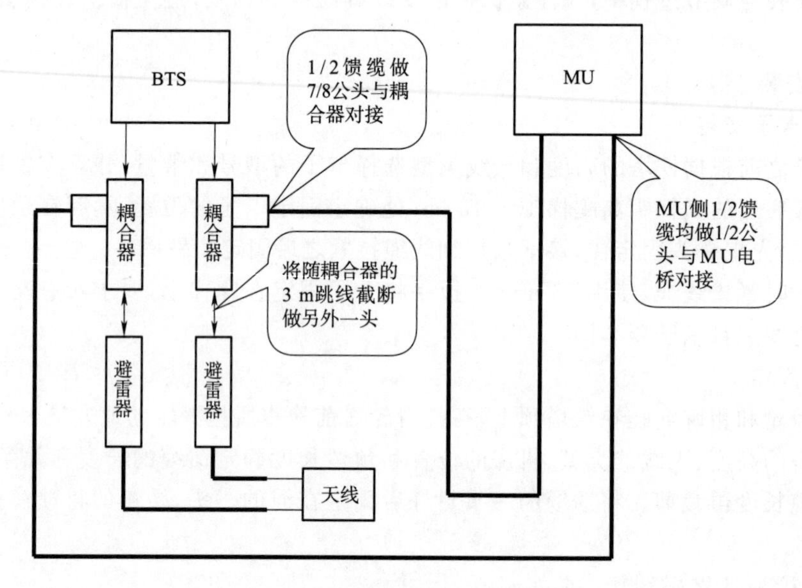

图 3-4-2　基站馈缆引入及连接

(3)在直放站机房里，防静电地板下面距 RU 适当位置开剥接头，安装避雷器、耦合器(双极天线)和室内 3 m、2 m 的 1/2 跳线。

RU 接单极化天线，另一侧接漏缆(使用衰减器需要依据规划表，避雷器与衰减器对接)。如图 3-4-3(a)所示。

RU 接单极化天线，另一侧接漏缆(无衰减器)。如图 3-4-3(b)所示。

RU 接双极化天线，再接漏缆(耦合器:in 口至 RU，避雷器与耦合器直接对接)。如图 3-4-3(c)所示。

8. 馈缆与钢管口的密封

使用冷风胶将馈缆与钢管口的连接处进行密封。如图 3-4-4 所示。

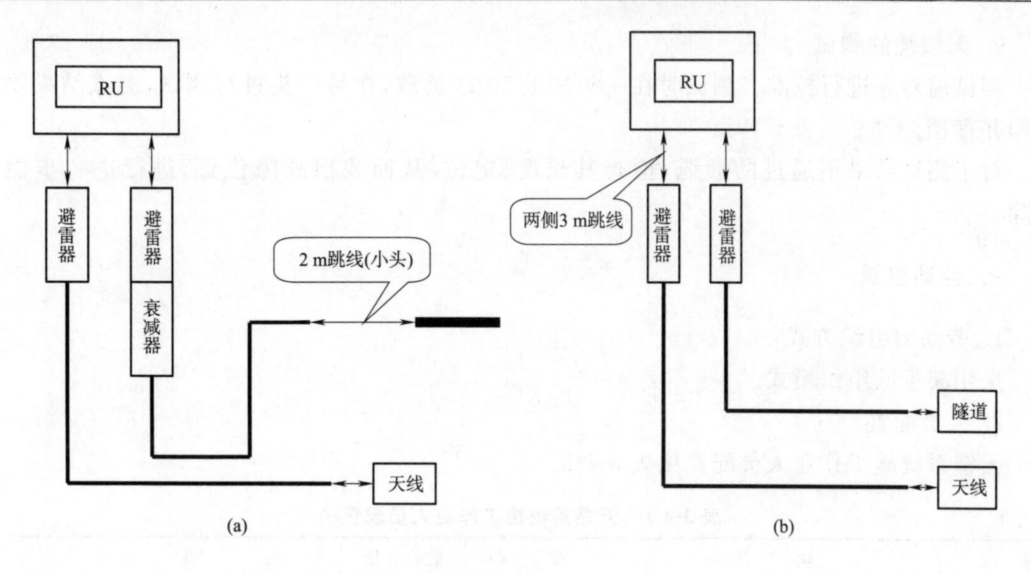

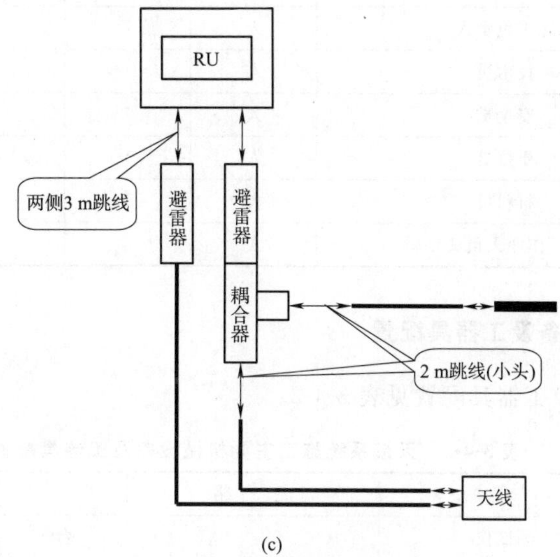

图 3-4-3　直放站馈缆引入及连接

图 3-4-4　馈缆与钢管口的密封

9. 天馈缆的测试

测试前对表进行校准。测试时在一头加上 50 Ω 负载，在另一头进行测试，测试结果要求打印并存档。

对于测试结果不通过的馈缆，检查其长度、定位，从而找出故障位置，进行进一步检查排除。

七、劳动组织

1. 劳动力组织方式

采用架子队组织模式。

2. 人员配置

天馈系统施工作业人员配置见表 3-4-1。

表 3-4-1　天馈系统施工作业人员配置表

序　号	项　　目	单　　位	数　　量	备　　注
1	施工负责人	人	1	全面负责
2	技术员	人	1	
3	安全员	人	1	
4	质量员	人	1	
5	材料员	人	1	
6	作业人员	人	3	

八、主要机械设备及工器具配置

主要机械设备及工器具配置见表 3-4-2。

表 3-4-2　天馈系统施工主要机械设备及工器具配置表

序　号	名　　称	规　　格	单　　位	数　　量	备　　注
1	驻波比测试仪		台	1	
2	万用表		台	1	
3	钢卷尺	5 m	把	1	
4	滑轮		个	1	
5	棕绳	ϕ16 mm	条	1	120 m
6	细绳		条	1	100 m
7	剪刀		把	1	
8	裁纸刀		把	2	
9	工具包		个	1	
10	安全帽		顶	5	每人一顶
11	安全带		条	2	
12	对讲机		台	2	
13	罗盘		个	1	
14	水平尺		个	1	

续上表

序　号	名　　称	规　　格	单　　位	数　　量	备　　注
15	角度仪		把	1	
16	钢锯		把	1	附带若干锯条
17	专用液压钳		把	1	
18	馈缆专用切割刀	7/8 馈缆专用	把	1	
19	馈缆专用切割刀	1/2 馈缆专用	把	1	
20	组合螺丝刀		套	2	
21	斜口钳		把	2	
22	活动扳手	300 mm	把	4	
23	尖嘴钳		把	2	
24	铜毛刷		把	2	
25	穿线器		个	1	
26	老虎钳		把	2	
27	组合内六螺丝刀		套	2	
28	钢锉		把	1	
29	专用梅花扳手	13～15 mm,16～17 mm, 19～22 mm,32～36 mm, 20 mm,12～14 mm	套	2	各配备两把

九、物资材料配置

天馈系统施工物资材料配置见表3-4-3。

表3-4-3　天馈系统施工物资材料配置表

序　号	名　　称	规　　格	单　　位	数　　量	备　　注
1	单极化天线		副	若干	附带天线固定支架
2	双极化天线		副	若干	附带天线固定支架
3	1/2 室内跳线	3 m、2 m	条	若干	根据工程量定
4	1/2 室外跳线	3 m	条	若干	根据工程量定
5	7/8 馈缆		m	若干	根据工程量定
6	1/2 馈缆		m	若干	根据工程量定
7	功分器		个	若干	根据工程量定
8	耦合器	10 db/6 db/3 db	个	若干	根据工程量定
9	衰减器	6 db 和 3 db	个	若干	根据工程量定
10	金属紧固圈		个	若干	根据工程量定
11	黑色防紫外扎带	300 mm	包	若干	根据工程量定
12	白色扎带	300 mm 和 100 mm	包	若干	根据工程量定
13	胶带	3 m	卷	若干	根据工程量定
14	胶泥			若干	根据工程量定
15	防护灰管	40 mm	m	若干	根据工程量定
16	7/8 馈缆接地件		个	若干	根据工程量定

续上表

序　号	名　　称	规　　格	单　　位	数　　量	备　　注
17	7/8 馈缆卡子	单级和双极	个	若干	根据工程量定
18	7/8 馈缆接头		个	若干	根据工程量定
19	黄绿接地地线	16 mm^2	m	若干	根据工程量定
20	铜鼻子	16 mm^2	个	若干	根据工程量定
21	1/2 跳线公头		个	若干	根据工程量定
22	1/2 跳线母头		个	若干	根据工程量定
23	冷风胶		套	若干	根据工程量定
24	透明胶带		卷	若干	根据工程量定
25	标签		张	若干	根据工程量定

十、质量控制标准及检验

1. 质量控制

(1)馈线单盘测试

馈线单盘电气性能应符合表 3-4-4 规定。

表 3-4-4　馈线单盘电气性能标准

规　　格	内导体最大直流电阻(20 ℃)(Ω/fm)	外导体最大直流电阻(20 ℃)(Ω/fm)	最小绝缘电阻(MΩ·km)	最大电压驻波比
HCTAY-50-32 1 1/4"馈线	0.78	0.66	3 000	1.20
HCTAY-50-23 7/8"低损耗馈线	1.40	1.19	3 000	1.20
HCTAY-50-22 7/8"馈线	1.20	1.20	3 000	1.15
HCTAY-50-21 7/8"软馈线	2.97	1.31	3 000	1.20
HCAAY-50-12 1/2"馈线	1.62	2.08	3 000	1.20
HCAHY-50-9 1/2"超柔	2.97	3.54	3 000	1.20

(2)天线安装

1)天线的安装高度、方向和安装方式应符合设计要求。

2)天线固定时应将天线馈电点朝下,护套顶端应与支架主杆顶部齐平或略高出支架主杆顶部;天线安装在抱杆的中心位置,上下两头露出抱杆的距离相等。

3)所有室外跳线、馈缆接头处均应按规范正确防水密封处理。防水处理的具体要求:首先在底层缠一层窄胶带(缠绕时最外层的胶带要将原先的遮盖 1/2 到 2/3),接下来在胶带上缠一层胶泥,胶泥缠的要均匀,在胶泥上缠 3～5 层宽胶带后再在最外面缠 4 层窄胶带。

4)板式天线的俯仰角和方位角的调整要求必须符合无线设计配置表的规定,方位角偏差不得大于±5°,俯仰角偏差不得大于±1°。

5)天线应在避雷针 45°的保护区域内,天线支架与铁塔连接应可靠牢固,天线与天线支架的连接也应可靠牢固。

(3)馈缆安装

1)馈缆布放要求整齐,美观,不得有交叉、扭曲、裂损情况的发生,馈缆安装的最小弯曲半径应符合表 3-4-5 的要求。

表 3-4-5　常用馈线电缆弯曲半径要求表

规　　格	最小弯曲半径(单次弯曲)(mm)	最小弯曲半径(多次弯曲)(mm)
HCTAY-50-32　1 1/4"馈线	200	380
HCTAY-50-23　7/8"低损耗馈线	150	275
HCTAY-50-22　7/8"馈线	140	250
HCTAY-50-21　7/8"软馈线	90	130
HCAAY-50-12　1/2"馈线	80	125
HCAHY-50-9　1/2"超柔	17	55

2)7/8 英寸馈缆卡水平时相邻卡间距不大于 1.5 m,垂直时相邻卡间距不大于 0.9 m。

3)室外 7/8 英寸馈缆卡固定夹上的锁紧螺母紧密牢固安装,7/8 英寸馈缆卡上固定夹安装方向要求一致。

4)固定馈缆时要求爬梯由里往外依次是发送馈缆、接收馈缆,同时从塔顶和塔下面观看馈缆上下、左右在一条直线上。

5)直放站接头在距离缆头 50 mm 波峰的位置使用裁纸刀将馈缆的外护皮开剥 50 mm,剥下护皮后在距离外护皮 38 mm 的波峰处卡上防滑卡,使用钢锯平分锯开;在距离缆头 50 mm 波峰的位置使用裁纸刀将馈缆的外护皮剥下,在距离缆头外护皮 38 mm 波峰的位置使用 7/8 馈缆专用工具轻轻旋转 12 次左右可以将馈缆切好。

6)基站的接头在距离缆头 50 mm 波峰的位置使用裁纸刀将馈缆的外护皮开剥 50 mm,剥下护皮后在距离外护皮 21 mm 的波峰处卡上防滑卡,使用钢锯平分锯开;在距离缆头 50 mm 波峰的位置使用裁纸刀将馈缆的外护皮剥下,在距离缆头外护皮 21 mm 波峰的位置使用 7/8 馈缆专用工具轻轻旋转 12 次左右可以将馈缆切好。

(4)馈缆的接地

1)馈缆金属外护套应在塔上、下和机房入口处三处接地,且机房入口处的接地必须引到室外地线排上,当馈缆及其他同轴电缆长度大于 40 m 时,在铁塔中部增加一个接地点,接地连接线应采用截面积不小于 10 mm^2 的多股铜线。

2)室外 7/8 英寸馈缆接地卡上紧固螺丝要紧密连接,并与接地卡的朝向要一致。接地卡引出的 16 mm^2 接地线所安装的接地锁紧螺母要紧密连接。

(5)馈缆的室内引入与连接

1)室内馈缆的引入要求手孔中的灰管在两头分别引入 PC 管内 12～20 cm。

2)室内 1/2 跳线弯曲半径不小于 70 mm。

3)室内馈缆布放不得有交叉,室内、室外馈缆要求行、列整齐、平直、美观,弯曲度一致。馈缆无明显的折、拧现象,馈缆无裸露铜皮。

4)馈缆在室内和室外都要有标签。

5)馈缆、信号线与交流电源线间距宜在 3 cm 以上。

6)馈缆进入基站后与设备连接如果安装馈缆防雷器,其接地端子应引到室外地线排,且地线排上的螺丝必须拧紧。

(6)防护管管口密封

1)密封时应注意馈缆在钢管的中心位置,务必做到美观、严实、牢固。

2)弯曲半径大于等于馈缆外径的20倍(软馈缆的弯曲半径大于等于馈缆外径的10倍)。

(7)天馈线系统电压测试

天馈线系统电压驻波比(VSWR)验收合格标准:不大于1.5,现场实施时要求控制在1.3以内。

2. 质量检验

(1)对照设计文件和订货合同,对全部天线、馈线及塔顶放大器进行实物检验和质量证明文件检验。

(2)用指南针对天线方位角全部测量检验,用天线倾角测量仪对天线倾斜角全部测量检验。

(3)用直流电桥、绝缘测试仪、耐压测试仪等对单盘馈线直流电气特性全部测量检验。

(4)用观察、尺量等方法对馈线导入室内方式、天馈线连接及引入防水处理、引入室内防火封堵、最小弯曲半径等全部检验。

(5)用万用表、接地电阻测试仪对馈线防雷装置全部测量检验。

(6)用驻波比测试仪对天馈线系统的电压驻波比全部测量检验。

十一、安全控制措施

(1)安装前需确认天气,选择合适天气安装天线,在雷雨、大风、冰雪、能见度低、高温和低温等环境恶劣的条件下严禁登高进行天线的安装作业。

(2)为保证施工安全,现场应有专人统一指挥,并设一名专职安全员负责现场安全工作。

(3)对所有施工人员进行安全培训,制定完善的安全防护措施,登高作业人员应持有有效证件上岗。登高作业时应系好安全带,以防坠落。

(4)上、下传递工具材料时应使用小绳、工具袋,严禁抛扔。作业人员均应戴安全帽,以防工具、材料坠落伤人。

(5)施工时,需穿上有橡胶鞋底和橡胶鞋跟的鞋子、有长袖衬衫和橡胶手套的防护服。

(6)不要把天线安装在空中的电线附近,所有这些电线都可能致命。如果必须在这些电线附近安装天线,不要将连接好的天线本体从装配处移至安装处,以免在移动过程中碰触电线,导致不必要的伤害。

(7)安装天线时,不要使用梯子,更不能把梯子靠在天线上,梯子没有用,并且可能有危险。

(8)除非天线已经牢固竖立,否则不要接触电缆线,以免拉倒天线。

十二、环保控制措施

(1)施工中的下脚料、废弃物,加工件刷漆后的剩余油漆,测试仪表用过的废旧电池等要统一收集,集中进行处理。

(2)加大环境保护投人,落实各项环保措施。

(3)生产中的废弃物及时处理,运到当地环保部门指定的地点弃置。

(4)按照环保部门的要求,集中处理生产及生活中产生的污水及废水。

十三、附　　表

天馈子系统施工检查记录表见表 3-4-6。

表 3-4-6　天馈子系统施工检查记录表

<table>
<tr><td colspan="2">工程名称</td><td colspan="3"></td></tr>
<tr><td colspan="2">施工单位</td><td colspan="3"></td></tr>
<tr><td colspan="2">项目负责人</td><td></td><td>技术负责人</td><td></td></tr>
<tr><td>序号</td><td colspan="2">项目名称</td><td>检查意见</td><td>存在问题</td></tr>
<tr><td>1</td><td colspan="2">天馈线安装高度、朝向定位确认</td><td></td><td></td></tr>
<tr><td>2</td><td colspan="2">天馈线材料设备规格复核性检查</td><td></td><td></td></tr>
<tr><td>3</td><td colspan="2">天馈线固定方式、位置检查</td><td></td><td></td></tr>
<tr><td>4</td><td colspan="2">天馈线防雷终端安装位置、固定方式、防水性处理检查</td><td></td><td></td></tr>
<tr><td>5</td><td colspan="2">馈线引入室内长度确认</td><td></td><td></td></tr>
<tr><td>6</td><td colspan="2">天馈线直流环阻、绝缘及交流驻波比测试结果复核</td><td></td><td></td></tr>
<tr><td>7</td><td colspan="2">铁塔防雷地线指标测试</td><td></td><td></td></tr>
<tr><td>8</td><td colspan="2">各种检测仪器仪表合格性检查</td><td></td><td></td></tr>
<tr><td></td><td colspan="2"></td><td></td><td></td></tr>
<tr><td></td><td colspan="2"></td><td></td><td></td></tr>
<tr><td></td><td colspan="2"></td><td></td><td></td></tr>
<tr><td></td><td colspan="2"></td><td></td><td></td></tr>
<tr><td colspan="5">检查结论：

检查组组员：

检查组组长：
年　　月　　日</td></tr>
</table>

第五节　基站设备安装施工

一、适用范围

适用于铁路数字移动通信 GSM-R 基站设备安装施工。

二、作业条件及施工准备

(1)施工图纸审核完毕,有关技术问题已澄清,施工技术标准已明确。

(2)制定施工安全保证措施,提出应急预案。对施工人员进行技术交底,对参加施工人员进行上岗前的技术培训,考核合格后持证上岗。

(3)机房室、内外环境满足设备安装条件,预埋件、沟、槽、孔位置准确无误,无遗漏,照明、电源、地线及室内温度符合设备安装要求。

(4)核对设备安装位置是否符合设计图纸。核对设备型号、数量和外观尺寸。

(5)人员、物资、施工机械及工器具已经准备到位。

三、引用施工技术标准

(1)《铁路 GSM-R 数字移动通信工程施工技术指南》(TZ 341—2007);

(2)《铁路运输通信工程施工质量验收标准》(TB 10418—2003);

(3)《铁路通信工程施工技术指南》(TZ 205—2009);

(4)《高速铁路通信工程施工技术指南》(铁建设〔2010〕241 号);

(5)《高速铁路通信工程施工质量验收标准》(TB 10755—2010);

(6)《铁路 GSM-R 数字移动通信工程施工质量验收暂行标准》(铁建设〔2007〕163 号)。

四、作业内容

现场调查;设备开箱检查;机房内走线架(槽)加工及安装;设备底座加工及安装;基站设备安装;线缆布放及成端;设备配线。

五、施工技术标准

1. 设备开箱检查

设备型号、规格、质量及数量应符合设计或订货合同的规定,设备所附带的产品出厂文件和图纸、产品合格证和检验报告、附件及备品等应按装箱单数量详细清点、做好记录。

设备和所附备件、设备内部所有部件以及机内布线应齐全完整,机体无弯曲变形,无元件脱落或螺栓松脱,布线绑扎整齐无散落,无活动和断头现象,机体无受潮发霉及锈蚀现象,镀层和漆饰应完整。

2. 机房内走线架(槽)安装

(1)走线架(槽)安装位置偏差应不大于 50 mm,垂直走线架位置应与楼板孔相适应,穿墙走线架应与墙孔相适应。

(2)安装走线架应做到支铁垂直不晃动,边铁、横铁平直且相互垂直。

(3)水平走线架水平度偏差应不大于 0.2%,垂直走线架垂直偏差应不大于 3 mm。

(4)走线架的支架安装应牢固可靠,水平间隔为 1.5～3 m。

(5)走线架(槽)金属相互连通,连接固定牢固,并可靠接地。

(6)走线架漆色一致,油漆完整。

(7)线槽与机柜连接处应垂直,线槽边帮与地面应拼接成一直线,高度一致,排列整齐,偏差不大于 3 mm。

3. 设备安装

(1)根据机柜(架)尺寸加工底座,底座的固定方式符合设计要求,当地面铺设防静电地板时,底座采用膨胀螺栓直接固定在机房地面上,并与防静电地板等高。设备底座安装时需做好接地。

(2)机柜(架)对地加固或固定在底座上,安装应垂直,其偏差不大于机柜(架)高度的0.1%,相邻机柜(架)相互靠拢时,其间隙不大于 3 mm,相邻机柜(架)正立面平齐。

(3)子架插入机柜(架)或机盘插入子架时,用力适度、顺滑导入,整齐一致,接触良好。

(4)设备地线应连接到相应的接地端子上,并连接良好。

4. 线缆布放

(1)线缆敷设时信号线、控制线和电源线应分开布放。

(2)线缆拐弯应均匀、圆滑一致,其弯曲半径不应小于 60 mm。线缆在走线架的每根横铁上均应绑扎(或用尼龙锁紧扣卡固),绑扎线扣(或卡固点)应松紧适度。线缆两端应有明确的标志。

(3)软射频同轴电缆敷设应符合设计要求,光跳纤在槽道或铁架内布放时应加套管或线槽防护,同轴线布放的起止路由应合理,机架内穿线分线绑扎应均匀顺直,同轴线端子收发排列要一致,每一排端子应编扎线把,分线清晰并留有一定余量。

(4)高频电缆和高频隔离线应与其他电源线、音频线分开绑扎,并保持一定的距离。高频电缆在走线架上下线转弯时的曲率半径不小于电缆直径的 12 倍,高频隔离线转弯时的曲率半径不小于电缆直径的 5 倍,同轴软线弯曲半径不小于直径的 15 倍。

(5)线缆布放应平整顺直,排列整齐。

5. 设备配线

(1)线缆插接位置正确,接触紧密、牢靠,电气性能良好,插接端子完好无损。

(2)射频同轴电缆与连接器的连接应符合设计和产品的技术规定。

(3)机架地线连接良好。在安装有防静电要求的单元板时,应穿上防静电服或戴上防静电接地手腕。

(4)同轴线焊接后的芯线绝缘应无烫伤、开裂及后缩现象,绝缘层离开端子边缘露铜不得大于 1 mm,内、外导体必须接在对应的同轴端子上。

(5)配线电缆、电线布放前,应进行对号和绝缘测试,芯线无错线、混线。

(6)配线电缆中间不得有接头,音频配线电缆近端串音衰减不应小于 78 dB。

六、工序流程及操作要领

1. 工序流程

工序流程如图 3-5-1 所示。

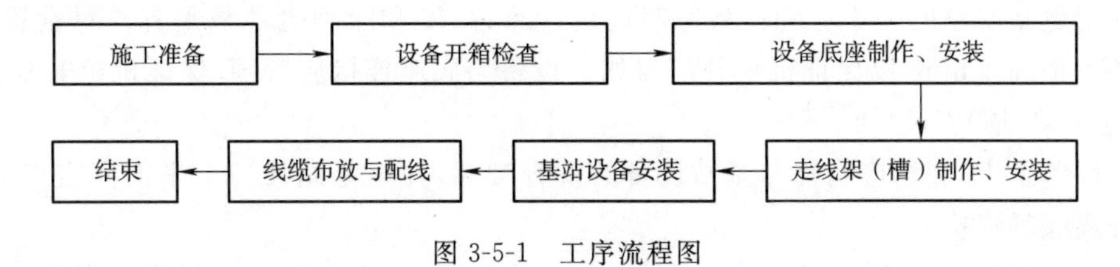

图 3-5-1　工序流程图

2. 施工准备

(1)机房环境检查。机房内部装修工作须全部完成,室内已充分干燥,房屋门窗能锁闭严密;各种预埋件、沟、槽、管、洞的设置位置及数量,外部交流电源等应符合设计文件的要求;机房的温湿度应满足设备工作环境要求,空调应能正常工作;照明、相关上下水道安装完成并能使用。

(2)根据设计图纸确定的基站类型进行相应的设备备货。

3. 设备开箱检查

(1)外观检查。检查包装箱是否包装牢固,是否有人为撕裂现象。检查包装箱名称与包装箱数量是否正确。检查包装箱是否有破损,若有破损,作好记录并与供货商联系。

(2)开箱。确认包装箱外观完好,即可开装验货,开箱时,箱体应落地平放,使用小工具打开,严禁用铁锤击打箱体。

(3)箱内检查。检查设备型号、规格、质量及数量应符合设计和订货合同的规定,设备所附带的产品出厂文件和图纸、产品合格证和检验报告、附件及备品等应按装箱单数量详细清点、做好记录。文件和图纸、合格证和检验报告、附件及备品在完工时,应移交给运营维护单位。

(4)取出设备。设备取出过程中必须注意对设备的安全保护,在拿出防振泡沫、备附件袋、资料袋后,将设备轻轻抬出,并按装箱清单对设备的板件配置、附件、资料等逐一核对,并做好开箱记录,各方确认其是否合格。

4. 基站设备安装

(1)审核图纸。施工人员应仔细阅读施工图纸,了解整个工程概况及每一台设备的布放位置、排列顺序及安装要求。

(2)定位设备。按照设计平面布置图,在一列槽道的前面吊垂线,作为机柜前面定位基准线,并依此画出机柜底座外框线,用笔在每台设备的外框线内做出临时标记。

(3)无防静电地板条件下机柜安装。

1)根据工程设计图纸确定机柜的安装位置,用红外墨线仪、数字水平尺、磁性吊坠、直尺和设备底面模板等测量、画线,确定地脚螺栓准确打孔位置。

2)用电锤打孔时,应先轻轻定位,再按压垂直打孔;打孔应一次完成,用吸尘器吸出孔内余土。

3)插入膨胀螺栓,用扳手紧固螺帽,使胀管胀开,然后取下螺帽。

4)按照机柜朝向要求,轻抬机柜使其底部预留固定螺丝孔准确落在预埋螺栓上,然后借助墨线仪、数字水平尺、磁性吊坠等工具和平垫片将设备调平,旋紧螺帽,使机柜平稳牢固。

5)同列多台机柜应平齐,垂直度满足设计要求。

6)对门板落地的机柜,应将设备抬高 5 mm,以保证机柜开门顺畅。

(4)有防静电地板条件下机柜安装。机架安装前,应先确认设备安装位置和机房防静电地板高度,以便预加工底座或对厂家自带底座高度进行预调整;然后取下防静电地板,准确定位设备底座安装位置。

自加工设备底座的大小应和设备底座模板一致,高度和防静电地板平齐。对设置落地柜门的设备应抬高 5 mm,以保证机柜开门自如。设备与底座连接应紧固,保证机柜安全、稳定。

5. 走线架(槽)安装

基站设备上走线时,应增加与基站设备的垂直爬架,并与基站设备上平面固定牢靠,便于无线设备跳线的连接。

采用下走线时,设置的地槽应和地面保持 5 cm 间距,并设盖板对缆线进行保护。地槽在设备前开口,应将开口粘贴塑料胶条,以防刮伤缆线。

6. 线缆布放与配线

(1)电源线和地线的布放

1)电源线色谱应符合设计要求。布放前缆线两端应做相应的标识标签。

2)电源线终端应根据上线位置要求,加焊或压接铜鼻子。

3)电源线应和其他数据线分开设置。同槽敷设时应设隔板。

4)电源线及地线应布放顺直、整齐,无交叉、无扭绞,缆线的弯曲半径应满足缆线最小弯曲半径要求。多条缆线转弯应圆滑一致,走线架布放时在每根横铁上均应在绑扎两端做标识。

(2)数据线布放

1)各种数据线缆布放应顺直、整齐,无交叉、扭绞及溢出线槽,机房内各种配线中间不应有接头。线缆弯曲应均匀、圆滑。

同轴电缆弯曲半径应大于电缆外径的15倍,非屏蔽对绞电缆的弯曲半径应大于电缆外径的4倍,室内光缆的弯曲半径应大于光缆外径的15倍,尾纤的弯曲半径应大于50 mm。

2)各种数据线缆在防静电地板下、走线架或槽道内布放时应均匀绑扎固定。软尾纤在走线架或槽道内布放时应加套管或线槽防护,编扎尾纤的扎带应松紧适度。在防静电地板下布放线缆时,应设地槽或走线架,地槽或走线架距地5 cm。缆线不得溢出线槽。

3)缆线标签应选用不易损害或脱落的材料制作,标注简洁清晰,便于识别,宜采用机打标签。

(3)馈线布放

1)馈线引入机房前,必须根据机房设备位置设置进线窗,窗口的大小应满足缆线穿越需要。

2)馈线应逐条穿引,避免交叉和折损。

3)馈线在入室前应做滴水弯,以防雨水沿馈线流入室内,并在馈线窗附近做馈线接地卡,引至室外接地箱盒的接地排上。

4)制作室内外馈线接头。

5)安装馈线两端的相关器件和设备。

6)用防火胶泥对馈线窗进行密封。

7. 结束

(1)在安装完全部的机柜后,应收起多余的附件、打扫灰尘,注意要清除机柜内部的铁屑、螺钉、螺帽、垫圈,恢复地板盖板。

(2)当设备安装、缆线布放、缆线连接完毕,安装区全部清理干净、整理顺畅所有缆线后,应再次全面检查一遍接线的质量。

(3)检查保护地线(机壳屏蔽地)的接触电阻小于设计(或设备)要求。

(4)根据工程设计图纸,检查供电链路,从电源分配设备的输入端起,到末级负载设备的电源线。

(5)根据工程设计图纸,检查全部传输链路,从相邻的高端设备到低端设备之间的连线,检查是否有漏接、错接现象。

(6)回收废弃材料、收齐全部工具,清理现场,填写施工记录。

七、劳动组织

1. 劳动组织方式

采用架子队组织模式。

2. 人员配置

基站设备安装施工作业人员配备见表3-5-1。

表 3-5-1　基站设备安装施工作业人员配备表

序　号	项　　目	单　位	数　量	备　注
1	施工负责人	人	1	全面负责
2	技术员	人	1	
3	安全员	人	1	
4	质量员	人	1	
5	材料员	人	1	
6	作业人员	人	5	

八、主要机械设备及工器具配置

基站设备安装施工主要机械设备及工器具配置见表 3-5-2。

表 3-5-2　基站设备安装施工主要机械设备及工器具配置表

序　号	名　称	规　格	单　位	数　量	备　注
1	安装工具箱		套	1	
2	万用表		台	1	
3	钢卷尺	5 m	把	1	
4	水平仪		把	1	
5	磁性线坠		个	1	
6	活动扳手		把	2	
7	内六角扳手		套	1	
8	套筒扳手		套	1	
9	电烙铁		把	1	
10	老虎钳		把	1	
11	偏口钳		把	1	
12	尖嘴钳		把	1	
13	工具包		个	1	
14	钢锯		把	1	
15	手锤		把	1	
16	吸尘器		台	1	
17	螺丝刀	M3,M4,M5	套	1	
18	电缆剥皮刀	1/2,7/8RF	把	1	
19	裁纸刀		把	1	
20	液压钳	16～50 mm^2	把	1	
21	电锤		台	1	
22	电钻		台	1	
23	压线钳		把	1	
24	剪刀		把	1	
25	镊子		把	1	

续上表

序　号	名　　称	规　　格	单　　位	数　　量	备　　注
26	毛刷		把	1	
27	馈线切割刀		把	1	
28	馈线扩孔器		把	1	
29	人字梯		个	1	
30	切割机		台	1	
31	电焊机		台	1	
32	角磨机		台	1	
33	热风枪		把	1	

九、物资材料配置

基站设备安装施工物资材料配置见表 3-5-3。

表 3-5-3　基站设备安装施工物资材料配置表

序　号	名　　称	规　　格	单　　位	数　　量	备　　注
1	各种所需光电配线		m		根据工程需求确定规格及数量
2	膨胀螺栓		个		根据工程需求确定规格及数量
3	连接螺栓		个		根据工程需求确定规格及数量
4	PVC 防护硬管		m		根据工程需求确定规格及数量
5	PVC 防护软管		m		根据工程需求确定规格及数量
6	波纹防护管		m		根据工程需求确定规格及数量
7	塑料蛇管		m		根据工程需求确定规格及数量
8	防水绝缘胶带		卷		根据工程需求确定规格及数量
9	管孔封堵材料		kg		根据工程需求确定规格及数量
10	塑料绑扎带		包		根据工程需求确定规格及数量
11	标签		张		根据工程需求确定规格及数量
12	焊锡丝		卷		根据工程需求确定规格及数量
13	铜鼻子		个		根据工程需求确定规格及数量
14	热缩管		m		根据工程需求确定规格及数量
15	角钢		t		根据工程需求确定规格及数量
16	扁钢		t		根据工程需求确定规格及数量
17	钢锯条		kg		根据工程需求确定规格及数量
18	电焊条		kg		根据工程需求确定规格及数量
19	砂轮片		片		根据工程需求确定规格及数量
20	其他材料				根据工程需求确定规格及数量

十、质量控制标准及检验

1. 质量控制

(1)对照设计文件检查设备出厂合格证、试验报告等质量证明文件,其型号、规格、质量及数量应符合设计和相关产品标准的规定。

(2)设备机架底部应对地加固,安装应垂直,允许垂直偏差不应大于1.0‰。同一列机架的设备面板应成一直线,相邻机架的缝隙不应大于3 mm。设备上的各种零件、部件及有关标志应正确、清晰、齐全。

(3)分段电缆芯线间的配线电缆绝缘电阻应符合表3-5-4的规定。

表3-5-4 配线电缆绝缘电阻标准

序 号	名 称	规 格	指 标
1	音频配线电缆	HJ(P)VV	50 MΩ
2	高频配线电缆		100 MΩ
3	同轴配线电缆	SFF-75-1	1 000 MΩ

(4)设备的数据线缆布放应顺直、整齐,外皮无损伤,线缆拐弯应均匀、圆滑一致,其弯曲半径不应小于60 mm。

(5)交流电源线、负载电缆、数据线及用户电缆尽可能分开布放,数据线缆与电源线缆间距应大于15 cm,以免相互影响。

(6)电源线应先测量后布放,采用整段线缆,不得在中间接头。

(7)电源端子应接线正确,配线两端的标志应齐全、清晰、方便辨认;色谱符合设计和规范要求。

(8)缆线终接设备时,应再次确认其直流特性,核对标签,确保正确无误。

(9)射频同轴电缆与连接器的连接应符合下列要求:

1)连接器的规格必须与射频同轴电缆吻合。

2)连接器的组装应做到口面平整,无损伤、变形,各配件完整无损。连接器与电缆的组合良好,内导体的焊接或插接应牢固可靠,电气性能良好。

3)焊接式连接器的焊接质量应牢固端正,焊点光滑,无虚焊、气泡,不应损伤电缆绝缘层。

4)密封连接器应密封良好。

5)确定接地排连接点和机架接地螺丝的距离,切割需要的电缆长度,除去电缆两端的绝缘材料(长度大约7 mm),压上M16 mm^2的铜鼻子,按顺序连接到地线排端子接地铜排。

2. 检验

(1)对机柜(架)的安装位置及安装方式,机柜(架)底座的对地加固,机柜(架)的稳定牢固等全部观察检验。

(2)对子架或机盘的安装全部观察检验。

(3)对金属机柜(架)、走线架、槽道各段之间的连接及接地全部观察检验,保证连接良好、接地可靠。

(4)对设备引入电源前加接的防雷隔离装置全部观察检验。

(5)用接地电阻测试仪对设备防护地线的设置及接地电阻全部测量检验。

(6)用观察、尺量等方法对机柜(架)垂直度全部检验,倾斜度偏差小于机柜(架)高度的1‰,相邻机柜(架)间隙不大于3 mm。

(7)对光纤连接线在槽道内或铁架内布放时的加套管或线槽防护全部观察检验。

(8)用观察、尺量等方法对线缆的敷设和插接全部检验。

十一、安全控制措施

(1)搬、抬、运及安装各种大型设备时,应轻拿轻放,放置稳固,使用梯子、支架、高凳时应稳固可靠。

(2)机房内不要堆放杂物,以免这些杂物影响安装并给设备造成不必要的损坏。

(3)保持机房干净,机房需配有必要的除尘设备。

(4)严禁将易燃易爆危险品带入机房,作为清洁用的少量酒精要妥善保管,用完后及时带出机房。

(5)使用电器时应配备合格电源插座,配备漏电保护器,严禁使用破损的电源线。

(6)施工时涉及既有运营设备时,应与设备主管人员联系,在设备维护人员配合下施工,确保既有设备的安全。

(7)电焊等特殊工种作业时,操作人员必须持有有效的,经相关部门培训、考核合格的操作证件,无证者严禁上岗。

(8)规范使用电动工具。电钻接通电源后,严禁水平挥动,以防旋转的钻头伤人。

(9)按照消防防护标准,对仓库、设备机房等重点部位配置相应的灭火消防器材。

(10)设备运输宜采用厢式货车,设备堆放整齐,并采取相应的运输保护措施。

(11)施工中严禁带电插、拔设备上的机盘。需要插拔机盘时,应佩戴防静电手环。在任何情况下,不应当用手指接触单板上的元件和连线。

(12)设备加电之前应先检查电源电压;在各开关键位没有正确设置前,严禁对设备进行上电试运行。设备加电后,要按照安全操作规程操作,以防电伤。

(13)电烙铁使用前,应检查电源线绝缘是否良好;使用间歇应置于非燃体上;使用完毕应及时切断电源。严禁通电后离开。

(14)配线焊接过程中宜用松香酒精溶液,严禁使用焊油。

十二、环保控制措施

(1)设备开箱时,应及时将包装箱内的废弃物收集,并送到指定地点。

(2)开剥电缆时剩余的下脚料、废弃物应在下班时收集,并丢置到指定地点。

(3)使用电钻、切割机等作业时,应避开中午或晚上。

(4)在有防静电地板的机房施工完毕后,要将防静电地板进行恢复,尽量做到整齐美观。

(5)完成所有设备安装工作后,对机房作好清理工作,带走所有器具,保持机房的整齐、整洁。

(6)按照环保部门的要求,集中处理生产及生活中产生的污水及废水。

十三、附　表

基站设备安装施工检查记录表见表 3-5-5。

表 3-5-5　基站设备安装施工检查记录表

工程名称			
施工单位			
项目负责人		技术负责人	
序号	项目名称	检查意见	存在问题
1	机柜(架)、子架设备安装位置及方式		
2	各子架或各机盘安装位置、数量复核		
3	金属机柜(架)、走线架、槽道各段之间的连接及接地		
4	设备整齐性及漆饰、铭牌、标记		
5	机柜(架)、走线架水平度、垂直度及相邻机柜间隙检查		
6	引入机柜的光电缆型号、规格、质量检查		
7	各种配线电缆、光跳线布放质量检查		
8	各种配线电缆的性能指标复核		
9	电源端子、数据配线、接地线位置及标识情况检查		
10	设备加电条件检查		
11	系统数据加载后复核性检查		
检查结论： 检查组组员： 检查组组长： 年　月　日			

第六节　直放站设备安装施工

一、适用范围

适用于铁路数字移动通信 GSM-R 直放站设备安装工程施工。

二、作业条件及施工准备

(1)施工图纸审核完毕,有关技术问题已澄清,施工技术标准已明确。

(2)制定施工安全保证措施,提出应急预案。对施工人员进行技术交底,对参加施工人员进行上岗前的技术培训,考核合格后持证上岗。

(3)机房室、内外环境满足设备安装条件,预埋件、沟、槽、孔位置准确无误、无遗漏,照明、电源、地线及室内温度符合设备安装要求。

(4)核对设备安装位置是否符合设计图纸。核对设备型号、数量和外观尺寸。

(5)人员、物资、施工机械及工器具已经准备到位。

三、引用施工技术标准

(1)《铁路 GSM-R 数字移动通信工程施工技术指南》(TZ 341—2007);
(2)《铁路运输通信工程施工质量验收标准》(TB 10418—2003);
(3)《铁路通信工程施工技术指南》(TZ 205—2009);
(4)《高速铁路通信工程施工技术指南》(铁建设〔2010〕241 号);
(5)《高速铁路通信工程施工质量验收标准》(TB 10755—2010);
(6)《铁路 GSM-R 数字移动通信工程施工质量验收暂行标准》(铁建设〔2007〕163 号)。

四、作业内容

施工准备;设备开箱检查;直放站设备安装;线缆布放与成端;设备配线。

五、施工技术标准

1. 设备开箱检查

设备型号、规格、质量及数量应符合设计或订货合同的规定,设备所附带的产品出厂文件和图纸、产品合格证和检验报告、附件及备品等应按装箱单数量详细清点、做好记录。

设备和所附备件、设备内部所有部件以及机内布线应齐全完整,机体无弯曲变形,无元件脱落或螺栓松脱,布线绑扎整齐无散落,无活动和断头现象,机体无受潮发霉及锈蚀现象,镀层和漆饰应完整。

2. 设备安装

(1)根据机柜(架)尺寸加工底座,底座的固定方式符合设计要求,当地面铺设防静电地板时,底座采用膨胀螺栓直接固定在机房地面上,并与防静电地板等高。设备底座安装时需做好接地。

(2)机柜(架)对地加固或固定在底座上,安装应垂直,其偏差不大于机柜(架)高度的0.1%,相邻机柜(架)相互靠拢时,其间隙不大于 3 mm,相邻机柜(架)正立面平齐。

(3)子架插入机柜(架)或机盘插入子架时,用力适度、顺滑导入,整齐一致,接触良好。

(4)设备地线应连接到相应的接地端子上,并连接良好。

3. 线缆布放

(1)线缆敷设时信号线、控制线和电源线应分开布放。

(2)室内线缆拐弯应均匀、圆滑一致,光纤跳线的弯曲半径不小于 50 mm,信号线缆其弯曲半径不应小于 60 mm。

(3)软射频同轴电缆敷设应符合设计要求,光跳纤在槽道或铁架内布放时应加套管或线槽防护,机架内穿线分线绑扎应均匀顺直。

(4)线缆布放应平整顺直,排列整齐。

4. 设备配线

(1)线缆插接位置正确,接触紧密、牢靠,电气性能良好,插接端子完好无损。

(2)射频同轴电缆与连接器的连接应符合设计和产品的技术规定。

(3)机架地线连接良好。在安装有防静电要求的单元板时,应穿上防静电服或戴上防静电接地手腕。

六、工序流程及操作要领

1. 工序流程

工序流程如图 3-6-1 所示。

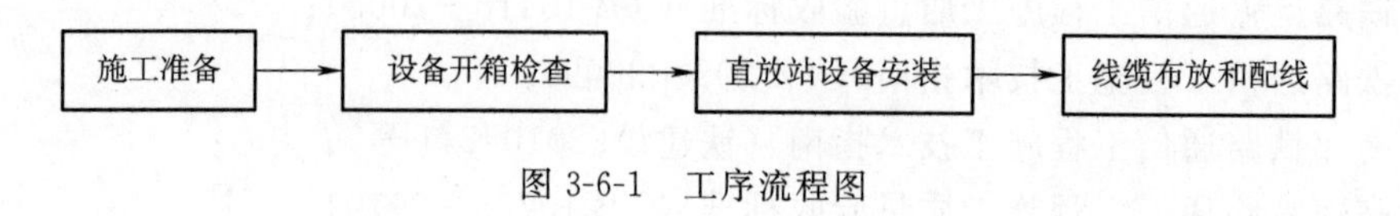

图 3-6-1　工序流程图

2. 施工准备

(1)检查房建单位预留线槽、墙壁预留固定孔、引入手孔、地线排的良好情况，并核对设备安装位置是否符合设计图纸。

(2)将安装现场清理干净，不要将一些杂物堆放在安装现场，以免这些杂物影响安装或对设备造成不必要的损坏。

(3)根据设计图纸确定直放站所需设备，并参考工程数量表配货并运送设备。

3. 设备开箱检查

(1)包装外观检查。检查包装箱名称与包装箱数是否正确。检查包装箱是否有破损，若有破损，作好记录并与供货商联系。

(2)开箱。在确认包装箱外观一切正确之后，可以打开包装箱，用专用的工具开启包装箱，轻拿轻放防止损坏设备。

1)查验装箱单及各种检测报告、合格证等。

2)核对设备型号、规格、质量及数量应符合设计和订货合同的规定。

3)核对设备所附带的产品出厂文件和图纸、产品合格证和检验报告、附件及备品等是否和装箱单一致，并做好记录。

4. 直放站设备安装

(1)安装必须牢固稳定，加固应符合设计的抗震要求。

(2)安装必须要横平竖直。偏差为±15°。

(3)距离牵引电应大于 5 m。

(4)挂式机柜的承载体必须坚固，具有长期稳定(承重 100 kg 以上)；挂设后不得有影响美观的明显几何偏差。

(5)安装时，确保机柜内部走线正确整齐美观，标签清晰，安装完毕后，确保机身洁净。

5. 线缆布放和配线

(1)各种线缆布放应顺直、整齐，无交叉、扭绞及溢出线槽，机房内各种配线中间不应有接头。线缆弯曲应均匀、圆滑。

(2)各种线缆布放时应均匀绑扎固定。软尾纤在走线架或槽道内布放时应加套管或线槽防护，编扎尾纤的扎带应松紧适度。

(3)敷设线缆时应尽量短而整齐，敷设好的线缆两端应粘贴标签，标明编号等必要信息(根据业主或建设单位、维护单位要求)，标签应选用不易损害或脱落的材料。

(4)馈线引入机房前必须根据机房现场环境，包括馈线窗位置、引入孔应用情况确定引入方案,然后进行馈线引入。

1)馈线在入室前应做滴水弯,以防雨水沿馈线流入室内,并在馈线窗附近做馈线接地卡,引出地线连至室外地线排。

2)馈线在入室时严禁交叉、叠放,滴水弯制作过程中应保护好馈线,避免外力折伤馈线。

(5)室内馈线接头的连接应参照配套的接头制作说明书进行,接头的制作应使用专用的接头制作工具,为保证馈线端面的平整,切割馈线时馈线前端一定要保持平直。在用馈线刀切割馈线时不要用力过大或过猛。

(6)电源线和地线的布放。

1)根据电源线和地线的实际走线路径量得所用电源线和地线的长度,分别裁剪电源线、工作地线和保护地线。

2)用裁纸刀剥开电源线和地线的绝缘外皮,其长度与铜鼻子的耳柄等长。

3)用压线钳将铜鼻子压紧,用热缩管将铜鼻子的耳柄和裸漏的铜导线热封;不得将裸线漏出;如小平方电源线需要焊接时,必须充分加热,焊锡饱满,禁止出现虚焊、假焊等现象,焊接完成后,用热缩管将铜鼻子的耳柄和裸露的铜导线热封。

4)电源线一端与设备相连,另一端和电源柜的接线排连接,如电源柜已加电,要注意设备与人身的安全,连接前必须确认极性方可进行操作。保护地线的一端和设备相连,另一端和室内保护地排相连。

5)敷设交流电源线时,应尽量与直流电源线、信号线、控制线分开布放,如无法避免应为交流线套屏蔽管。

6)电源线及地线布放应顺直、整齐,无交叉、扭绞,线缆弯曲时应均匀、圆滑一致,走线架布放时在每根横铁上均应绑扎,并在线缆两端有明确的标识。

(7)光纤配线步骤。

1)将光纤(FOL)连接到 RU 的光模块上(注意:推力不要超过 400 N)。注意:可用的光纤标有:主、备、从。

2)取下标有"主"的光纤接头保护盖,将光纤插入"主"的 FO 模块上。

3)将光纤(FOL)接入 RU 的 FO 光模块上,取下光纤(FOL)接头上的保护盖,将光纤(FOL)分别对应主、备、从,接入指定 RU 的 FO 光模块接口。

4)MU 和 RU 之间的光纤在安装时要特别注意保护,在施工时注意不能用力拉扯、打折,施工时不要拆去光纤连接头的保护套,避免弄脏光纤头。

6. 结束

当设备安装、缆线布放及连接完毕,安装区全部清理干净、整理顺畅所有缆线后,应再次全面检查一遍线缆布放及连接的质量。

七、劳动组织

1. 劳动力组织方式

采用架子队组织模式。

2. 人员配置

直放站设备安装施工作业人员配备见表 3-6-1。

表 3-6-1　直放站设备安装施工作业人员配备表

序号	项目	单位	数量	备注
1	施工负责人	人	1	全面负责
2	技术员	人	1	
3	安全员	人	1	
4	质量员	人	1	
5	材料员	人	1	
6	作业人员	人	5	

八、主要机械设备及工器具配置

直放站设备安装施工主要机械设备及工器具配置见表 3-6-2。

表 3-6-2　直放站设备安装施工主要机械设备及工器具配置表

序号	名称	规格	单位	数量	备注
1	光功率计		台	1	
2	光源		台	1	
3	射频测试仪		台	1	
4	钢卷尺		个	1	
5	铅笔或记号笔		支	2	
6	冲击钻		台	1	
7	活动扳手		把	2	
8	开口扳手	10 mm,13 mm,17 mm,19 mm	把	各 2	
9	套筒扳手		套	1	
10	螺丝刀		套	1	
11	水平仪		把	1	
12	铅锤		个	1	
13	转矩扳手		把	1	
14	光纤清洁器		个	1	
15	电烙铁		把	1	
16	螺丝刀	T20	把	2	
17	老虎钳		把	1	
18	偏口钳		把	1	
19	尖嘴钳		把	1	
20	工具包		个	1	
21	钢锯		把	1	
22	手锤		把	1	
23	万用表		台	1	
24	压接钳		把	1	

续上表

序　号	名　　称	规　　格	单　位	数　量	备　注
25	电钻		台	1	
26	压线钳		把	1	
27	剪刀		把	1	
28	镊子		把	1	
29	毛刷		把	1	
30	馈线切割刀		把	1	
31	馈线扩孔器		把	1	
32	人字梯		个	1	
33	角磨机		台	1	
34	热风枪		把	1	
35	裁纸刀		把	1	

九、物资材料配置

直放站设备安装施工物资材料配置见表 3-6-3。

表 3-6-3　直放站设备安装施工物资材料配置表

序　号	名　　称	规　　格	单　位	数　量	备　注
1	尾纤		条		根据工程需求确定规格及数量
2	电源线		m		根据工程需求确定规格及数量
3	地线		m		根据工程需求确定规格及数量
4	膨胀螺栓		个		根据工程需求确定规格及数量
5	连接螺栓		个		根据工程需求确定规格及数量
6	PVC 防护管		m		根据工程需求确定规格及数量
7	塑料蛇管		m		根据工程需求确定规格及数量
8	防水绝缘胶带		卷		根据工程需求确定规格及数量
9	管孔封堵材料		kg		根据工程需求确定规格及数量
10	塑料绑扎带		包		根据工程需求确定规格及数量
11	标签		张		根据工程需求确定规格及数量
12	焊锡丝		卷		根据工程需求确定规格及数量
13	铜鼻子		个		根据工程需求确定规格及数量
14	热缩管		m		根据工程需求确定规格及数量
15	设备支架		个		根据工程需求确定规格及数量
16	钢锯条		kg		根据工程需求确定规格及数量
17	砂轮片		片		根据工程需求确定规格及数量
18	其他材料				根据工程需求确定规格及数量

十、质量控制标准及检验

1. 质量控制

(1)对照设计文件检查设备出厂合格证、试验报告等质量证明文件,其型号、规格、质量及数量应符合设计和相关产品标准的规定。

(2)设备底部应对地加固,安装应垂直,设备上的各种零件、部件及有关标志应正确、清晰、齐全。

(3)配线用电缆和电线的型号、规格应符合设计要求及相关技术标准的规定。布放前,对配线用电缆和电线,应进行对号和绝缘电阻测试,芯线应无错线或断线、混线。

(4)线缆布放必须整齐,外皮无损伤,转弯处应圆滑过渡,电缆不得有中间接头。

(5)电源线及接地线等在绑扎之前应做好标记以方便后序施工,交流电源线、负载电缆、信号线及用户电缆尽可能分开布放,以免相互影响。

2. 检验

(1)对电源接入直放站前加接的防雷隔离装置全部观察检验。

(2)用接地电阻测试仪对直放站设备防护地线的设置及接地电阻全部测量检验。

十一、安全控制措施

(1)搬、抬、运及安装设备时,应轻拿轻放,放置稳固,使用梯子、支架、高凳时应稳固可靠。

(2)将安装现场清理干净,不要将一些杂物堆放在安装现场,以免这些杂物影响安装并给设备造成不必要的损坏。

(3)保持安装现场干净,安装现场需配有除尘设备,应干净无灰尘,保持场地的清洁,做到文明施工。安装人员应该穿防尘服装。

(4)严禁将易燃易爆危险品带入机房,作为清洁用的少量酒精要妥善保管,用完后及时带出机房。

(5)使用电器时应配备合格电源插座,配备漏电保护器,严禁使用破损的电源线。

(6)规范使用电动工具。电钻接通电源后,严禁水平挥动,以防旋转的钻头伤人。

(7)按照消防防护标准,对设备机房配置相应的灭火消防器材。

(8)设备运输宜采用厢式货车,设备堆放整齐,并采取相应的运输保护措施。

(9)施工中严禁带电插、拔设备上的机盘。需要插拔机盘时,应佩戴防静电手环。在任何情况下,不应当用手指接触单板上的元件和连线。

(10)设备加电之前应先检查电源电压;在各开关键位没有正确设置前,严禁对设备进行上电试运行。设备加电后,要按照安全操作规程操作,以防电伤。

(11)电烙铁使用前,应检查电源线绝缘是否良好;使用间歇应置于非燃体上;使用完毕应及时切断电源。严禁通电后离开。

十二、环保控制措施

(1)设备开箱时,应及时将包装箱内的废弃物收集,并送到指定地点。

(2)开剥电缆时剩余的下脚料、废弃物应在下班时收集,并丢置到指定地点。

(3)有防静电地板的机房施工完毕后,要将防静电地板进行恢复,尽量做到整齐美观。

(4)完成所有设备安装工作后,对机房作好清理工作,带走所有器具,保持机房的整齐、整洁。

(5)按照环保部门的要求,集中处理生产及生活中产生的污水及废水。

十三、附　表

直放站设备安装检查记录表见表3-6-4。

表3-6-4　直放站设备安装检查记录表

<table>
<tr><td colspan="2">工程名称</td><td colspan="3"></td></tr>
<tr><td colspan="2">施工单位</td><td colspan="3"></td></tr>
<tr><td colspan="2">项目负责人</td><td></td><td>技术负责人</td><td></td></tr>
<tr><td>序号</td><td colspan="2">项目名称</td><td>检查意见</td><td>存在问题</td></tr>
<tr><td>1</td><td colspan="2">直放站设备型号、规格、板件配置检查</td><td></td><td></td></tr>
<tr><td>2</td><td colspan="2">直放站设备安装位置、标高、防护情况</td><td></td><td></td></tr>
<tr><td>3</td><td colspan="2">直放站设备接入线及接地连通性检查</td><td></td><td></td></tr>
<tr><td>4</td><td colspan="2">设备整齐性及漆饰、铭牌、标记</td><td></td><td></td></tr>
<tr><td>5</td><td colspan="2">电源线规格、配接位置、缆线质量检查</td><td></td><td></td></tr>
<tr><td>6</td><td colspan="2">所有缆线固定位置、方式、安全性检查</td><td></td><td></td></tr>
<tr><td>7</td><td colspan="2">设备加电后各单板状态显示正确性检查</td><td></td><td></td></tr>
<tr><td>8</td><td colspan="2">系统数据加载后工作状态正确性检查</td><td></td><td></td></tr>
<tr><td>9</td><td colspan="2">地线连通性、指标合格性检查</td><td></td><td></td></tr>
<tr><td>10</td><td colspan="2">光端口、射频口指标测试复合性检查</td><td></td><td></td></tr>
<tr><td>11</td><td colspan="2">缆线标签的标识信息</td><td></td><td></td></tr>
<tr><td colspan="5">检查结论：

检查组组员：

检查组组长：
年　　月　　日</td></tr>
</table>